高等职业院校重点建设专业校企合作教材

Jixie Zhitu
机械制图

主　编　衣玉兰　支　姝

人民交通出版社股份有限公司
China Communications Press Co.,Ltd.

内 容 提 要

本书依据教育部颁布的高职高专汽车类专业机械制图教学基本要求而编写,侧重于学生基本看图能力的培养,内容包括:制图基本知识、正投影基础、组合体、机件的表达方法、标准件与常用件、零件图、装配图等。

本书内容,学生易学,教师易教,可作为高职高专院校机械类与非机械类机械制图课程教材,也可供广大机械类非机械类从业人员培训、自学使用。

图书在版编目(CIP)数据

机械制图/衣玉兰,支姝主编.—北京:人民交通出版社股份有限公司,2017.8

高等职业院校重点建设专业校企合作教材

ISBN 978-7-114-14145-4

Ⅰ.①机… Ⅱ.①衣… ②支… Ⅲ.①机械制图—高等职业教育—教材 Ⅳ.①TH126

中国版本图书馆CIP数据核字(2017)第214636号

书　　名:机械制图
著 作 者:衣玉兰　支　姝
责任编辑:司昌静　刘顺华
出版发行:人民交通出版社股份有限公司
地　　址:(100011)北京市朝阳区安定门外外馆斜街3号
网　　址:http://www.ccpress.com.cn
销售电话:(010)59757973
总 经 销:人民交通出版社股份有限公司发行部
经　　销:各地新华书店
印　　刷:北京市密东印刷有限公司
开　　本:787×1092　1/16
印　　张:12.25
字　　数:292千
版　　次:2017年8月　第1版
印　　次:2017年8月　第1次印刷
书　　号:ISBN 978-7-114-14145-4
定　　价:36.00元

前言
FOREWORD

机械制图是一门既有基本系统理论又有较强实践性的技术基础课,其基础性内容又是人才素质教育必不可缺少的。其主要目的和任务是使学生掌握机械制图的基本知识,获得读图和绘图能力;培养学生提出问题和解决问题的能力,形成良好的学习习惯与思维方式,具备继续学习专业技术的能力;能运用正投影法的基本原理和作图方法;能识读中等复杂程度的零件图,能识读简单装配图,能绘制简单零件图。

本书采用最新的机械制图和技术制图类国家标准。

编者根据自己多年的教学经验,结合高职高专教育的特点和要求,在编写过程中,以老师好用,学生好学为出发点,遵循以实用为主,理论以够用为度,在注重学科知识的系统性、表达的规范性和准确性的同时,充分考虑了学生对知识的接受能力,对教学重点和难点部分均求"讲清""讲细""讲透",做到深入浅出,通俗易懂。

新疆交通职业技术学院衣玉兰编写1~5章;新疆交通职业技术学院支姝编写6~9章。

书中难免有不足之处,敬请广大读者批评指正。

作　者

2017年5月

目录
CONTENTS

绪论

机械制图是一门重要的专业基础课，它是研究如何运用正投影基本原理，绘制和阅读机械图样的课程，主要任务是培养学生看图、画图和空间想象能力，达到教学大纲对本课程提出的教学要求，以适应今后工程技术人员工作岗位的需要。

一、图样及其在生产中的用途

1. 图样

工程技术上根据投影原理、标准和有关规定，准确地表达物体的形状、结构、大小及有关技术要求的图称为图样。

2. 机械制图

在机械工程中使用的图样称为机械图样。机械制图是以机械图样作为研究对象的，研究如何运用正投影法绘制、阅读机械图样的课程。

3. 图样的作用和特点

(1)图样是设计、制造、检验、装配机器的依据。

(2)图样是表达设计者意图的重要手段。

(3)图样是工程技术人员交流技术思想的重要依据，素有"工程语言"之称。

二、本课程的任务和学习方法

1. 本课程的任务

(1)掌握正投影法的基本原理，培养空间构思表达能力。

(2)掌握识读和绘制中等复杂零件图和装配图的能力。

(3)掌握用尺规绘图、徒手绘图、计算机绘图的初步能力。

(4)培养学生认真负责的工作态度和一丝不苟的工作作风。

2. 本课程学习方法

(1)学习本课程时，应结合生产实际，尽量通过参观、拆装等手段了解零件的形状特点、加工方法，提高对形体的认知能力。

(2)正确处理读图与画图的关系，画图可以加深对制图规律和内容的理解，进而提高读图能力，同样只有对图样理解得好，才能又快又好地将其画出。

(3)读图时，应独立思考，灵活应用投影原理，严格遵守国家标准有关规定，积极培养和发展空间思维和想象能力，不断提高读图能力。

(4)画图要认真细致，养成良好的学习习惯，为以后的学习、工作打下良好基础。

第一章　制图的基本知识与技能

第一节　绘图工具和绘图仪器的使用

要准确而迅速地绘制图样，必须准确合理地使用绘图仪器与绘图工具。常用的绘图工具有：图板、丁字尺、三角板、圆规、分规、曲线板等。

一、图板、丁字尺、三角板

(1)图板。图板形状为矩形，其规格分为 A0、A1、A2，用来铺放和固定图纸。要求表面平坦光洁，尺寸较同号图纸略大。两侧短边为工作边(导边)，所以两侧必须平直。图纸在图板上固定如图 1-1 所示。

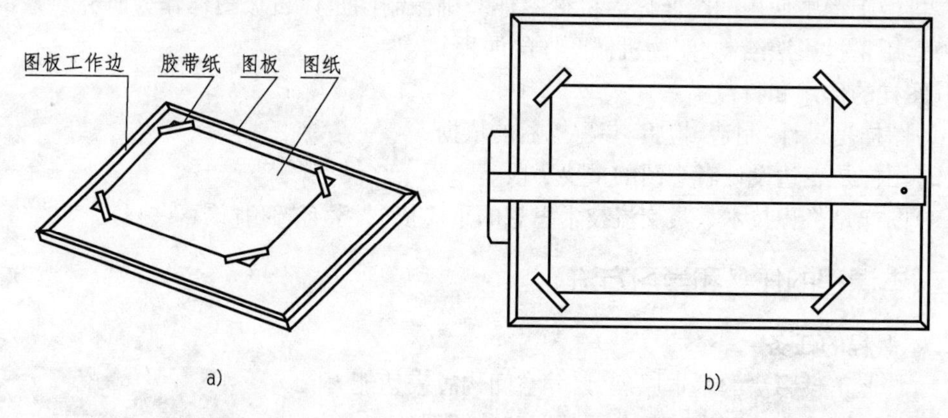

图 1-1　图板、丁字尺与图纸

(2)丁字尺。丁字尺是画水平线的长尺。由尺头和尺身组成。画图时，应使尺头靠着图板两侧的导边。然后用丁字尺的上边(标有刻度线)画线，画线的方向必须从左向右画。

(3)三角板。三角板分 45°和 30°、60°两块。除了直接用它们来画直线外，也可配合丁字尺画铅垂线和其他倾斜线。用一块三角板能画与水平线成 30°、45°、60°的倾斜线，用两块三角板能画与水平线成 15°、75°、105°夹角的倾斜线，如图 1-2 所示。

二、圆规和分规

(1)圆规。圆规用来画圆和圆弧。圆规的一个脚上装有钢针，称为针脚，用来定圆心；另一个脚可装铅笔芯，称为笔脚。在使用前，应先调整针脚，使针尖略长于铅笔芯。笔脚上的铅笔芯应削成楔形，以便画出粗细均匀的圆弧。

当画图时，圆规向前进方向稍微倾斜；当画较大的圆时，应使圆规两脚都与纸面垂直，如图 1-3 所示。

(2)分规。分规是用来等分和量取线段的。分规两脚的针尖在并拢后，应能对齐。分规使用方法如图 1-4 所示。

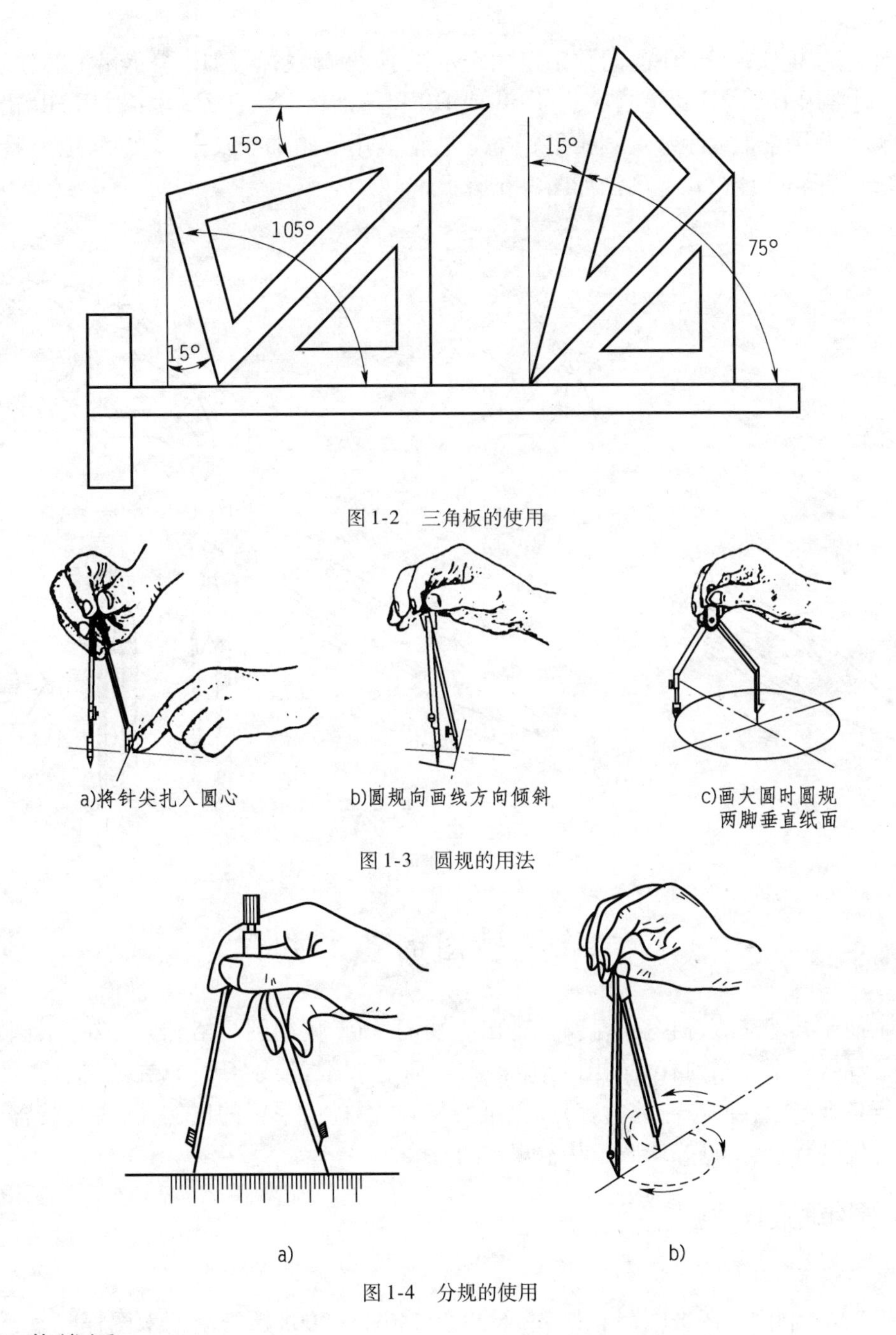

图 1-2　三角板的使用

图 1-3　圆规的用法

图 1-4　分规的使用

三、曲线板

曲线板是用来绘制非圆曲线的。首先要定出曲线上足够数量的点,再徒手用铅笔轻轻地将各点光滑地连接起来,然后选择曲线板上曲率与之相吻合的部分,分段画出各段曲线。注意:应先试后画,留出各段曲线末端的一小段不画,用于连接下一段曲线,这样曲线才显得圆滑,如图 1-5 所示。

四、铅笔

常用的绘图铅笔有木杆和活动铅笔两种。铅笔芯的软硬程度分别以字母 B、H 前的数值表示。标号有:6H、5H、4H、3H、2H、H、HB、B、2B、3B、4B、5B、6B 等。字母 B 前的数字越大表示铅笔芯越软;字母 H 前的数字越大表示铅笔芯越硬;标号 HB 表示铅笔芯软硬适中。画图时,通常用 H 或 2H 铅笔画底稿;用 B 或 HB 铅笔加粗加深全图;写字时用 HB 铅笔。铅笔芯可修磨成圆锥形或矩形。圆锥形铅笔芯的铅笔用于画细线及书写文字,矩形铅笔芯的铅笔用于描深粗实线。铅笔削法如图 1-6 所示。

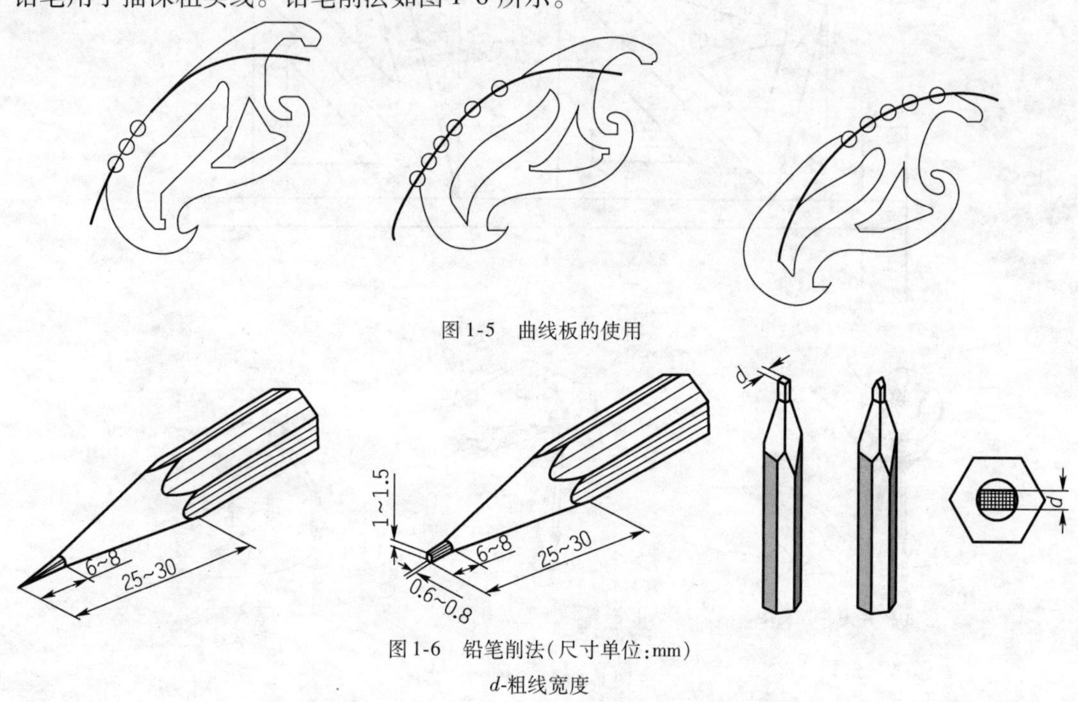

图 1-5　曲线板的使用

图 1-6　铅笔削法(尺寸单位:mm)

d-粗线宽度

第二节　制图的基本知识

为了便于技术交流、档案保存和各种出版物的发行,使制图规格和方法统一,国家质量技术监督局颁布了一系列有关制图的国家标准(简称“国标”或“GB”),在绘制技术图样时,涉及各行各业必须共同遵守的内容,如图纸及格式、图样所采用的比例、图线及其含义以及图样中常用的数字、字母等均属于基本规定的范畴。

一、图纸幅面和格式

1. 图纸幅面

根据《技术制图　图纸幅面和格式》(GB/T 14689—2008),绘制技术图样时,应优先采用表 1-1 规定的幅面尺寸。基本幅面代号有 A0、A1、A2、A3、A4 五种。基本幅面图纸中,A0 幅面为 $1m^2$,长边是短边的$\sqrt{2}$倍。A1 图纸面积是 A0 的一半,其余依此类推。

基本幅面尺寸(单位:mm)　　表 1-1

<table>
<tr><td colspan="2">幅面代号</td><td>A0</td><td>A1</td><td>A2</td><td>A3</td><td>A4</td></tr>
<tr><td colspan="2">尺寸 $B \times L$</td><td>841 × 1189</td><td>594 × 841</td><td>420 × 594</td><td>297 × 420</td><td>210 × 297</td></tr>
<tr><td rowspan="3">边框</td><td>a</td><td colspan="5">25</td></tr>
<tr><td>c</td><td colspan="3">10</td><td colspan="2">5</td></tr>
<tr><td>e</td><td colspan="3">20</td><td colspan="2">10</td></tr>
</table>

图纸幅面还可以加长加宽。图纸幅面及加宽加长尺寸,如图 1-7 所示。

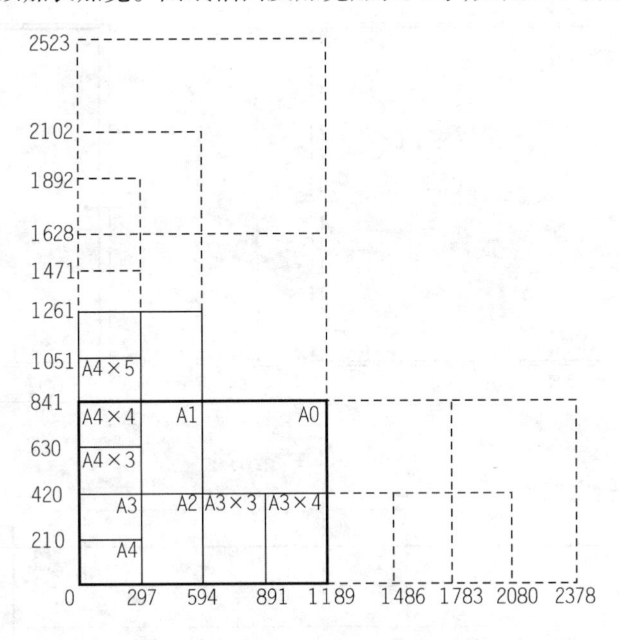

图 1-7 图纸幅面及加长加宽(尺寸单位:mm)

2. 图框格式

图框是指图纸上限定绘图区域的线框。图框线为粗实线,如图 1-8 所示为留装订边图框,如图 1-9 所示为不留装订边图框;如图 1-8a)、图 1-9a)所示为横装(*X*),如图 1-8b)、图 1-9b)所示为竖装(*Y*),A4 图纸文件必须竖装。

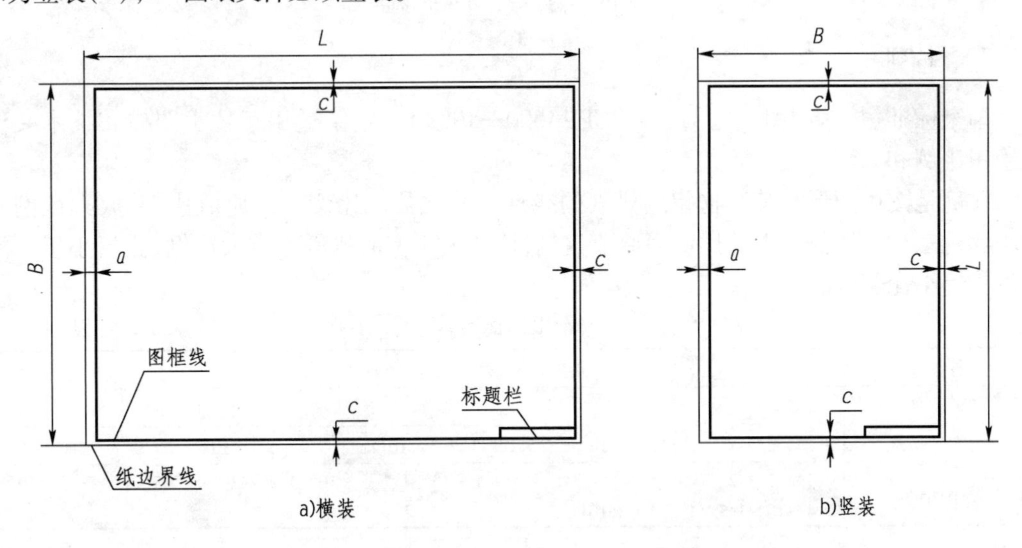

图 1-8 图框留装订边

3. 标题栏

为使绘制的图样便于管理与查阅,每张图都必须有标题栏。根据《技术制图 标题栏》(GB/T 10609.1—2008),标题栏一般画在图框的右下角,标题栏的外框是粗实线,其右边和底边与图框重合,内部的分栏用细实线绘制,填写的文字除名称用 10 号字外,其余均用 5 号字。学生制图作业建议采用的标题栏如图 1-10 所示。

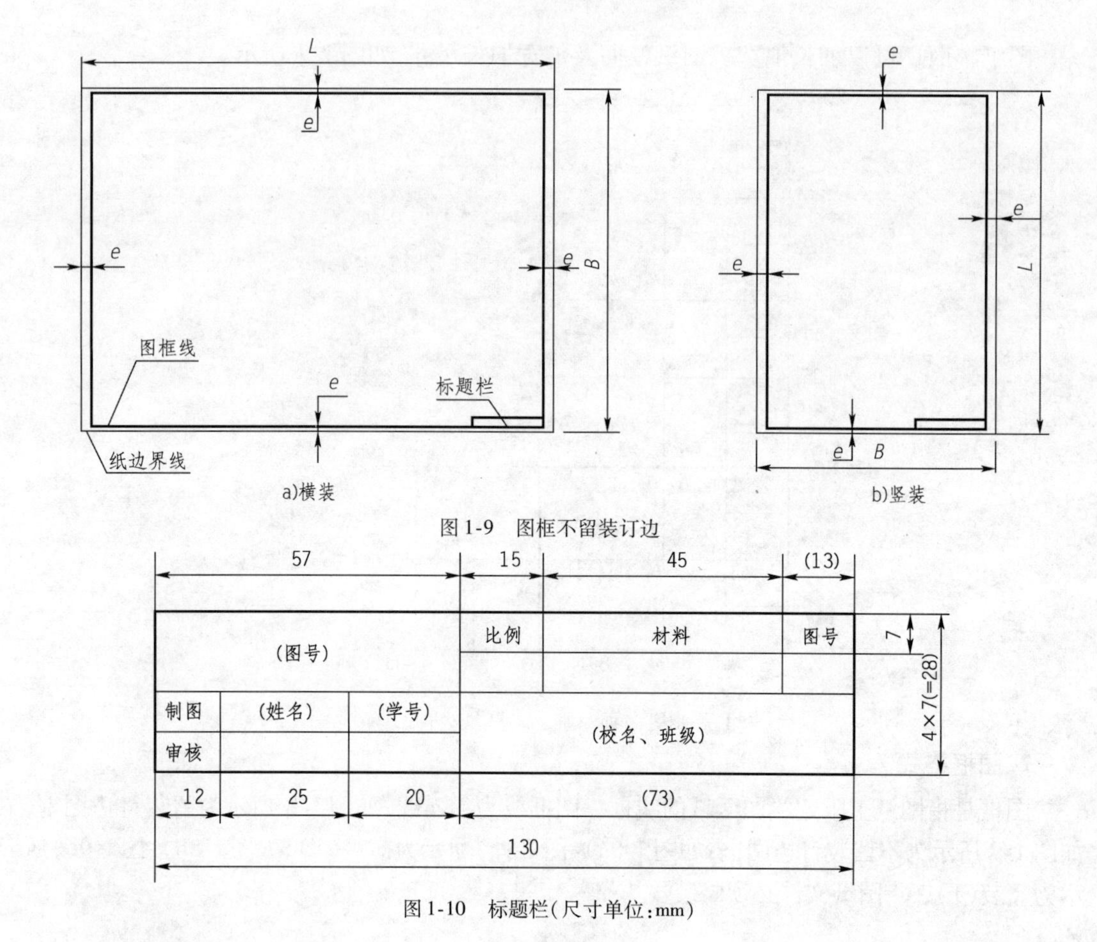

图 1-9　图框不留装订边

图 1-10　标题栏(尺寸单位:mm)

二、比例

国家标准《技术制图　比例》(GB/T 14690—1993)规定了适用于技术图样和技术文件的绘图比例和标注方法。

比例是图中图形与其实物相应要素的线性尺寸之比。比例分为原值比例、放大比例和缩小比例三种。比值为 1 的比例为原值比例,比值大于 1 的比例为放大比例,比值小于 1 的比例为缩小比例,如表 1-2 所示。

绘 图 比 例　　表 1-2

种类	比　例
原值比例	**1:1**
放大比例	**2:1**、2.5:1、4:1、**5:1**、**1×10ⁿ:1**、**2×10ⁿ:1**、2.5×10ⁿ:1、4×10ⁿ:1、**5×10ⁿ:1**
缩小比例	1:1.5、**1:2**、1:2.5、1:3、1:4、**1:5**、1:6、**1:1×10ⁿ**、1:1.5×10ⁿ、**1:2×10ⁿ**、1:2.5×10ⁿ、1:3×10ⁿ、1:4×10ⁿ、**1:5×10ⁿ**、1:6×10ⁿ

注:1. n 为正整数;

2. 黑体字为优先选用比例。

绘制同一机件的各个图形应采用相同的比例,并把采用的比例填写在标题栏中的比例栏中。当某个图形采用了另外一种比例,则应另加标注,如局部放大图。

(1)为了在图样上直接获得实际机件大小的真实概念,应尽量采用 1:1 的比例绘图。

(2)如不宜采用 1:1 的比例时,可选择放大或缩小的比例,但标注尺寸一定要注写机件的实际尺寸。与图样的准确程度和比例大小无关。

三、字体

国家标准《技术制图　字体》(GB/T 14691—1993)对技术图样和技术文件的字体要求具有明确规定。

字体就是图样中文字、汉字、数字、字母的书写形式。要求:字体工整、笔画清楚,间隔均匀、排列整齐。字体高度为公称系列。

1. 汉字

汉字字号大小有 1.8mm、2.5mm、3.5mm、5mm、7mm、10mm、14mm、20mm 共八种,字号即为字体高度,字的高宽比约为 3/2。

汉字写成长仿宋体,汉字高度不小于 3.5mm。长仿宋体字书写要领:横平竖直,起落有锋,结构均匀,宽度适宜,简单讲就是:工整、瘦长、顿笔,如图 1-11 所示。

字体工整　笔画清楚　间隔均匀　排列整齐

a)10号汉字

横平竖直　注意起落　结构均匀　填满方格

b)7号汉字

技术制图　机械　电子　汽车　航空　船舶　土木建筑　矿山　港口　纺织　服装

c)5号汉字

图 1-11　长仿宋体汉字示例

2. 数字和字母

字母和数字按笔画粗细分为 A 型和 B 型,A 型字体的笔画宽度 d 为字高 h 的 1/14,B 型字体的笔画宽度 d 为字高 h 的 1/10。在同一图样上,只允许选用一种形式的字体。

数字和字母可书写成正体与斜体。斜体字字头向右倾斜与水平线成 75°。字体示例如图 1-12 所示。

ABCDEFGHIJKLMNOPQRSTUVWXYZ

ABCDEFGHIJKLMNOPQRSTUVWXYZ

abcdefghijklmnopqrstuvwxyz

abcdefghijklmnopqrstuvwxyz

I II III IV V VI VII VIII IX X

I II III IV V VI VII VIII IX X

1 2 3 4 5 6 7 8 9 0

1 2 3 4 5 6 7 8 9 0

图 1-12　字母、罗马数字与阿拉伯数字示例

四、图线

绘制图样应遵循国家标准《机械制图　图样画法　图线》(GB/T 4457.4—2002)、《技术制图　图线》(GB/T 17450—1998)的规定。

1. 图线的形式与应用

图样是由多种图线组成的，其形式及应用如表1-3所示：

机械制图的图线形式及应用

表1-3

图线名称	图线形式	图线宽度(mm)	主要用途
粗实线	————	d	1. 可见轮廓线； 2. 螺纹牙顶线； 3. 螺纹终止线、齿顶圆线
细实线	————	$0.5d$	1. 尺寸线、尺寸界线； 2. 剖面线、重合断面的轮廓线； 3. 螺纹牙底线等
细虚线	- - - - - -	$0.5d$	不可见轮廓线
细点画线	—·—·—	$0.5d$	1. 轴线； 2. 中心对称线； 3. 分度圆(线)
波浪线	～～～	$0.5d$	断裂处边界线
双折线	—√\—	$0.5d$	视图与剖视图的分界线
细双点画线	—··—··—	$0.5d$	1. 相邻辅助零件轮廓线； 2. 极限位置轮廓线
粗虚线	- - - - - -	d	允许表面处理的表示线
粗点画线	—·—·—	d	有特殊要求的线

2. 图线画法

(1)同一图样中同类图线的宽度应基本一致。

(2)虚线、点画线及双点画线的线段长度和间隔应各自大致相同。

(3)当绘制图形的对称中心线、轴线时，其点画线应超出轮廓线4~5mm，圆心应为画线的交点。点画线、双点画线的首末两端应是画线而不是点。

(4)在较小的图形上绘制点画线和双点画线有困难时，可用细实线代替。

(5)当虚线、点画线、双点画线自身相交或与任何其他图线相交时，都应是线线相交而不应在空隙处或点处相交，当虚线处在粗实线的延长线上时，粗实线应画到分界点而虚线应留有空隙，如图1-13所示。

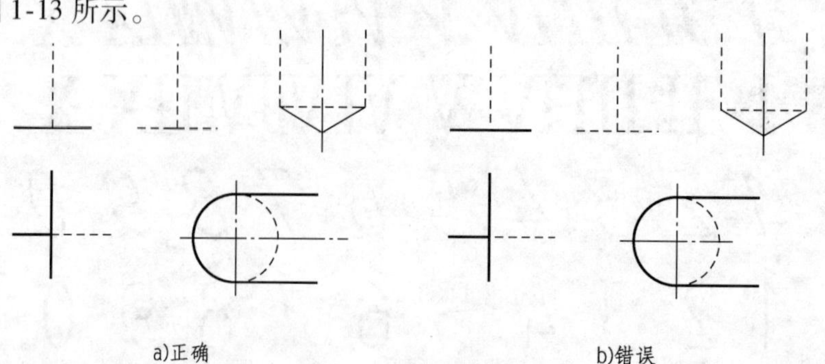

图1-13　两图线相交画法

3. 图线应用

图线应用如图 1-14 所示。

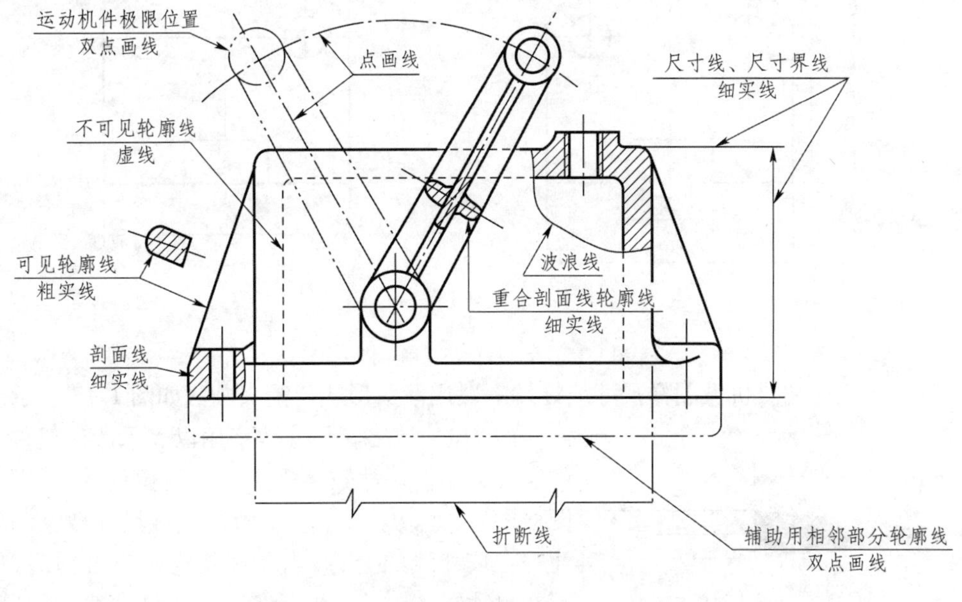

图 1-14 图线应用

五、尺寸注法

国家标准《机械制图 尺寸注法》(GB/T 4458.4—2003)规定了图样中尺寸的标注方法。

1. 尺寸标注的基本规则

(1)机件的真实大小应以图样上所标注的尺寸数值为依据,与图形的大小及绘图的准确度无关。

(2)图样中(包括技术要求和其他说明)的尺寸,以 mm 为单位时,不需标注计量单位的代号或名称。如果要采用其他单位时,则必须注明相应的计量单位的代号或名称。

(3)图样中所标注的尺寸,为该图样所示机件的最后完工尺寸,否则应另加说明。

(4)机件的每一尺寸,一般只标注一次,并应标注在反映该结构最清晰的图形上。

2. 尺寸的组成及其注法

每个完整的尺寸,一般由尺寸界线、尺寸线、尺寸线终端和尺寸数字组成。

(1)尺寸界线。尺寸界线用细实线绘制,并应由图形的轮廓线、轴线或对称中心线处引出。必要时,也可用轮廓线、轴线或对称中心线作尺寸界线。

尺寸界线一般应与尺寸线垂直并超过尺寸线(2 ~ 3mm),如图 1-15 所示。

(2)尺寸线。尺寸线用细实线绘制,尺寸线不能用其他图线代替,一般也不可与其他图线重合或画在其他线的延长线上。标注线性尺寸时,尺寸线必须与所标的线段平行。

互相平行的尺寸线,小尺寸在里,大尺寸在外,依次排列整齐,如图 1-16 所示。

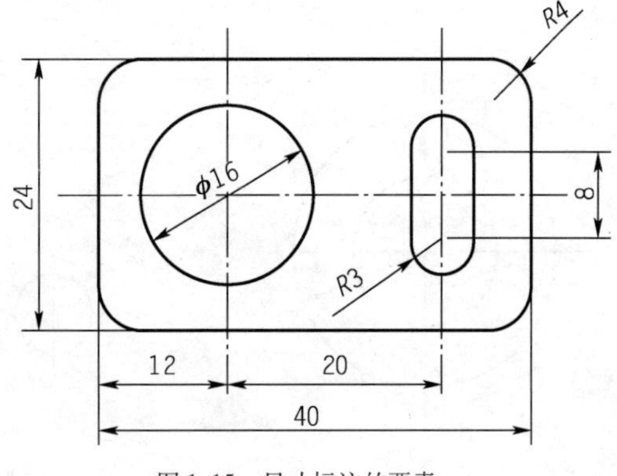

图 1-15 尺寸标注的要素

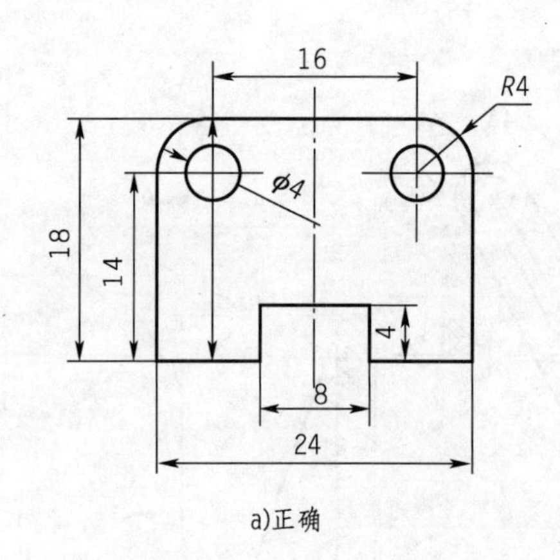

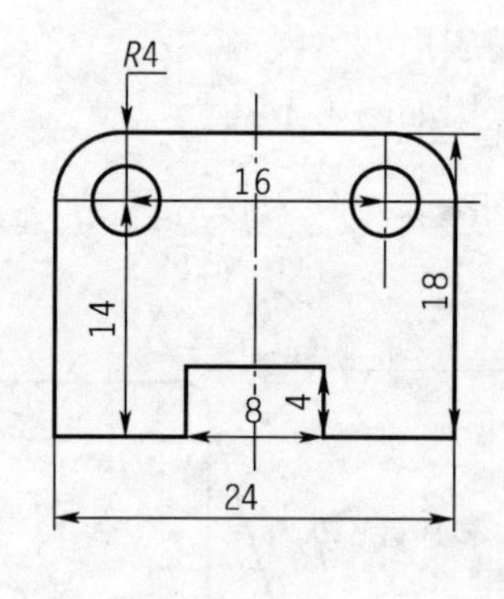

图 1-16　尺寸线标注正确与错误

(3)尺寸线终端。机械图样尺寸线终端一般用箭头形式。箭头画法如图 1-17 所示。

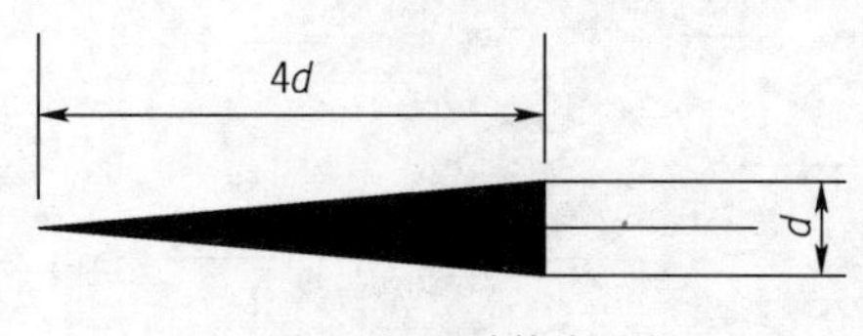

图 1-17　尺寸箭头画法

d-粗线宽度

(4)尺寸数字。尺寸数字用以表示所注机件尺寸的实际大小。尺寸数字采用斜体阿拉伯数字,同一张图样中,尺寸数字大小应一致。线性尺寸数字一般应注写在尺寸线的上方,当尺寸线为垂直方向时,应注写在尺寸线的左方,也允许注写在尺寸线的中断处,如图 1-18 所示。

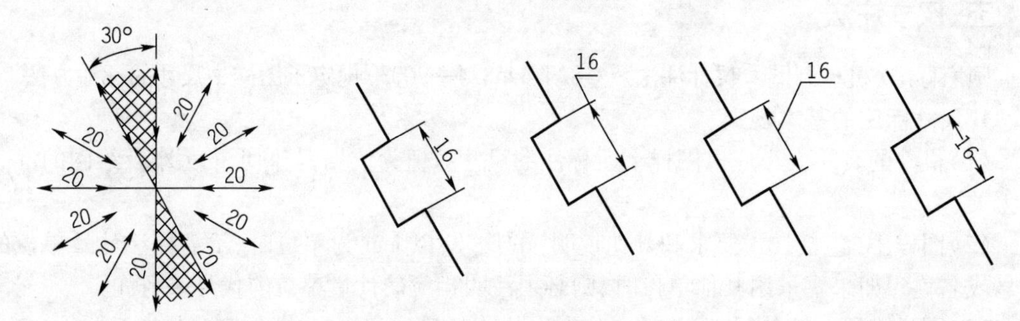

图 1-18　尺寸数字标注

3. 几类常见的尺寸标注形式

(1)圆、圆弧及球面的尺寸标注法。当标注直径时,应在尺寸数字前加注直径符号为"ϕ"。尺寸线通过圆心,以圆周为尺寸界线。当标注半径时,尺寸数字前半径符号为"R",尺寸线自圆心引向圆弧,如图 1-19 所示。

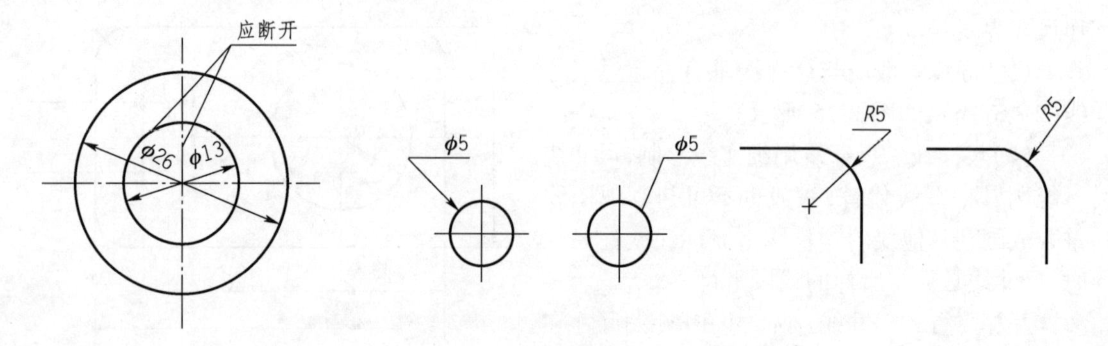

图 1-19　圆弧标注

(2)窄小尺寸标注法。因图形小,没有地方标注尺寸,箭头可外移或用圆点代替两个箭头;尺寸数字也可以写在尺寸界线外面或引出标注,如图1-20所示。

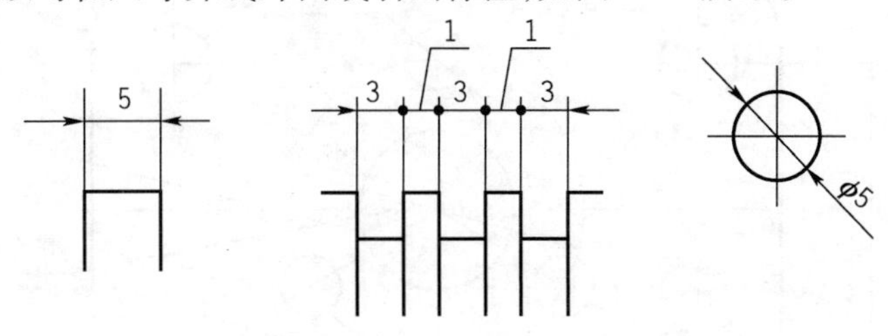

图1-20 小尺寸箭头画法与尺寸数字标注

(3)球面尺寸标注法。当标注球面时,应写成“*SΦ*”或“*SR*”(当不至于引起误解时可省去*S*),如图1-21b)所示。

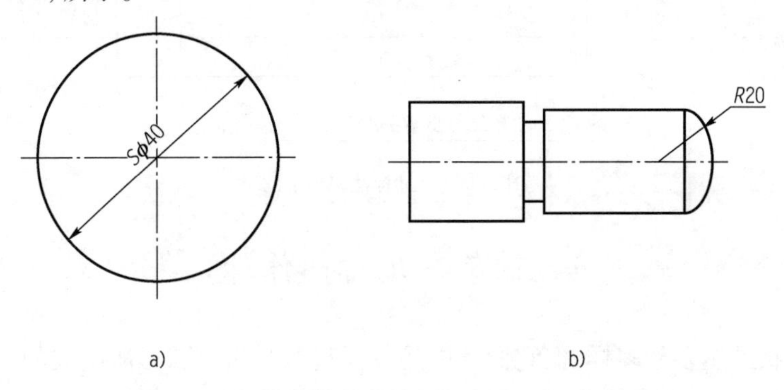

图1-21 球面尺寸标注

(4)角度尺寸标注法。当角度的尺寸线应画成圆弧,其圆心是该角的顶点。角度的数字一律水平填写在尺寸线的中断处,必要时写在尺寸线上方或外侧,也可以用引出线标注;角度的尺寸界线应沿径向引出,尺寸线画成圆弧,其圆心是该角的顶点;角度的尺寸数字一律水平书写。角度、弦长与弧长尺寸标法方法如图1-22 所示。

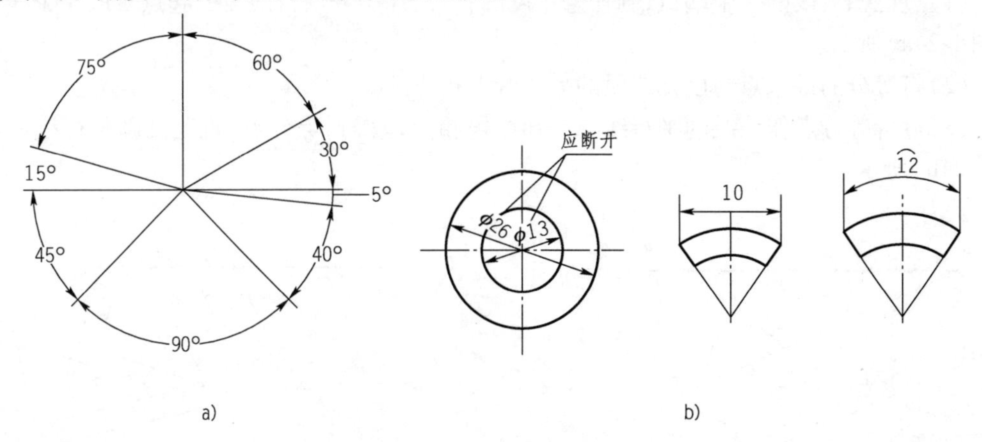

图1-22 角度、弦长与弧长尺寸标注

4. 综合尺寸标注

可在尺寸数字的上方、前面、后面加注符号。常用的符号有:半径“*R*”球半径“*SR*”、正方形“□”、弧长“⌒”、45°倒角“*C*”、均布“*EQS*”。

说明:整圆或大于半圆的圆弧一般标注直径尺寸;小于或等于半圆的圆弧一般标注半径尺寸,半径尺寸只能标注在圆弧图形上,如图1-23所示。

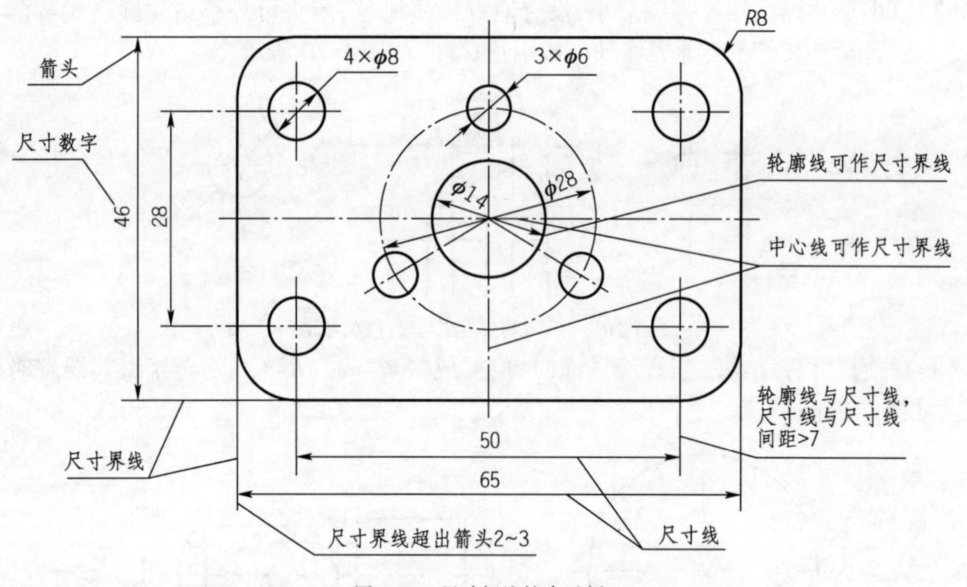

图 1-23 尺寸标注综合示例

第三节 几 何 作 图

机件的形状虽然多种多样，但它们都由是各种基本的几何图形所组成的。因此，绘制机械图样时，应当首先掌握常见几何图形的作图原理和作图方法。

一、等分线段和圆弧

1. 等分直线段

(1)过已知线段的一个端点，画任意角度的直线，并用分规自线段的起点量取 n 个线段，如图 1-24a)所示。

(2)将等分的最末点与已知线段的另一端点相连。

(3)过各等分点作该线的平行线与已知线段相交即得到等分点，也即推画平行线法，如图 1-24b)所示。

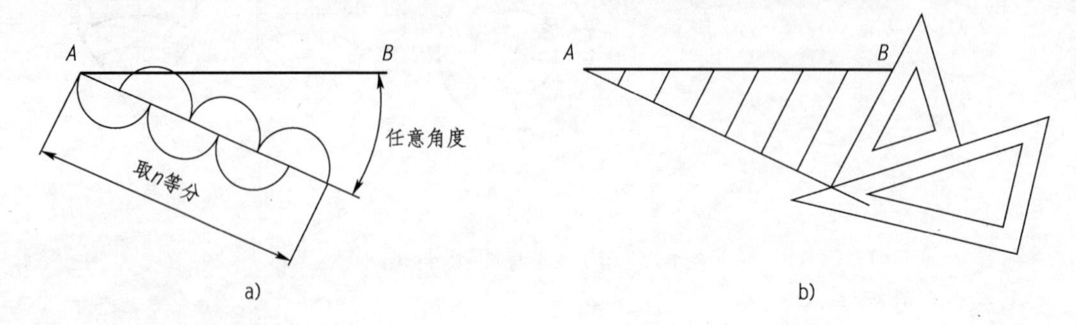

图 1-24 直线段的等分

2. 等分圆周及作正多边形

1)六等分圆周及画正六边形

(1)方法一：用圆规作图。分别以已知圆在水平直径上的两处交点 A、D 为圆心，以 R =

$D/2$ 作圆弧，与圆交于点 C、E、B、F，依次连接点 A、B、C、D、E、F 即得圆内接正六边形。如图 1-25a）所示。

（2）方法二：用三角板作图。以 60°三角板配合丁字尺作平行线，画出四条斜边，再以丁字尺作上、下水平边，即得圆内接正六边形。如图 1-25b）所示。

图 1-25　圆的六等分

2）五等分圆周及画正五边形

（1）作 OA 的中点 M，如图 1-26a）所示。

（2）以 M 点为圆心，$M1$ 为半径作弧，交水平直径于 K 点，如图 1-26b）所示。

（3）以 $1K$ 为边长，将圆周五等分，即可作出圆内接正五边形，如图 1-26c）所示。

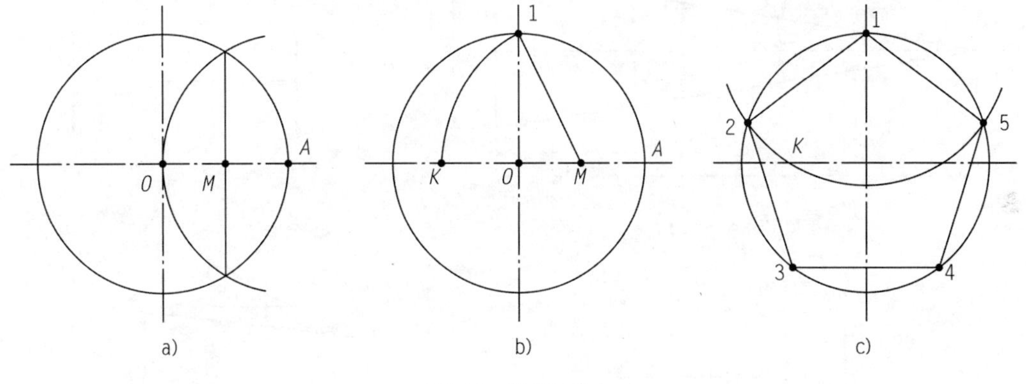

图 1-26　圆的五等分

二、斜度和锥度

1. 斜度

斜度是指一直线（或平面）对另一直线（或平面）的倾斜程度。它的特点是单向分布。其大小可用这两条直线（或平面）夹角的正切来表示。通常把比例前项化为 1，以简单分数 $1:n$ 的形式表示。图形中在比值前加注斜度符号“∠”，符号斜边的方向应与斜度的方向一致。作图方法如图 1-27 所示。

（1）斜度计算：高度差与长度之比，斜度 $\angle = H/L = 1:n$。

（2）画法：用分规任取一单位，高度 1 份，水平线方向 n 份，即 $1:n$，连斜线即斜度，再推平行线。

（3）注意：计算时，均把比例前项化为 1，在图中以 $1:n$ 的形式标注。

(4)标注:代号“∠”方向与斜线方向一致。

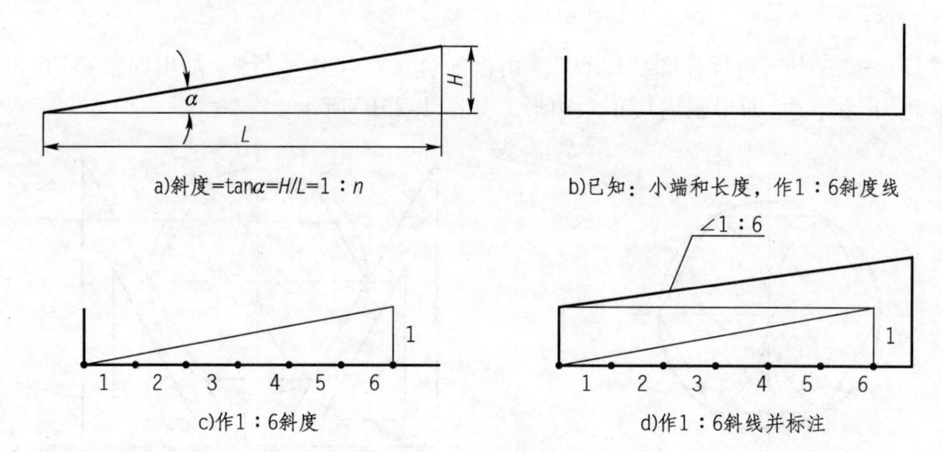

图1-27　斜度的画法

2. 锥度

锥度是指正圆锥底圆直径与其高度之比,或正圆台的两底圆直径差与其高度之比。即锥度 $=D/L=(D-d)/L_1$,并把比值化成 $1:n$ 的形式。在图形中,用锥度符号“⊲”作比值前缀,“⊲”符号方向应与锥度方向一致。它的特点是双向分布。

锥度画法如图1-28所示。

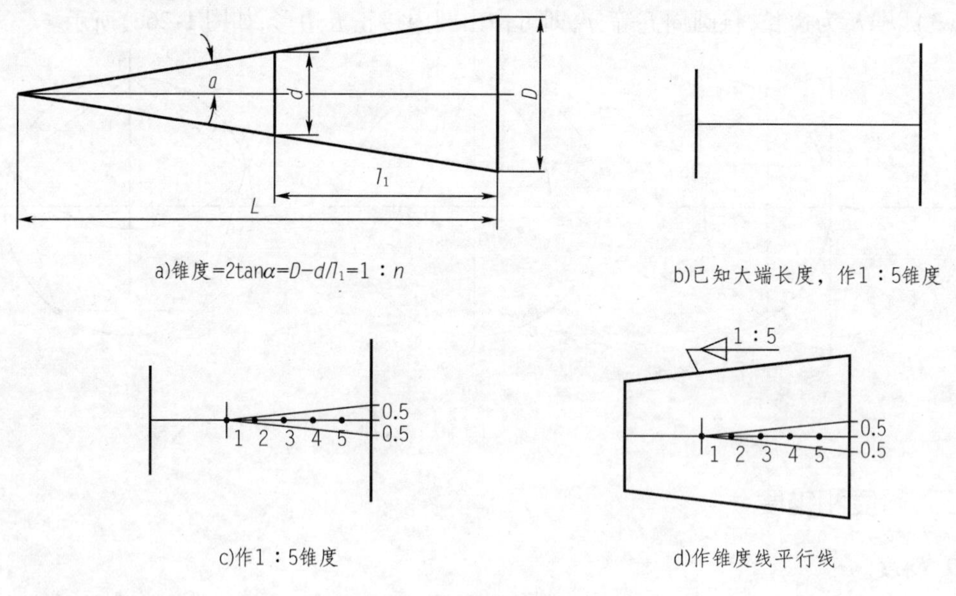

图1-28　锥度的画法

三、圆弧连接

有些机件常常具有光滑连接的表面(图1-29),因此,在绘制这些图形时,就会遇到圆弧连接的问题。

用一段圆弧(半径为 r)光滑地连接两已知线段(直线段或圆弧)的作图方法。其实质就是使圆弧与直线或圆弧与圆弧相切。因此,圆弧连接主要是找出连接圆弧的圆心、连接弧和两个已知线段的切点。

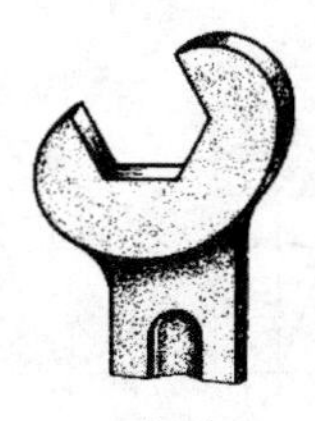

a)扳手

b)吊钩

c)手轮

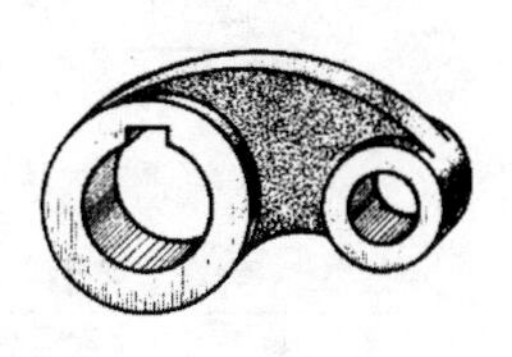

d)连杆

图 1-29 机件连接形式

1. 圆弧连接两已知直线

(1)定距。作与两已知直线分别相距为 R(连接圆弧的半径)的平行线。两平行线的交点 O 即为圆心,如图 1-30a)、b)所示。

(2)定连接点(切点)。从圆心 O 向两已知直线作垂线,垂足即为连接点(切点),如图 1-30c) 所示。

(3)以 O 为圆心,以 R 为半径,在两连接点(切点)之间画弧,如图 1-30d)所示。

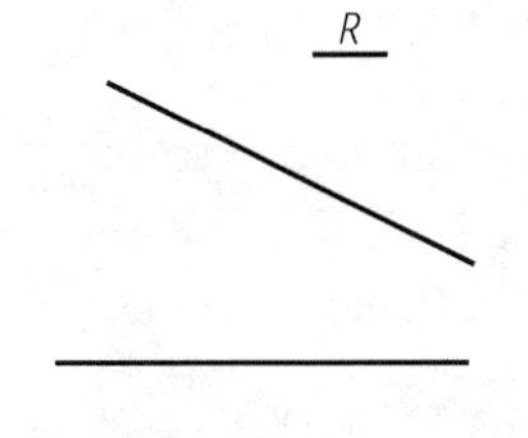

a)已知两直线和圆弧半径R

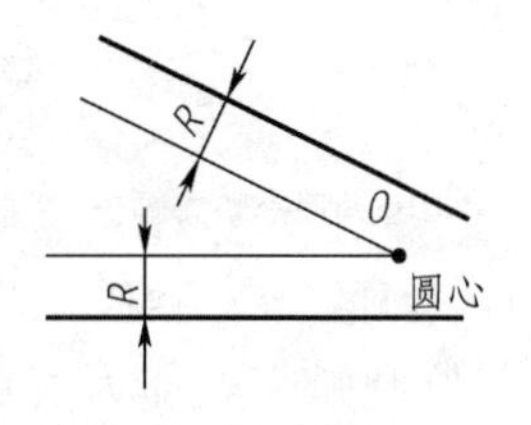

b)作两直线的平行线求圆心

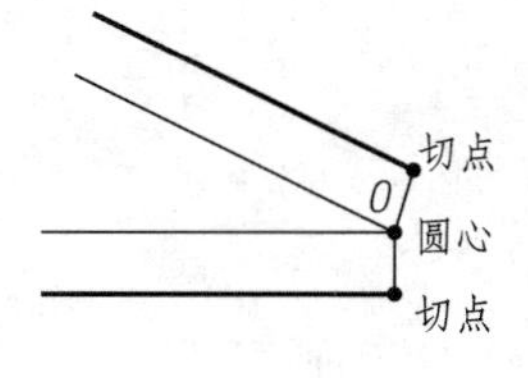

c)作垂线求切点

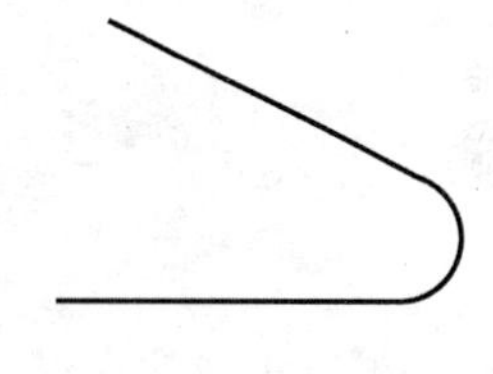

d)已知圆心切点圆弧R画弧

图 1-30 圆弧连接两已知直线

2. 圆弧间的圆弧连接

1)圆弧间的圆弧连接

圆弧与圆弧分为外连接、内连接和混合连接。

用连心线法求连接点(切点)。根据已知圆弧的半径 R_1 或 R_2 和连接圆弧的半径 R,计算出连接圆弧的圆心轨迹线、圆弧的半径 R':

当外连接时,用圆规求半径和:$R' = R + R_1$。

当内连接时,用圆规求半径差:$R' = R - R_2$。

当外切时,连接点在已知圆弧和圆心轨迹线圆弧的圆心连线。

当内切时,连接点在已知圆弧和圆心轨迹线圆弧的圆心连线的延长线上。

以 O 为圆心,以 R 为半径,在两连接点(切点)之间画弧。

2)外连接

连接圆弧和已知圆弧的弧向相反(外切),如图 1-31a)所示。

第一步找圆心 O:求半径和并画圆弧,相交点即连接圆弧圆心 O,如图 1-31b)所示。

第二步找切点:连接 O_1O 画直线与原圆弧交点即为切点 1;连接 O_2O 画直线与圆弧交点即为切点 2,如图 1-31c)所示。

第三步画圆弧:以 O 为圆心,以 R 为半径,在两连接点(切点)之间画弧,如图 1-31d)所示。

3)内连接

连接圆弧和已知圆弧的弧向相同(内切),如图 1-32a)所示。

第一步找圆心 O:求半径差并画圆弧,交点即连接圆弧圆心 O,如图 3-32b)所示。

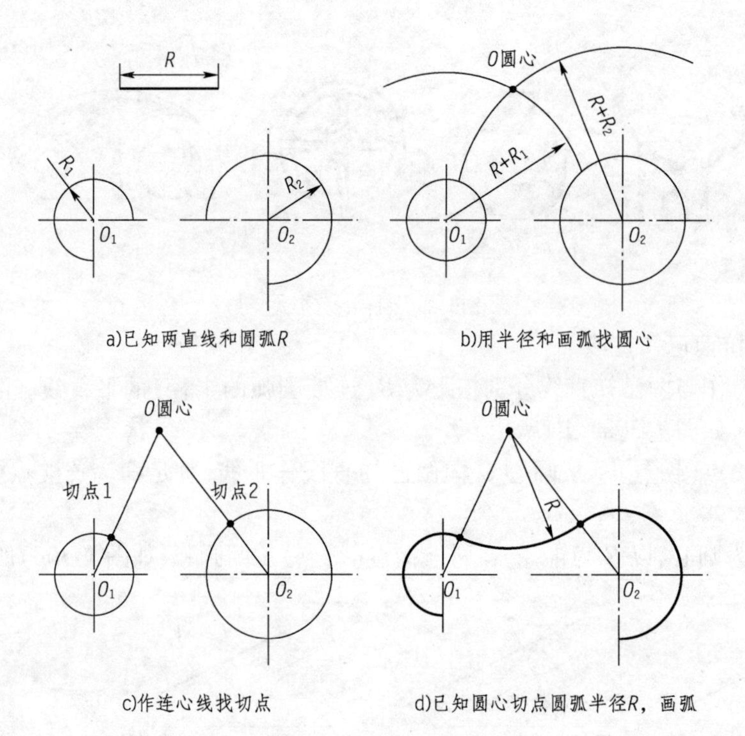

图 1-31　求作连接圆弧和已知圆弧(外切)圆心

第二步找切点:连接 O、O 画直线,延长线与原圆弧交点即为切点,连接 O、O_2 画直线与圆弧交点即为切点 2,如图 1-32c)所示。

第三步画圆弧:以 O 为圆心,以 R 为半径,在两连接点(切点)之间画弧,如图 1-32d)所示。

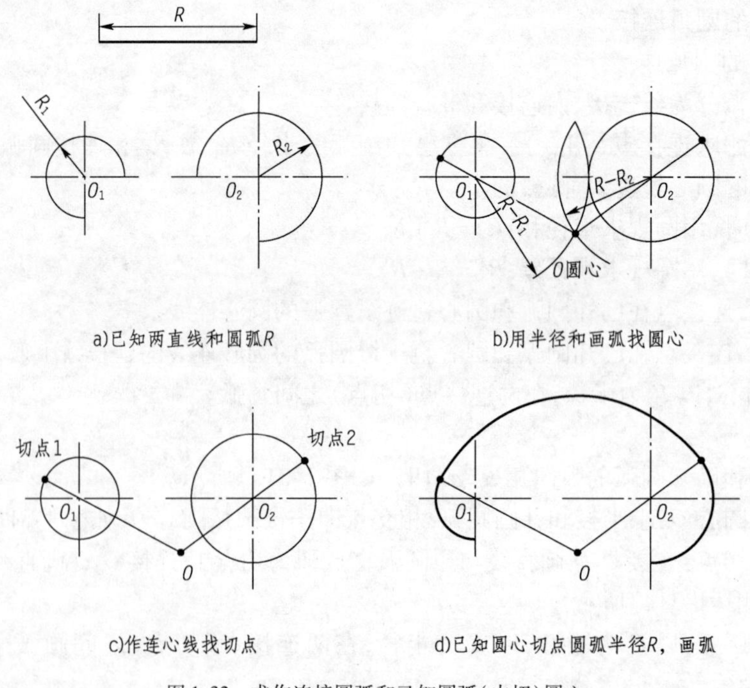

图 1-32　求作连接圆弧和已知圆弧(内切)圆心

四、椭圆的画法

(1)过圆心 O 作已知长、短轴 AB 和 CD;连接 A、C,以 O 为圆心,OA 为半径作圆弧与 OC

的延长线交于 E 点;以 C 为圆心,CE 为半径作圆弧与 AC 交于 F 点,如图 1-33a)所示。

(2)作 AF 的垂直平分线,交长、短轴于 O_4、O_1 点,再定出其对圆心 O 的对称点 O_3、O_2,并连接起来,如图 1-33b)所示。

(3)分别以 O_1、O_2 为中心,以 $R=O_1C=O_2D$ 为半径;以 O_3、O_4 为圆心,$r=O_3B=O_4A$ 为半径,以连心线为界画四段圆弧。四段圆弧必相切于 1、2、3、4 点,连接各点而成一个近似椭圆,如图 1-33c)所示。

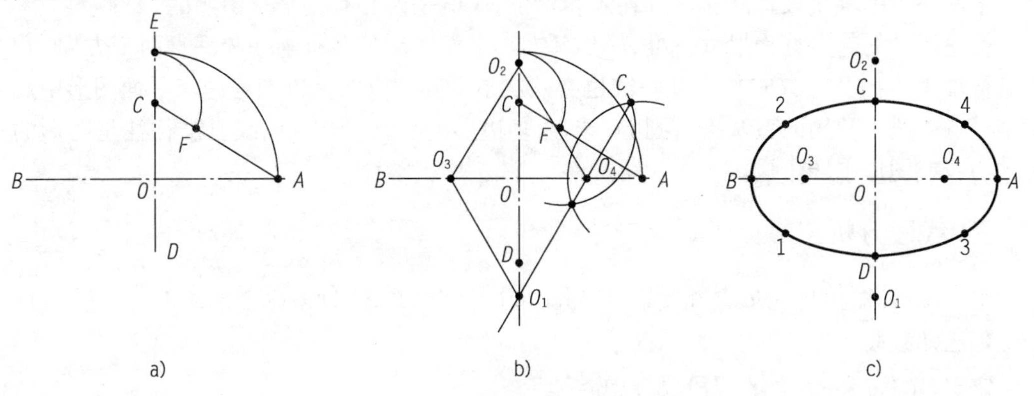

图 1-33 椭圆近似画法

第四节 画平面图形

一、平面图形的尺寸分析

尺寸分为定形尺寸和定位尺寸。

1. 定形尺寸

定形尺寸是指确定平面图形上几何元素形状大小的尺寸,如图 1-34 所示中的 ϕ18、R30、R26、ϕ30 和 80、10。一般情况下确定几何图形所需定形尺寸的参数是一定的,如直线的定形尺寸是长度,圆的定形尺寸是直径,圆弧的定形尺寸是半径,正多边形的定形尺寸是边长,矩形的定形尺寸是长和宽两个尺寸等。

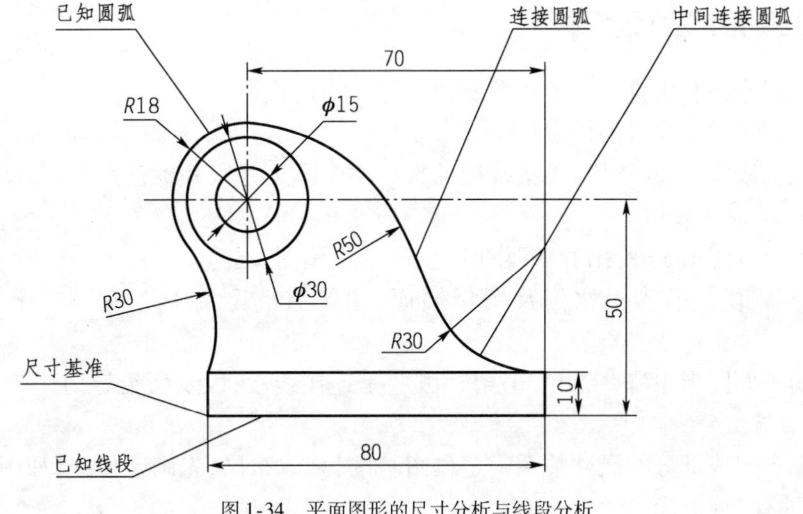

图 1-34 平面图形的尺寸分析与线段分析

2. 定位尺寸

定位尺寸是指确定各几何元素相对位置的尺寸,如图 1-34 中的 70、50。确定平面图形位置需要两个方向的定位尺寸,即水平方向和垂直方向,也可以以极坐标的形式定位,即半径加角度。

3. 尺寸基准

平面图形上各线段之间必然存在着相对位置,就是说必有一个是参照的。

标注尺寸的起点称为尺寸基准,简称基准。平面图形尺寸有水平和垂直两个方向(相当于坐标轴 *X* 方向和 *Y* 方向),因此基准也必须从水平和垂直两个方向考虑。平面图形中尺寸基准是点或线。常用的点基准有圆心、球心、多边形中心点、角点等,线基准往往是图形的对称中心线或图形中的边线。

二、线段分析

根据定形、定位尺寸是否齐全,可以将平面图形中的图线分为以下三大类。

1. 已知线段

定形、定位尺寸齐全的线段,称已知线段。

作图时该类线段可以直接根据尺寸作图,如图 1-34 中的 ϕ15 的圆、*R*18 的圆弧、70 和 50 的直线均属已知线段。

2. 中间线段

只有定形尺寸和一个定位尺寸的线段称为中间线段。

作图时,必须根据该线段与相邻已知线段的几何关系,通过几何作图的方法求出,如图 1-34 中的 *R*30 圆弧。

3. 连接线段

只有定形尺寸没有定位尺寸的线段,其定位尺寸须根据与线段相邻的两线段的几何关系,通过几何作图的方法求出,如图 1-34 中的 *R*50 圆弧段。

在两条已知线段之间,可以有多条中间线段,但必须而且只能有一条连接线段。否则,尺寸将出现缺少或多余。

三、平面图形的画图步骤

(1)先选择水平和垂直方向的基准线,如图 1-35a)所示。

(2)确定图形中各线段的性质。

(3)按已知线段、中间线段、连接线段的次序逐个画出线段并标注尺寸,如图 1-35b)~e)所示。

【例 1-1】 以图 1-36 所示的平面图形为例,演示画图步骤。

(1)根据图形大小选择比例及图纸幅面:图幅 A4,比例 1:1,基准选择下部圆弧中心。

(2)分析平面图形中哪些是已知线段,哪些是连接线段,以及所给定的连接条件,如图 1-37 所示。

(3)根据各组成部分的尺寸关系确定作图基准、总体布局,先画定位线,如图 1-38a)所示。定位尺寸有 5、60、20。

(4)依次画已知线段、中间线段和连接线段,如图 1-38b)～e)所示。

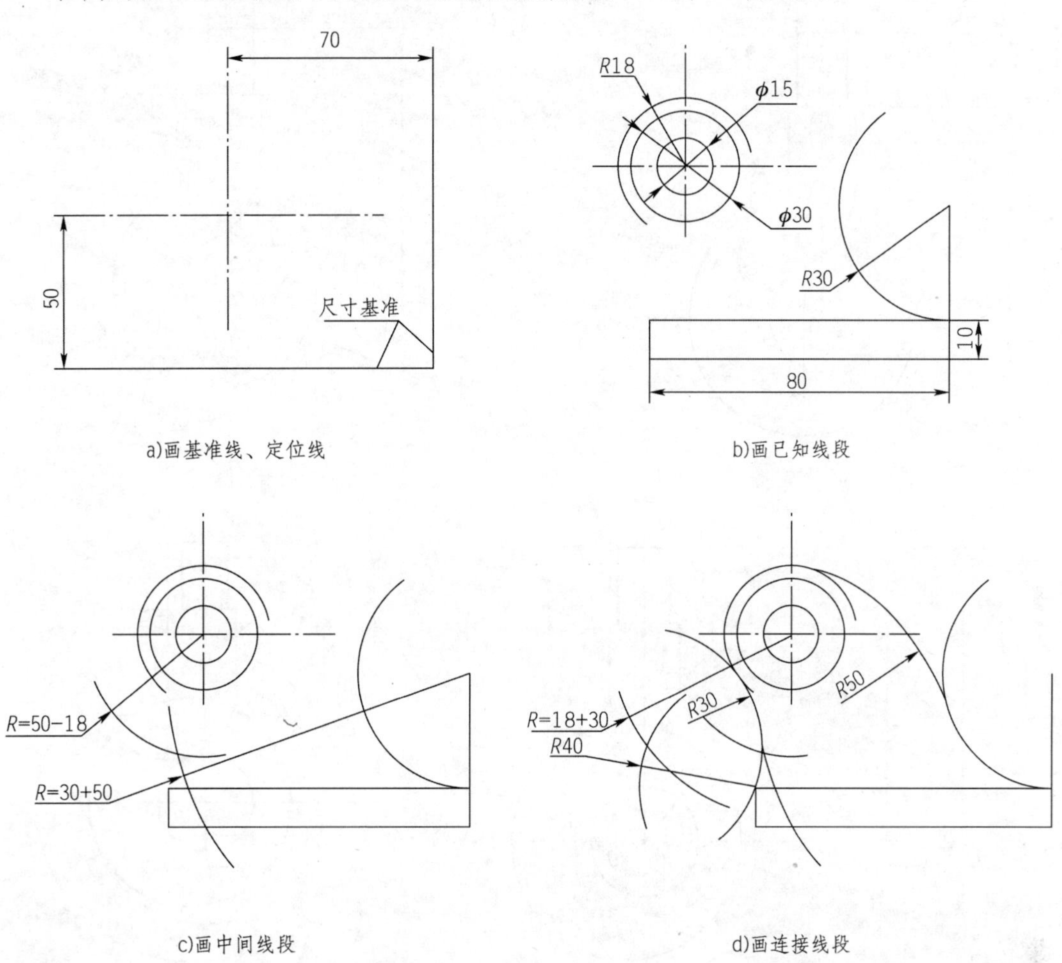

a)画基准线、定位线 b)画已知线段

c)画中间线段 d)画连接线段

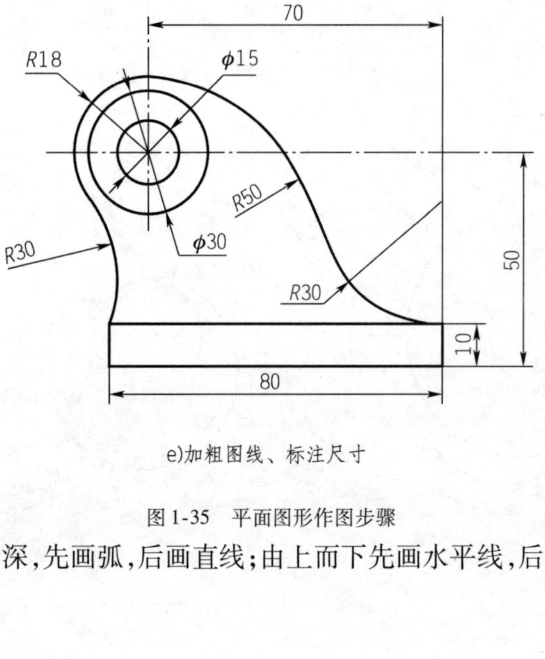

e)加粗图线、标注尺寸

图 1-35 平面图形作图步骤

(5)将图线加粗加深,先画弧,后画直线;由上而下先画水平线,后由左到右画垂线。

(6)标注尺寸。

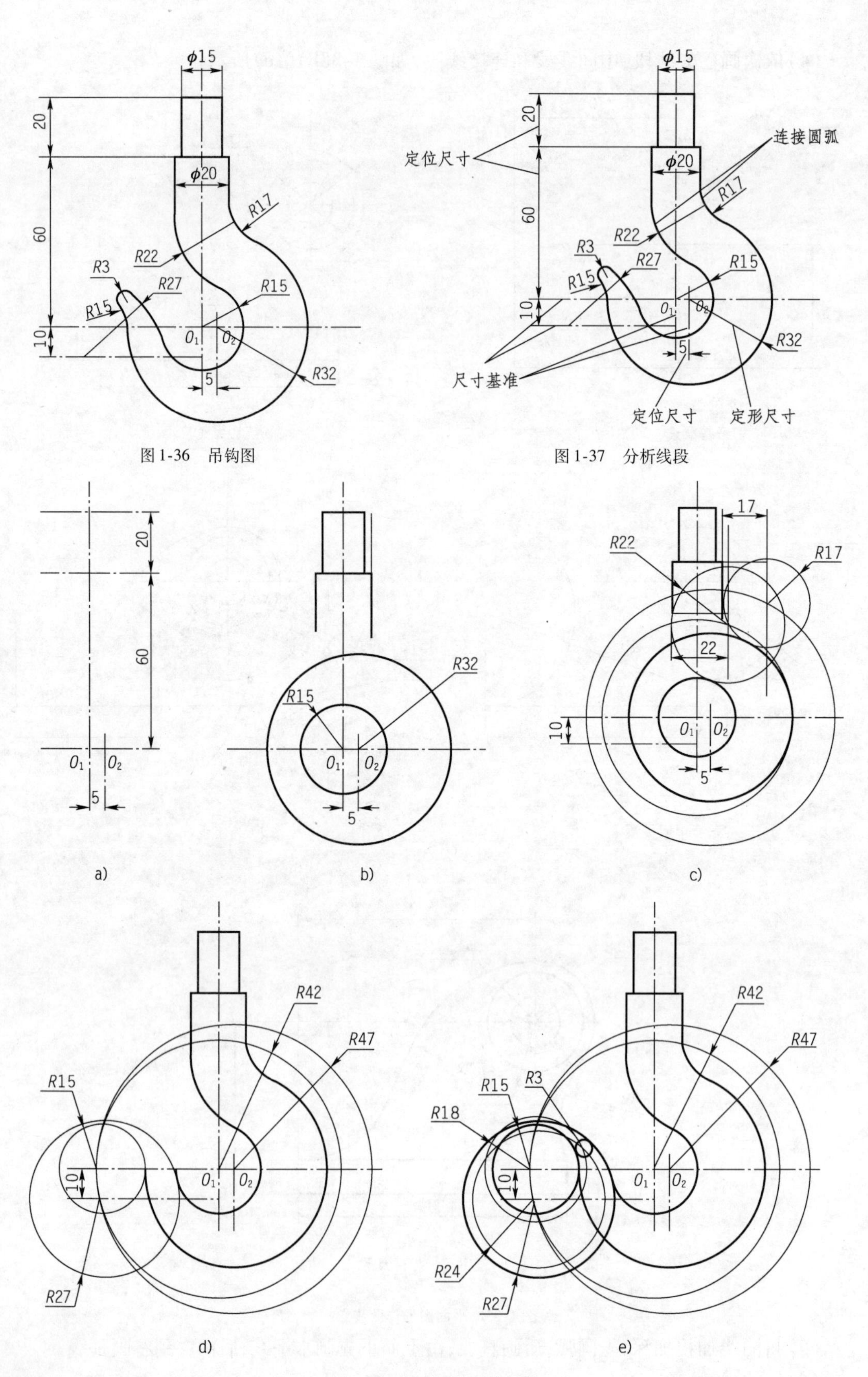

图 1-36　吊钩图

图 1-37　分析线段

图 1-38　平面图形画图步骤

第五节　徒手画图

依靠目测来估计物体各部分的尺寸比例,徒手绘制的图样称为草图。当设计、测绘、修配机器时,都要绘制草图。所以,徒手绘图是和使用仪器绘图同样重要的绘图技能,随着计算机绘图的广泛应用,徒手绘图越来越重要。

绘制草图时使用软一些的铅笔(如 HB、B 或者 2B),铅笔削长一些,铅笔芯呈圆形,粗细各一只,分别用于绘制粗、细线。

当画草图时,可以用有方格的专用草图纸,或者在白纸下面垫一张有格子的纸,以便控制图线的平直和图形的大小,有经验后正常设计时只要白纸就行了。

一、直线的画法

画直线时,可先标出直线的两端点,在两点之间先画一些点或短线,在连接成一条直线。运笔时手腕要灵活,目光应注视线的端点,不能只盯着笔尖。

画水平线应自左至右画出,垂线自上而下画出,斜线斜度较大时可自左上向右下或自右上向左下画出,如图 1-39 所示。

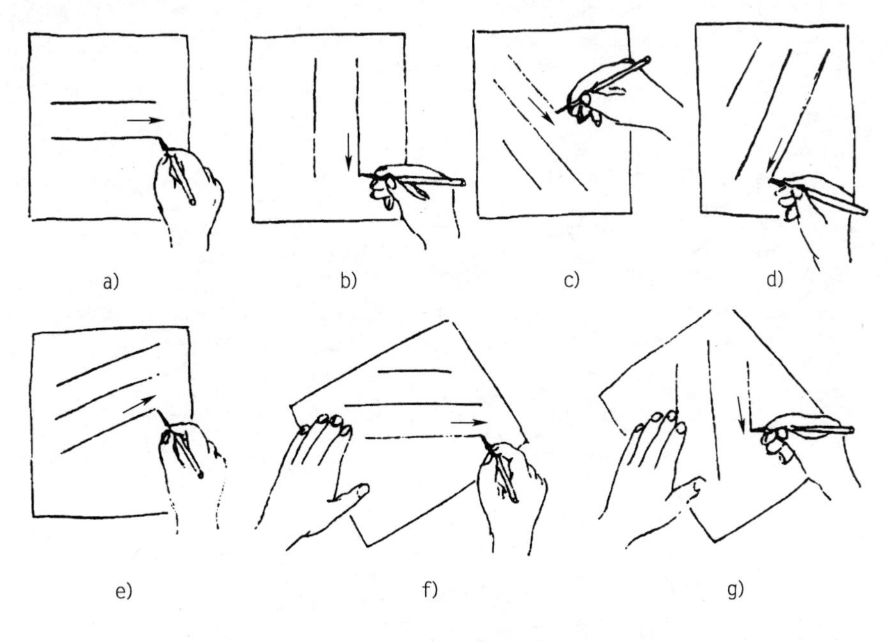

图 1-39　徒手画直线

二、圆的画法

画圆时,应先画圆中心线。较小的圆在中心线上定出半径的四个端点,过这四个端点画圆如图 1-40a)所示,稍大的圆可以过圆心再作两条斜线,再在各线上定出半径长度,然后过这八个点画圆。圆的直径很大时,可以用手做圆规。以小指支撑圆心,使铅笔于小指的距离等于远的半径,笔尖接触纸面不动,转动图纸,即可得到所需的大圆,如图 1-40b)所示。

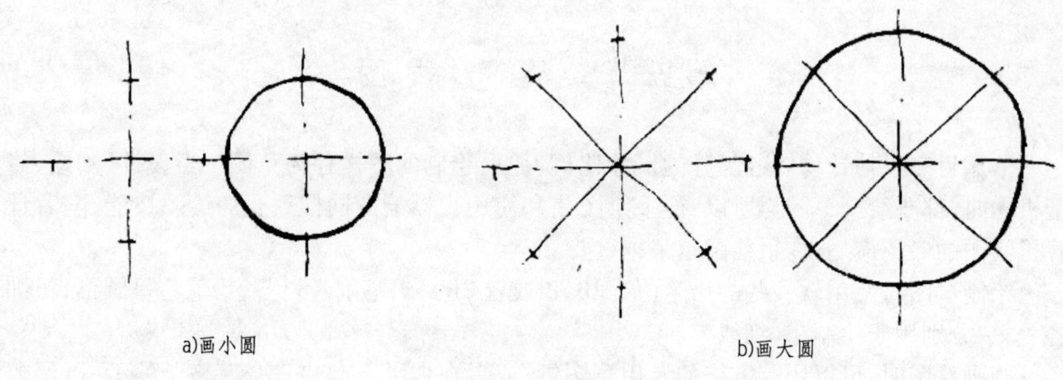

图 1-40　徒手画圆

三、绘制平面图形

徒手绘制平面图形时,如同使用尺子、圆规作图时一样,要进行尺寸分析和线段分析,先画已知线段,再画中间线段,最后画连接线段。在方格纸上画平面图形时,主要轮廓线和定位中心线应尽可能利用方格纸上的线条,图形各部分之间的比例可按方格纸上的格数来确定,如图 1-41 所示。

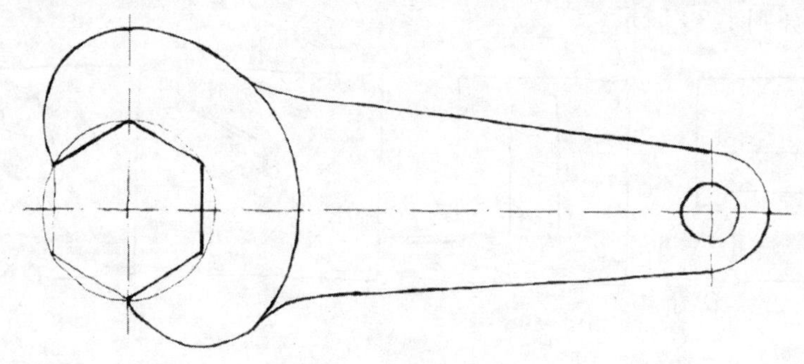
图 1-41　徒手画图形

第二章　投影基础

第一节　投影法及三视图的形成

一、概述

投影法是指投射线通过物体，向选定的面投射，并在该面上得到图形的方法。

如图 2-1 所示，设定平面 P 为投影面，不属于投影面的定点 S 为投射中心，过投影体与投射中心可引直线 SA、SB、SC 称投射线。投射线 SA、SB、SC 与投影面 P 的交点 a、b、c，称作空间点在投影面上的投影。

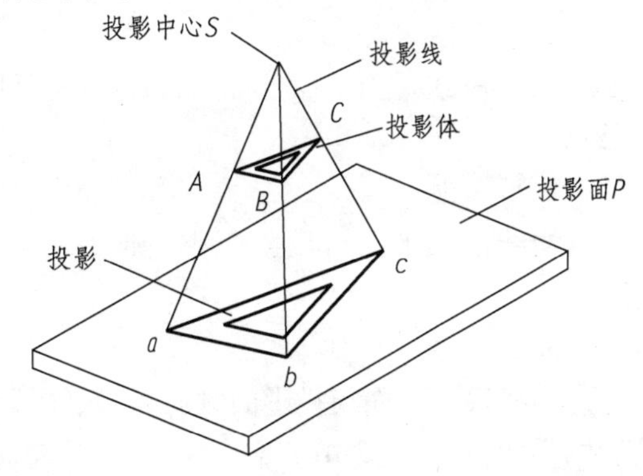

图 2-1　投影法

二、投影法分类

1. 中心投影法

投射线均从投射中心出发的投影法，称为中心投影法，所得到的投影，称为中心投影，如图 2-2 所示，所得投影四边形 $abcd$ 的大小会随投影中心 S 距离空间四边形 $ABCD$ 的远近而变化。因此，中心投影法不反映物体原来的真实大小。

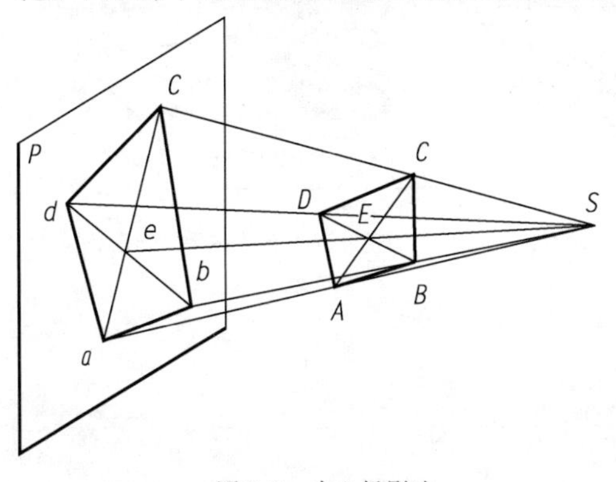

图 2-2　中心投影法

2. 平行投影法

投射线相互平行的投影法，称为平行投影法。所得到的投影，称为平行投影，如图 2-3 所示。

平行投影法可以看成是中心投影法的特殊情况，因为假设投影中心 S 在无穷远处，这时的投射线就可以看成是相互平行的。

在平行投影法中，因为投射线是相互平行的，若仅改变物体离开投影面的距离，所得投影的大小和形状不变。

根据投影线对投影面的相对位置，平行投影分为：正投影和斜投影。

(1) 正投影法：投射线与投影面相互垂直的平行投影法。所得图形称为正投影，如图 2-3a) 所示。

(2) 斜投影法：投射线与投影面相互倾斜的平行投影法。所得图形称为斜投影，如图 2-3b) 所示。

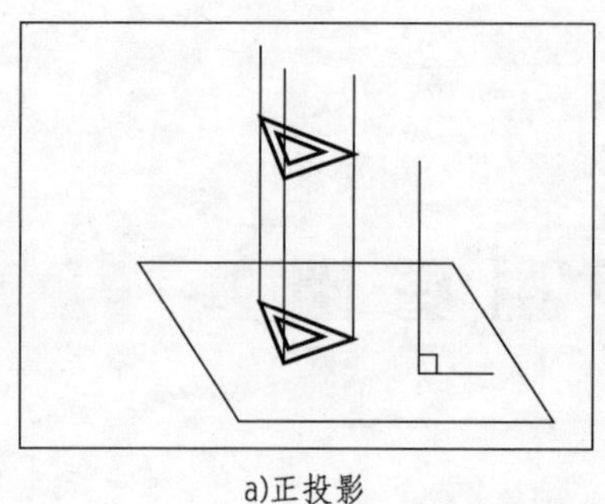

a)正投影

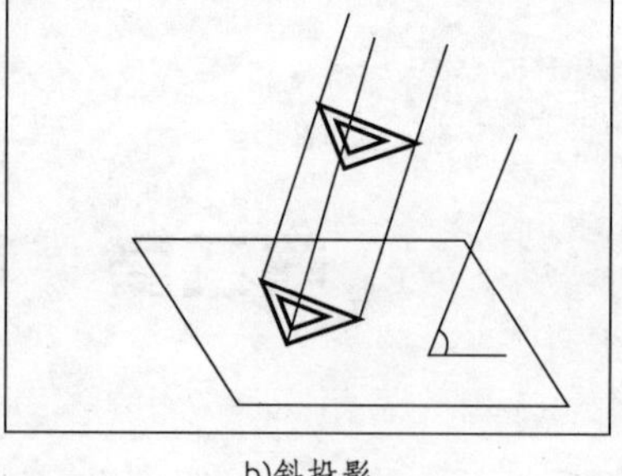

b)斜投影

图 2-3　平行投影法

平行投影的特点之一是空间的平面图形若和投影面平行，则它的投影反映出真实的形状和大小。真实的反映是机械制图所期望和需要的。

三、正投影法的基本性质

1. 真实性

当线段或平面与投影面平行时，其反映实长或实形的投影即为真实性，如图 2-4a）所示。

2. 积聚性

当线段或平面与投影面垂直时，其反映实长或实形的投影即为积聚性，如图 2-4b）所示。

3. 类似性

当线段与平面与投影面倾斜时，其线段投影小于实长，平面投影小于实形的投影称为投影的类似性，如图 2-4c）所示。

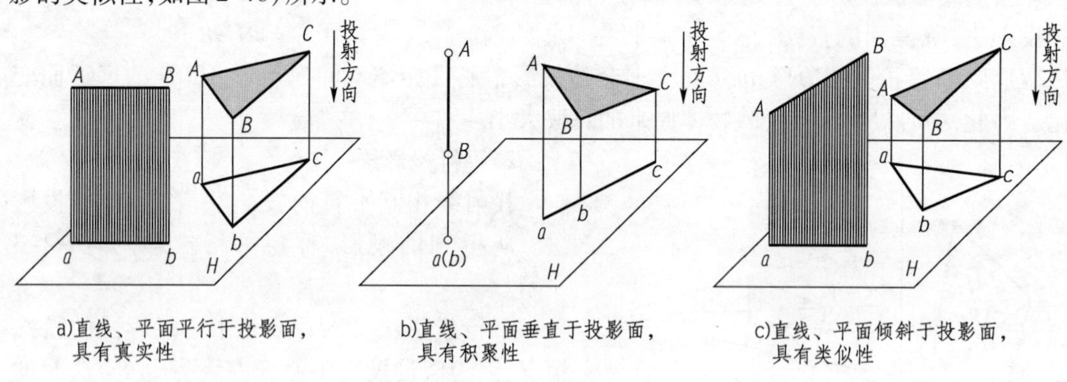

a)直线、平面平行于投影面，具有真实性

b)直线、平面垂直于投影面，具有积聚性

c)直线、平面倾斜于投影面，具有类似性

图 2-4　正投影的特性

第二节　三视图的形成

根据有关标准和规定，用正投影法所绘制出物体的图形称为视图。本节主要介绍三视图的形成和投影规律。

一、三视图的形成

1. 投影面的设置与名称

建立 *X*、*Y*、*Z* 三维直角坐标系，三个投影面：正平面（*V* 面）、水平面（*H* 面）、侧平面（*W*

面)，三个投影面交线 OX、OY、OZ 称为投影轴(简称 X 轴、Y 轴和 Z 轴)，三根投影轴相交于一点 O，称为原点，如图 2-5 所示。

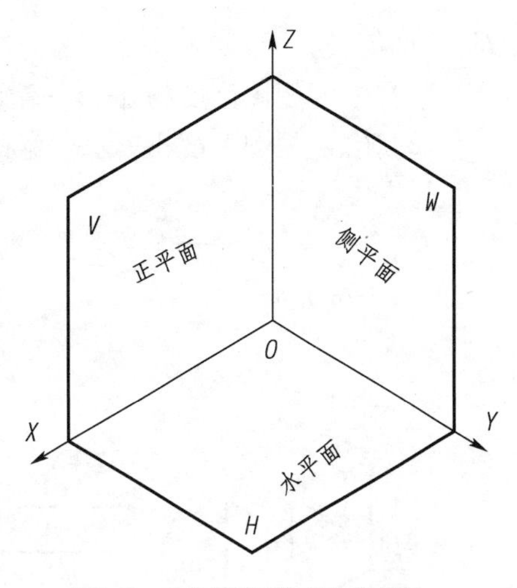

图 2-5　三个投影面的名称和标记

2. 投影

从前向后在 V 面上的投影为主视图，从上向下在 H 面上的投影为俯视图，从左向右在 W 面上的投影为左视图。主视图、俯视图、左视图统称为三视图，如图 2-6 所示。

3. 投影面的展开

为了把三视图画在同一张图纸上，即同一平面上，就必须把三个互相垂直相交的投影面展开摊成一个平面。方法是：以 V 面主视图为基准保持不动，将 H 面绕 X 轴向下旋转 90°与正面(V 面)成一平面；将 W 面绕 Z 轴向右旋转 90°，也保持与 V 面成一平面，展开后三个投影面就在同一图纸平面上，如图 2-6b)所示。将投影面、坐标轴去除后得到三视图，如图 2-7 所示。

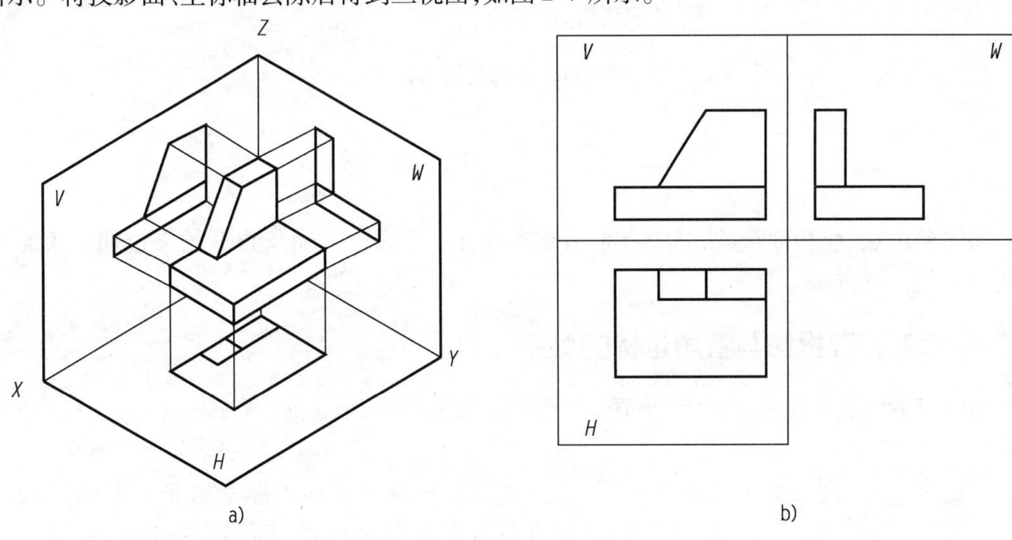

图 2-6　三面视图的形成

对照图中轴测图和三视图，可以发现如下规律：主视图主要表达物体正面的形状，左视图主要表达物体左侧面的形状，俯视图主要表达物体顶面的形状。

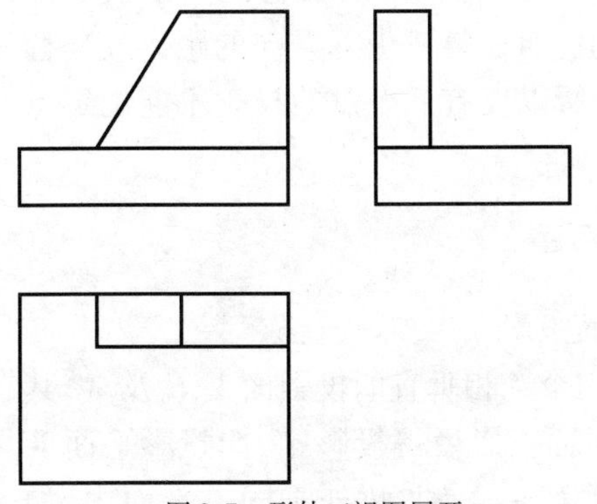
图 2-7　形体三视图展开

在实际绘制在视图时，投影边框和投影轴不必画出，各视图的位置一般是固定不变的，也不写视图的名称。

二、三视图的三种关系

1. 位置关系

如图 2-8a)所示，主视图在上，俯视图在主视图正下方，左视图在主视图正右侧。

2. 尺寸三等关系

(1)如图 2-8b)所示，主、俯视图长度相等——长对正(即等长)。

(2)主、左视图高度相等——高平齐(即等高)。

(3)俯、左视图宽度相等——宽相等(即等宽)。

3. 方位

左、右——X轴——长度尺寸;前、后——Y轴——宽度尺寸;上、下——Z轴——高度尺寸,如图2-8c)所示。

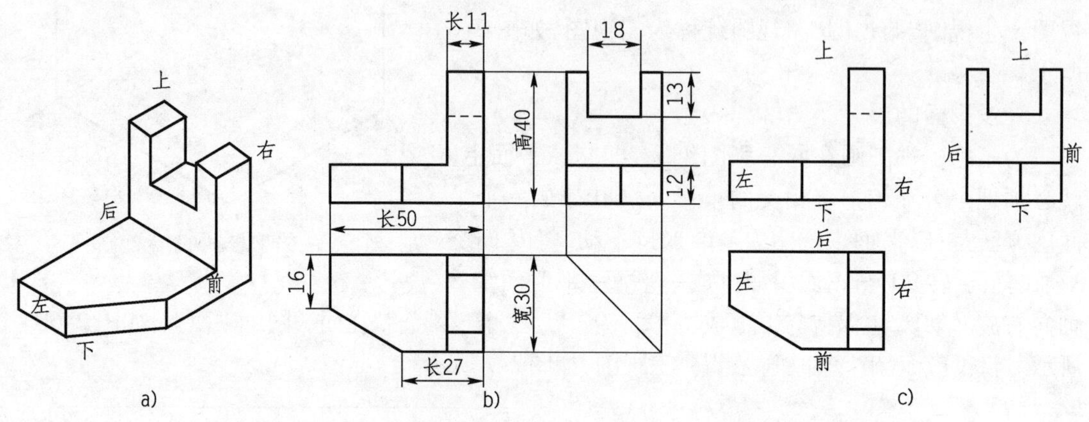

图2-8 三视图长宽高的尺寸与方位关系

第三节 点的投影

物体是由点、线和面组成,其中点是最基本的几何元素。下面从点开始来说明正投影法的建立及其作图方法。

一、点的三面投影与直角坐标的关系

空间点的位置可由其直角坐标值来确定,一般采用下列的书写形式:$A(x,y,z)$、$A(25,30,20)$、$A(X_A,Y_A,Z_A)$、$B(X_B,Y_B,Z_B)$。其中x、y、z均为该点至相应坐标面的距离数值。若将三投影面体系当作直角坐标系,则各个投影面就是坐标面,点到各投影面的距离就是相应的坐标值,如图2-9所示。

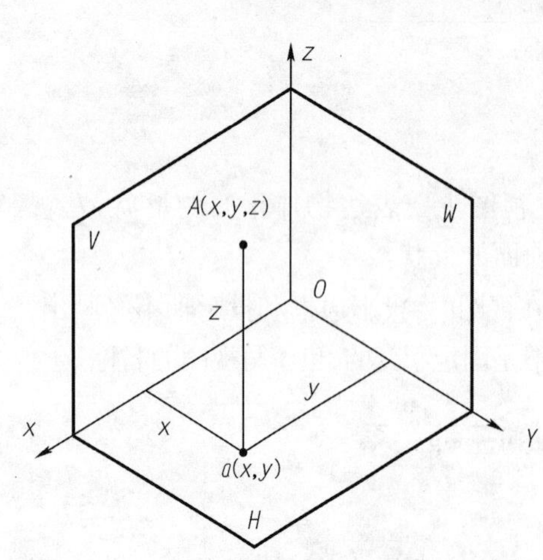

图2-9 点的位置及直角坐标

由于点的一个投影只能反映它到两个投影面的距离或坐标值,而在第三坐标方向的距离或坐标值显示不出来,所以仅有一个点的投影不能确定点的空间位置。

二、点的投影

1. 点的三面投影

首先建立三个互相垂直的投影面V、H及W,其间有一空间点A,它向投影平面H投影后得投影a,向V面投影后得投影a',向投影平面W投影后得投影a'',投射线Aa及Aa'是一对相交线,且垂直于X轴,故处于同一平面内,如

图 2-10a)所示。

移去空间点 A,保持 V 面不动,将 H 面绕 OX 轴向下旋转 90°,W 面绕 OZ 轴向右旋转 90°,H、W 面与 V 面处于同一平面,即得到点 A 的三面投影图,如图 2-10b)所示。图中 OY 轴被假想分为两条,随 H 面旋转的称为 OY_H 轴,随 W 面旋转的称为 OY_W 轴。如图 2-10b)、c)所示。

规定把空间点用大写字母 A、B、C 等标记,它们在 H 面上的投影用相应的小写字母如 a、b、c 等标记,在 V 面上的投影用相应的小写字母在右上角上加一撇,如 a'、b'、c'等标记,在 W 面上的投影则加两撇如 a''、b''、c''等标记。

将三投影面展开后即得到平面内的投影如图 2-10c)所示,两投射线 aa'、$a'a''$称为投影连线,分别垂直 X 轴和 z 轴。只要知道 $A(x,y,z)$ 坐标值,沿轴量取坐标,过该点画该坐标轴的垂线即投影连线,两投影连线相交点即投影点 a、a'、a''。

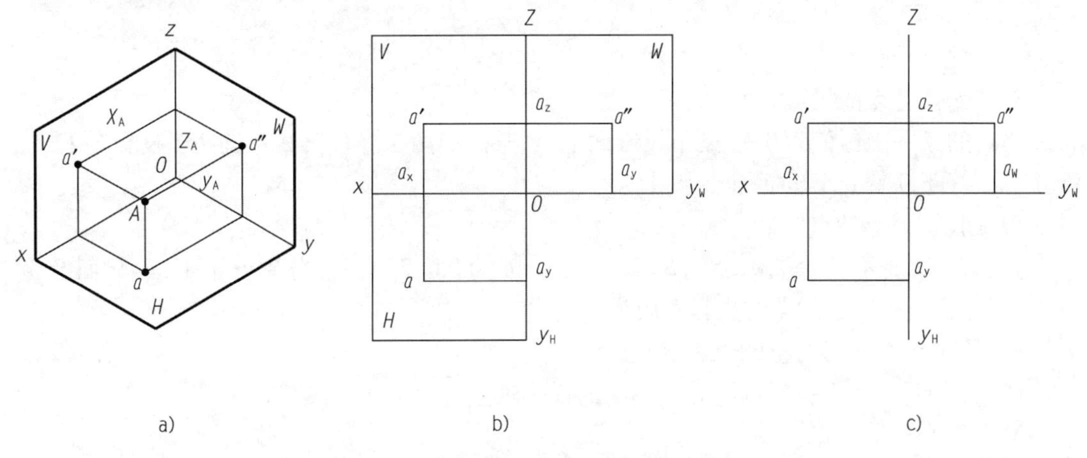

图 2-10　点的三面投影

2. 点的三面投影图规律

(1)点的正面投影与水平投影的连线垂直于 OX 轴($aa' \perp OX$)。

(2)点的侧面投影与正面投影的连线垂直于 OZ 轴($a'a'' \perp OZ$)。

(3)点的水平投影 a 到 OX 轴的距离和侧面投影 a''到 OZ 轴的距离相等,均等于点 A 到 V 面的距离,都反映 Y 坐标值。点的侧面投影与正面投影连线垂直于 OZ 轴。

熟悉点的三面投影规律后,根据点的两面投影,可以求出该点的第三面投影,如图 2-11 所示。

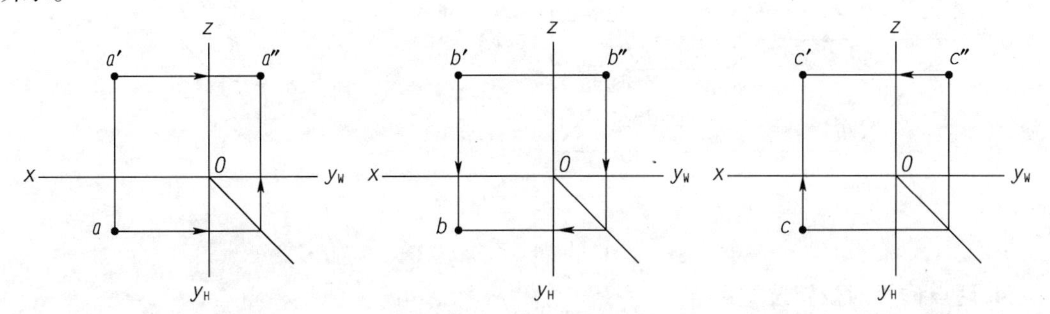

图 2-11　求点的第三面投影

【例 2-1】 作点 $A(30,20,12)$三面投影。

【解】 沿 X 轴量 30,作 X 轴的投影连线($\perp X$),沿 Y 轴量 20,作 Y 轴的投影连线($\perp Y$),

两投影连线交于 a；沿 Z 轴量 12，作 Z 轴的投影连线（$\perp Z$），两投影连线交于 a'；与 Y_H 投影连线交于点 a''，所得到的点 a、a'、a'' 即为 $A(30,20,12)$ 的三面投影，如图 2-12 所示。

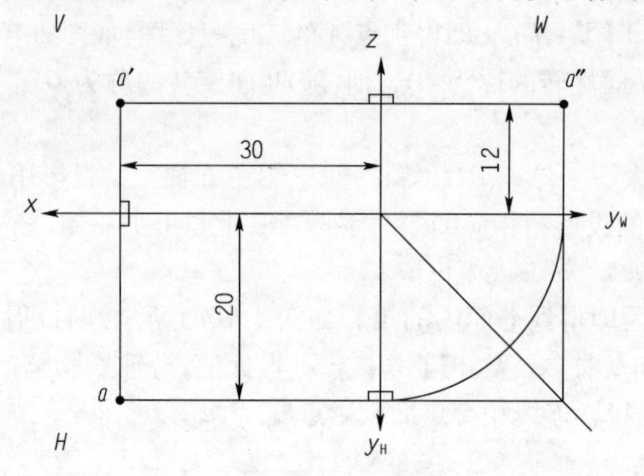

图 2-12　点的三面投影

3. 特殊位置点的投影

当点的某一坐标值为 0，就处于投影面上，当某点的两个坐标值为 0 就处于投影轴上，三个坐标值等于 0 就处于坐标原点上。

1）在投影面上的点

如图 2-13 所示，$A(50,0,35)$、$B(30,12,0)$、$C(0,20,20)$ 三点分别处于 V 面、H 面及 W 面上，由此得出投影面上点的投影性质为：

（1）点的一个投影与空间点本身重合。

（2）点的另外两个投影分别处于不同的投影轴上。

2）在投影轴上的点

$D(0,30,0)$ 点投影（见图 2-13），点 D 和它的水平投影、侧面投影重合于 OY 轴上，点 D 的正面投影 d' 位于原点。

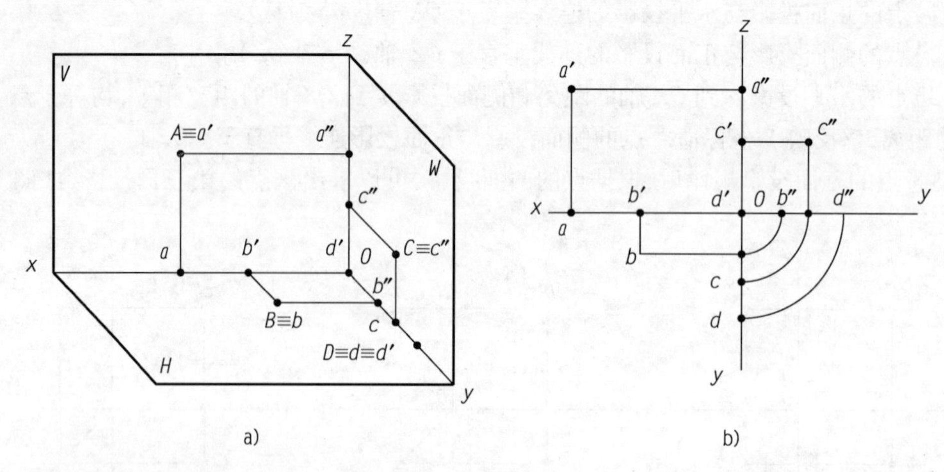

图 2-13　特殊点的三面投影

4. 两点间相对位置及重影点

1）两点相对位置的确定

立体上两点间相对位置，是指在三面投影体系中，一个点处于另一个点的上、下、左、右、前、后的方位。两点相对位置可用坐标值的大小来判断，Z 方向坐标值大者在上，反之在下；

Y 方向坐标值大者在前,反之在后;X 方向坐标值大者在左,反之在右。如图 2-14 所示,A、C 两点的相对位置为 $z_A > z_C$,因此点 A 在点 C 之上;$Y_A > Y_C$,点 A 在点 C 之前;$X_A > X_C$,点 A 在点 C 之右,结果是点 A 在点 C 之右、前、上方,如图 2-14 所示。

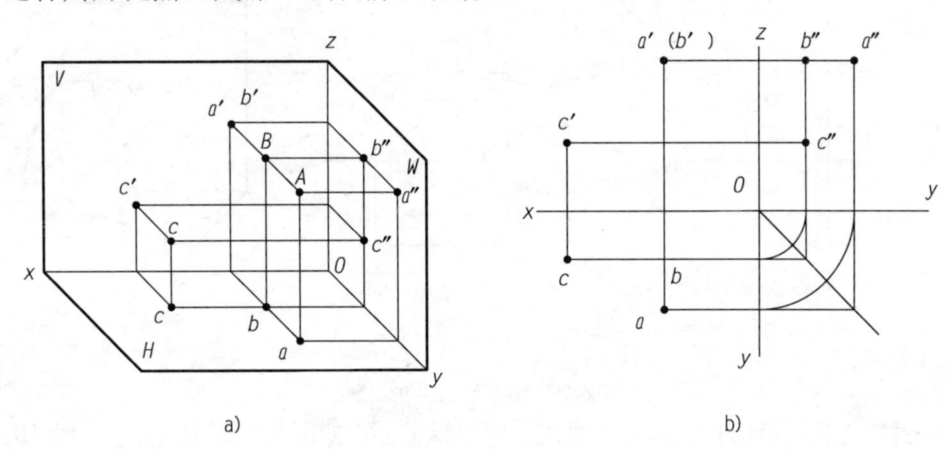

图 2-14　点在空间的相对位置

2)重影点

当空间两点的某两个坐标相同,即当两点位于同一条投射线上时,它们在该投射线垂直的投影面上的投影重合于一点,此空间两点称为对该投影面的重影点。

如图 2-15 所示,C、D 两点位于垂直于 H 面的同一条投射线上($x_D = x_C$,$y_D = y_C$),水平面投影 c 和 d 重合于一点。由正面投影(或侧面投影)可知 $z_C > z_D$ 即 C 点在 D 点的上方。因此点 D 的水平投影 d 被点 C 的水平投影 c 遮挡,是不可见的,规定标记时 d 加圆括号以示区别。

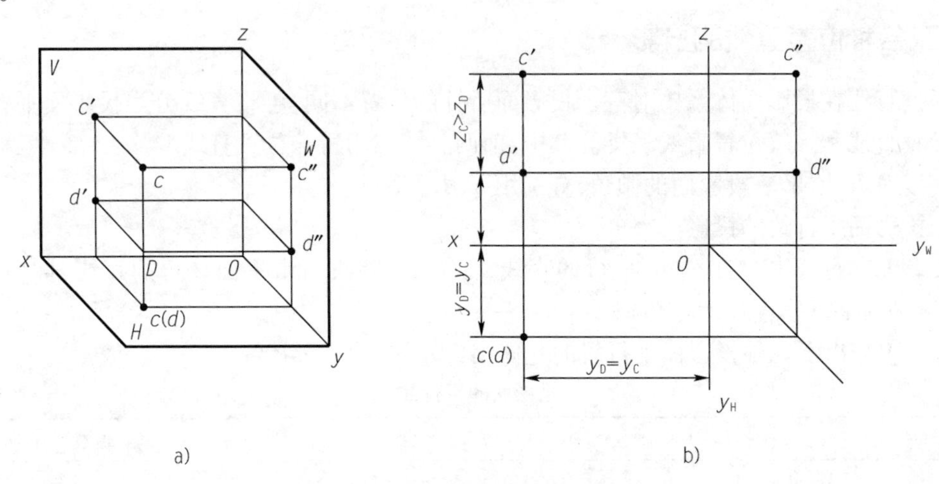

图 2-15　重影点的投影

第四节　直线的投影

一、直线的投影

(1)直线的投影可由属于该直线的两点的投影来确定。一般用直线段的投影表示直线的投影。即做出直线段两端点的投影，则两点的同面投影连线为直线段的投影，如图 2-16a）所示。

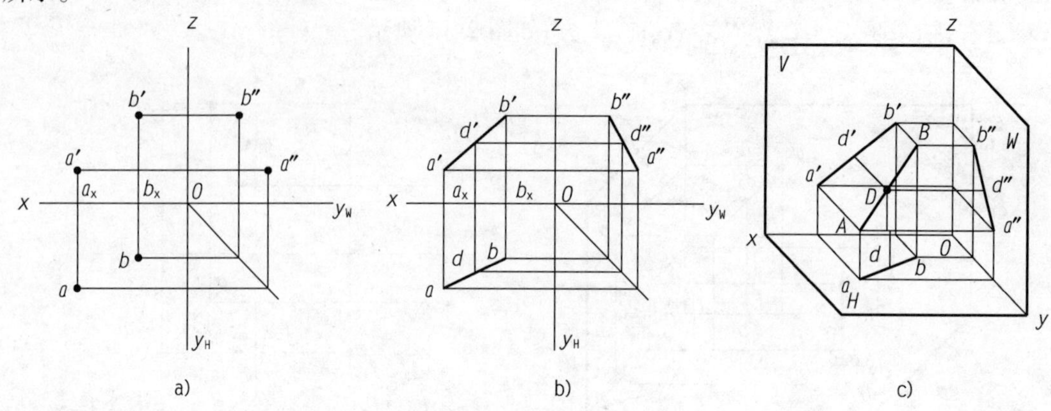

图 2-16　直线及线上点的投影

（2）直线上任一点的投影必在该直线的同名投影上。如图 2-16b）所示，在直线 AB 上任一点 D，根据点在直线上的投影从属性质和点的三面投影规律，可知点 D 的三面投影 d、d'、d''必定分别在直线 AB 的同名投影 ab、$a'b'$、$a''b''$上，而且符合同一个点的投影规律。

反之，如果点 D 的三面投影中只要有一面投影不在直线 AB 的同名投影上，则该点就一定不在这条直线上。

（3）若线段上的点将线段分成定比，则该点的投影也必将该线段的同名投影分成相同的定比，如图 2-16c）所示。固有：

$$\frac{b'd'}{d'a'}=\frac{bd}{da}=\frac{b''d''}{d''a''}=\frac{BD}{DA}$$

二、各种位置直线的投影

根据直线在投影面体系中对三个投影面所处的位置不同，可将直线分为投影面平行线、投影面垂直线和一般位置直线三类。其中，前两类统称为特殊位置直线。

直线对 H、V、W 三投影面的倾角，分别用 α、β、γ 表示。

1. 投影面平行线的投影

投影面平行线中，与正平面平行的直线，称为正平线；与水平面平行的直线，称为水平线；与侧平面平行的直线，称为侧平线。

表 2-1 列出了三种投影面平行线的立体图、投影图和投影特性。

投影面的平行线　　表 2-1

名称	正 平 线	水 平 线	侧 平 线
立体图	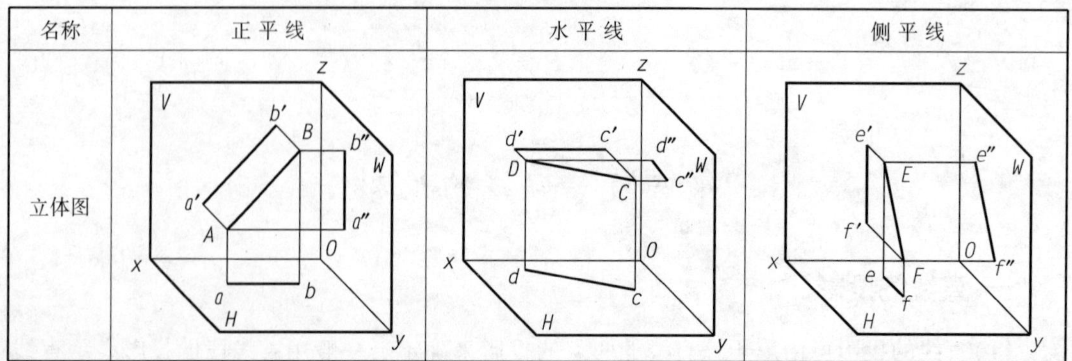		

续上表

名称	正平线	水平线	侧平线
投影图	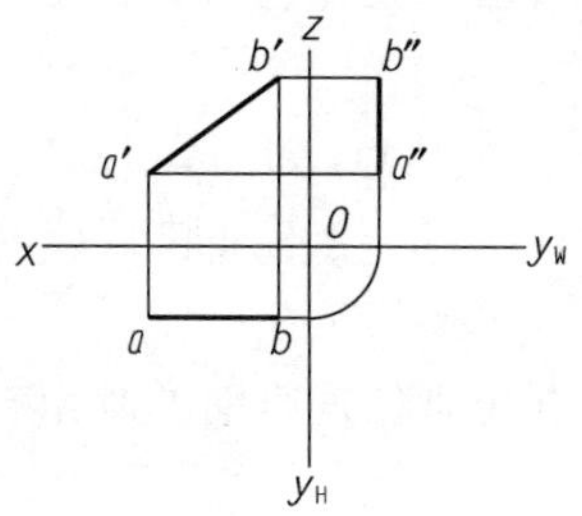	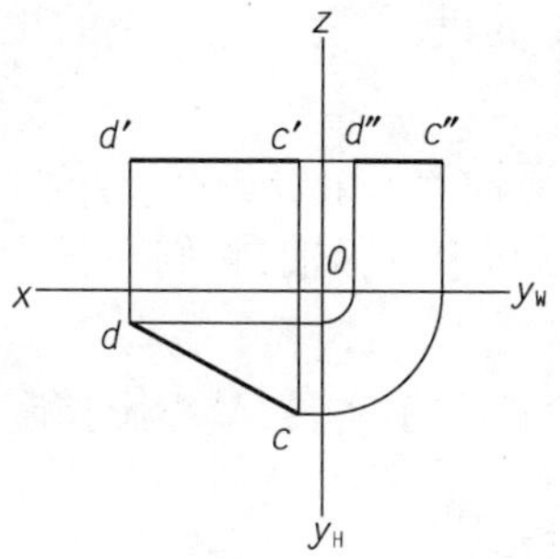	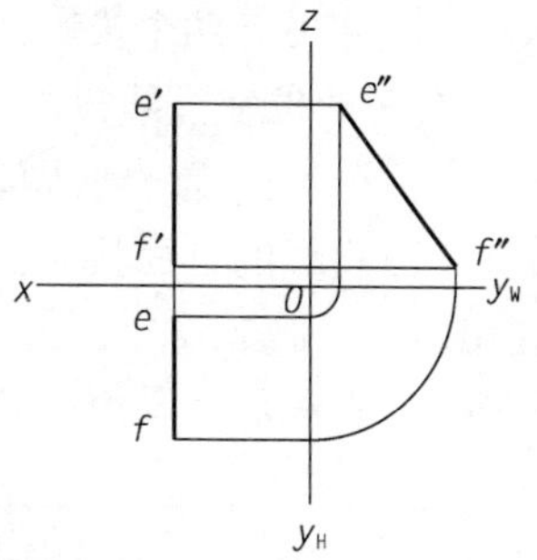
投影特性	(1) $a'b'=AB$; (2) $a''b''$ // OZ 轴; (3) ab // OX 轴	(1) $cd=CD$; (2) $c'd'$ // OX 轴; (3) $c''d''$ // OY 轴	(1) $e''f''=EF$; (2) $e'f'$ // OZ 轴; (3) ef // OY 轴

从表 2-1 中可概括出投影面平等线的投影特点:

(1)在所平行的投影面上的投影,反映实长(实形性)它与投影轴的夹角,分别反映直线对另两投影面的真实倾角。

(2)在另两投影面上的投影,分别平行于相应的投影轴,且长度缩短。

2. 投影面垂直线的投影

投影面垂直线中,与正平面垂直的直线,称为正垂线;与水平面垂直的直线,称为铅垂线;与侧平面垂直的直线,称为侧垂线。表 2-2 中列出了三种投影面垂直线的立体图、投影图和投影特性。

投影面的垂直线 表 2-2

名称	正垂线	铅垂线	侧垂线
立体图	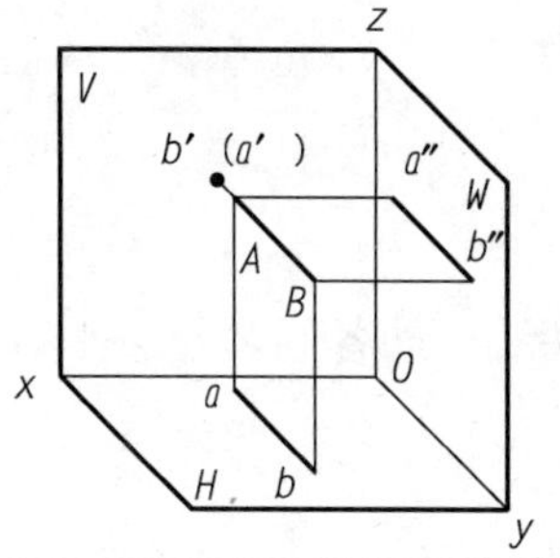	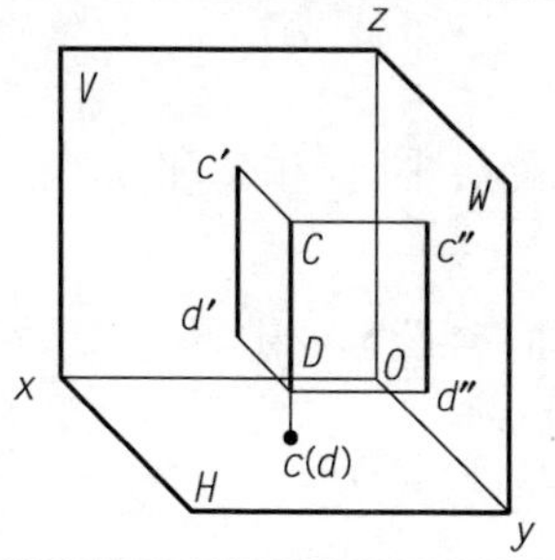	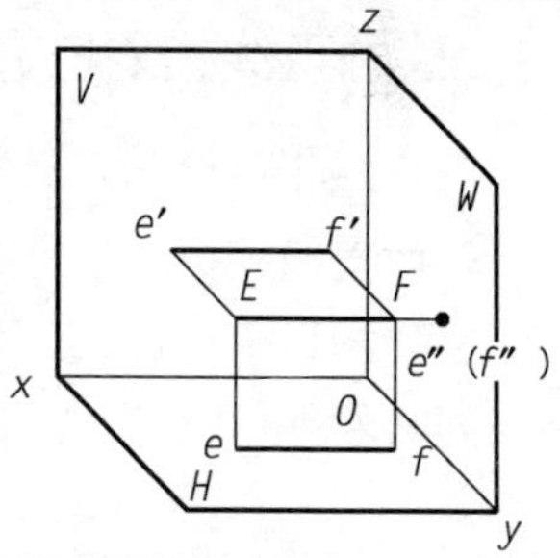
投影图	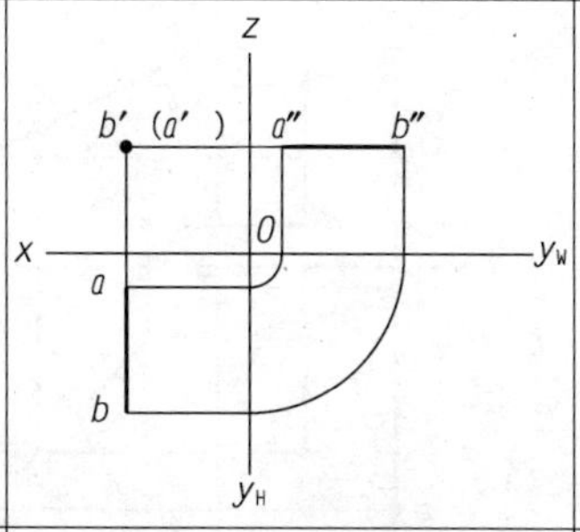	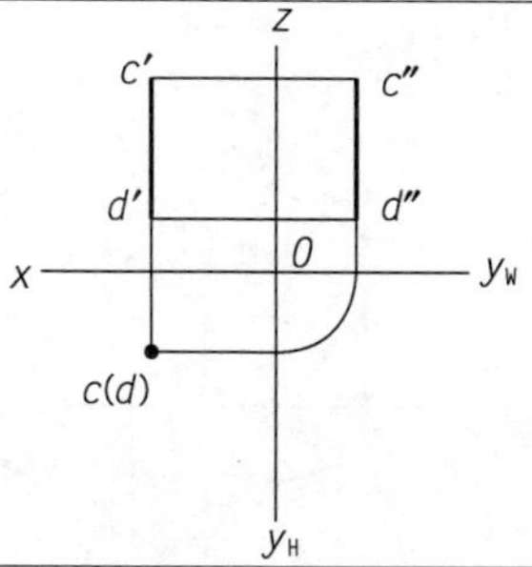	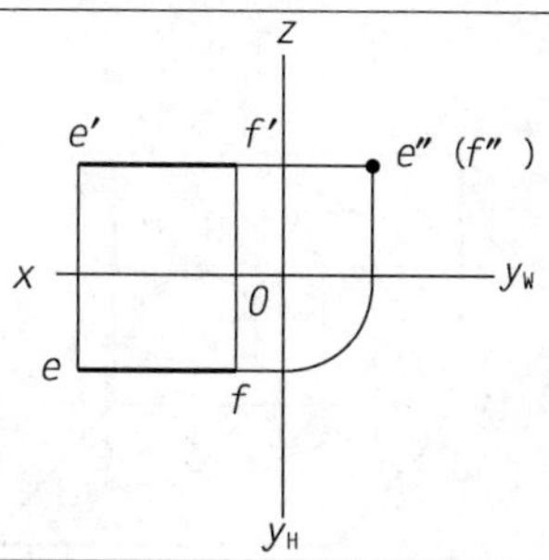
投影特性	(1) $b'(a')$ 积聚成一点; (2) ab // OY_H, $a''b''$ // OY_W; (3) ab 和 $a''b''$ 都反映实长	(1) $c(d)$ 积聚成一点; (2) $c'd'$ // OZ; (3) $c'd'$ 和 $c''d''$ 都反映实长	(1) $e''(f'')$ 积聚成一点; (2) ef // OX, $e'f'$ // OX; (3) ef 和 $e'f'$ 都反映实长

从表 2-2 中可概括出投影面垂直线的投影特性。

(1)在与直线垂直的投影面上的投影,积聚成一点(积聚性)。

(2)在另外两个投影面上的投影,平行于相应的投影轴,且均反映实长(实形性)。

3. 一般位置直线投影

由于一般位置直线同时倾斜于三个投影面,故有如下投影特点,如图 2-17 所示。

(1)直线的三面投影都倾斜于投影轴,它们与投影轴的夹角,均不反映直线对投影面的夹角。

(2)直线的三面投影长度都短于实长,其投影长度与直线对各投影面的倾角有关。

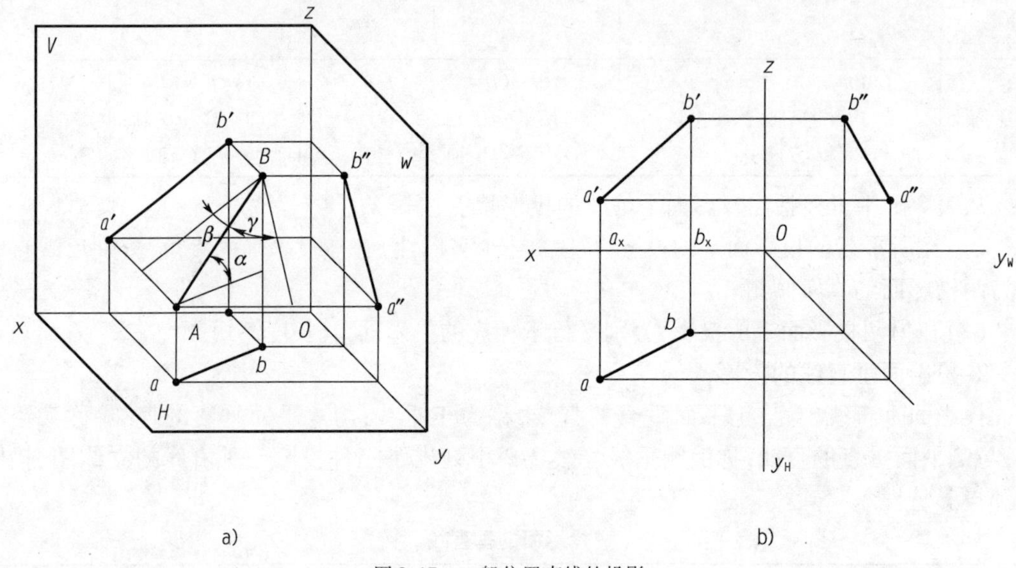

图 2-17　一般位置直线的投影

三、两直线相对位置

两直线相对位置有三种情况:平行、相交和交叉。

1. 两直线平行

空间两直线平行,它们的同名投影一定平行;反之,两直线的各同名投影平行,则两直线在空间必然平行,如图 2-18 所示。

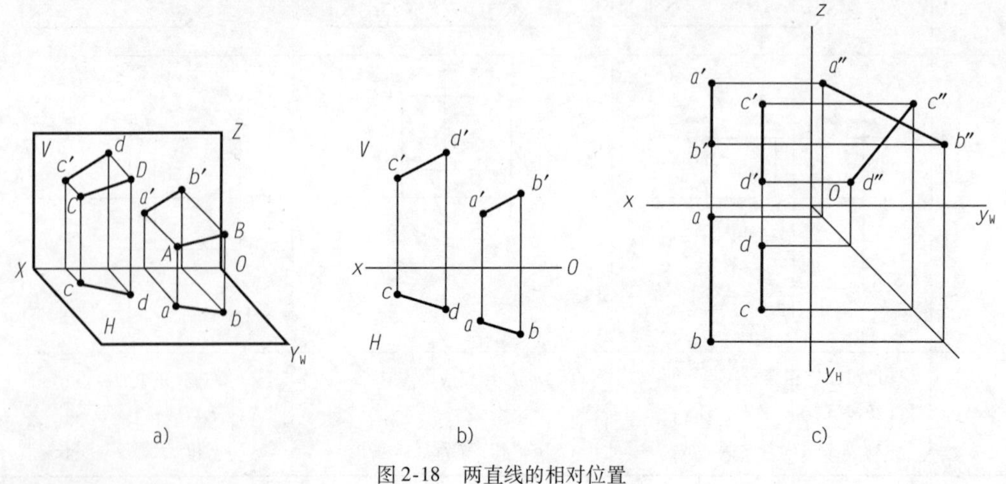

图 2-18　两直线的相对位置

2. 两直线相交

空间相交两直线，其同面投影均相交，且交点符合点的投影规律。若两直线的同面投影均相交，其交点同属于两直线，则它们在空间也一定是相交的；反之交点不符合点的投影规律，则两直线不相交，如图 2-19 所示。

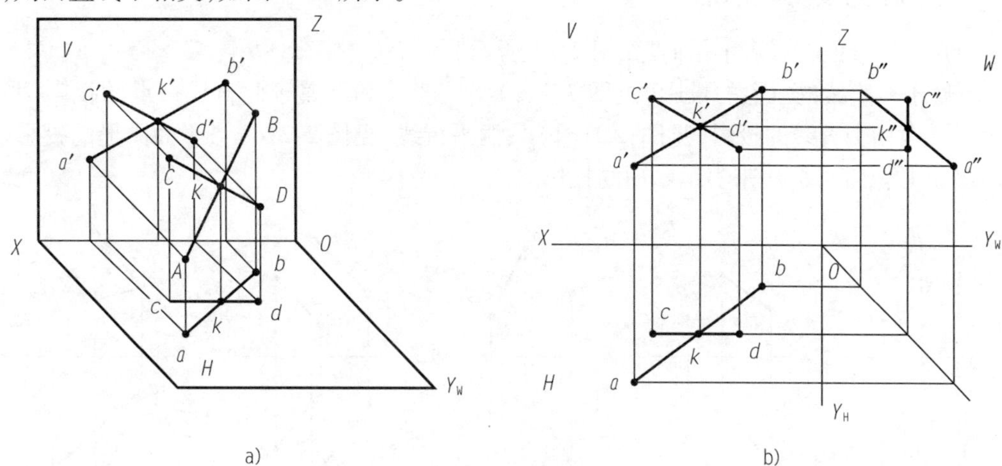

图 2-19　相交两直线的投影

3. 两直线交叉

两直线既不平行又不相交，称为交叉直线。

若空间两直线交叉，则它们的各组同面投影必不同时平行于平面，或者它们的各同面投影虽然相交，但其交点不符合点的投影规律；反之亦然，如图 2-20 所示。

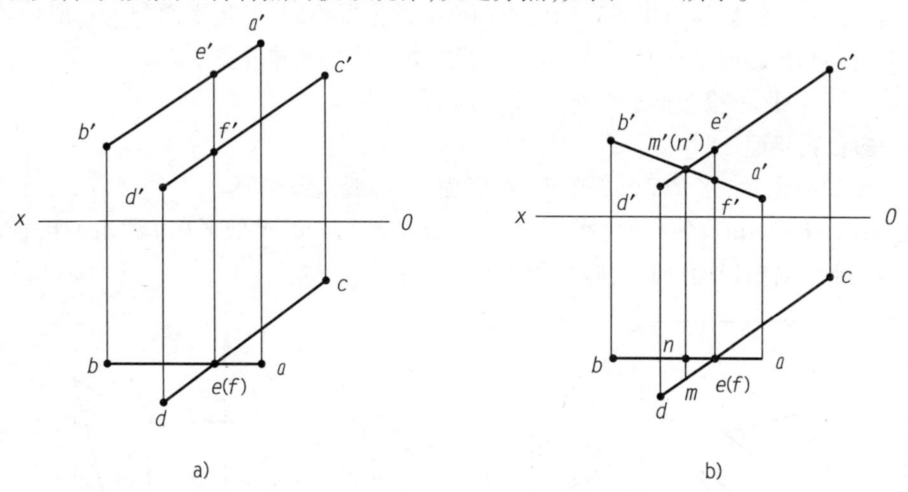

图 2-20　两直线交叉

四、判定空间交叉两直线的相对位置

空间交叉两直线的投影交点，不是真交点，实际上是空间两点的投影重合点。利用重影点和可见性，可以很方便地判别两直线在空间的位置。如图 2-20b）所示，当判断直线 AB、CD 的正面重影点 $m'(n')$ 的可见性时，由于 M、N 两点的水平投影 m 比 n 的 Y 坐标值大，所以当从前往后看时，点 M 可见，点 N 不可见，由此可判定直线 CD 在直线 AB 的前方。同理，从上往下看时，点 E 可见点 F 不可见，可判定直线 CD 在直线 AB 的上方。

第五节　平面的投影

一、平面的投影表示法

用几何元素的投影表示平面,如图 2-21 所示。

不属于一直线的三点的投影[见图 2-21a)];一直线和不属于此直线一点的投影[见图 2-21b)];两相交直线的投影[见图 2-21c))];两平行线[见图 2-21d)];平面图形的投影[见图 2-21e)]等,都可以用来表示平面的投影。

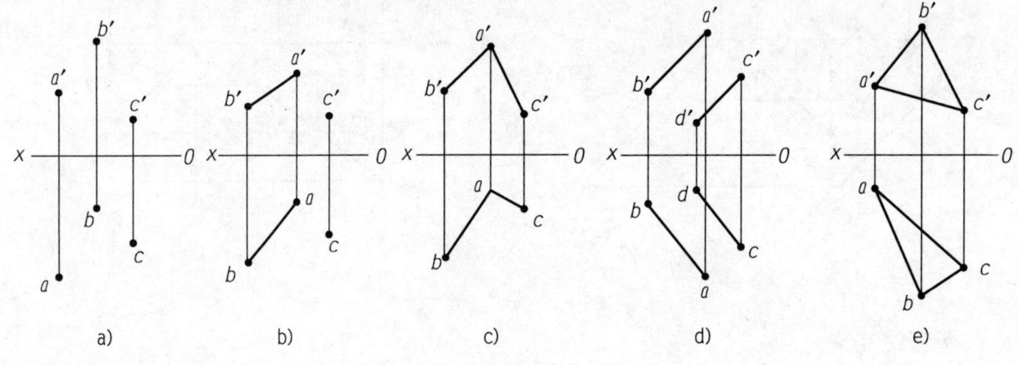

图 2-21　用几何元素表示平面

二、各种位置平面的投影

根据平面在三投影体系中对三个投影面所处的位置不同,可将平面分为一般位置平面、投影面垂直面和投影面平行面三类。其中,后两类统称为特殊位置平面。

平面对 H、V、W 三投影面的倾角,分别用 α、β、γ 表示。

1. 一般位置平面

如图 2-22a)所示,$\triangle ABC$ 倾斜于 H、V、W 面,是一般位置平面。

图 2-22b)是$\triangle ABC$ 的三面投影,三个投影都是$\triangle ABC$ 的类似形(边数相等),且均不能直接反映该平面对投影面的真实倾角。

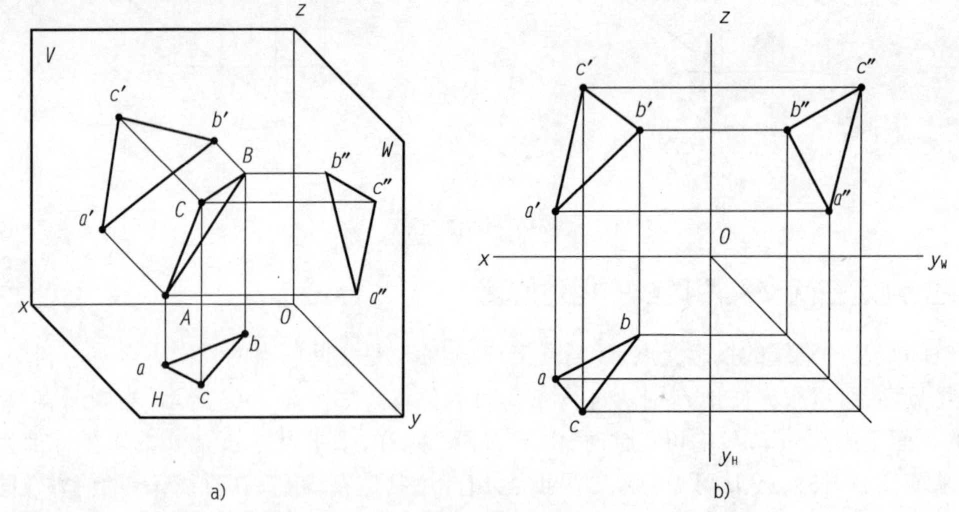

图 2-22　一般位置平面

由此可得处于一般位置平面的平面投影特性：它的三个投影仍是平面图形，而且面积缩小。

2. 投影面的垂直面

1)定义

垂直于一个投影面与另外两个投影面倾斜的平面，称为投影面的垂直面。垂直面分为三种：

(1)垂直于 V 面的称为正垂面。

(2)垂直于 H 面的称为铅垂面。

(3)垂直于 W 面的称为侧垂面。α、β、γ 分别为一个 90°、另两个互为余角。

2)投影特性

表 2-3 列出了三种投影面垂直面的立体图、投影图的投影特性。

投影面垂直面的投影特性　　　　表 2-3

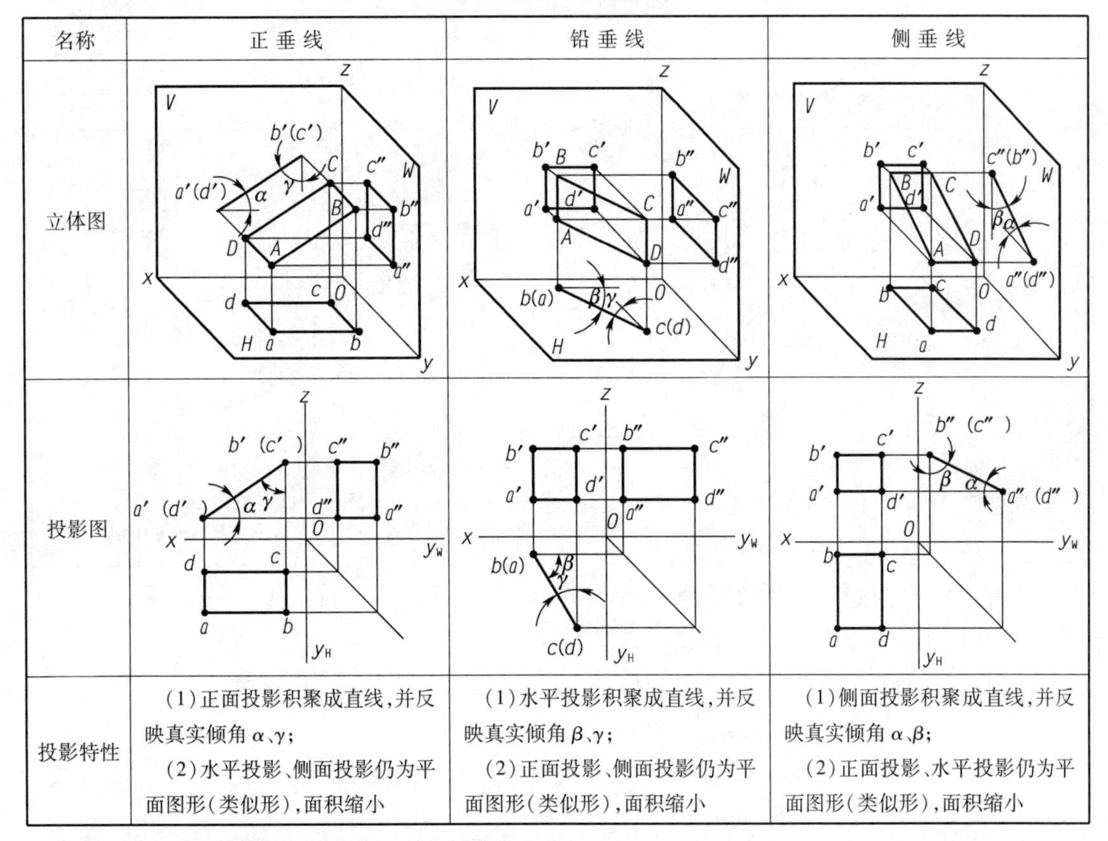

名称	正垂线	铅垂线	侧垂线
立体图			
投影图			
投影特性	(1)正面投影积聚成直线，并反映真实倾角 α、γ； (2)水平投影、侧面投影仍为平面图形(类似形)，面积缩小	(1)水平投影积聚成直线，并反映真实倾角 β、γ； (2)正面投影、侧面投影仍为平面图形(类似形)，面积缩小	(1)侧面投影积聚成直线，并反映真实倾角 α、β； (2)正面投影、水平投影仍为平面图形(类似形)，面积缩小

由表 2-3 可得投影面垂直面的投影特点：

(1)在所垂直的投影面上的投影积聚成直线，它与投影轴的夹角，分别反映该平面对另两个投影面的真实倾角。

(2)在另外两个投影面上的投影为原形类似的平面图形，面积缩小。

3. 投影面平行面

1)定义

平行于一个投影面，与另外两个投影面垂直的平面，称为投影面的平行面。平行面分为三种：

(1)平行于 V 面的称为正平面。

(2)平行于 H 面的称为水平面。

(3)平行于 W 面的称为侧平面。α、β、γ 为 0°或 90°。

2)投影特性

表 2-4 列出了三种投影面平行面的立体图、投影图和投影特性。

投影面平行面的投影特性　　表 2-4

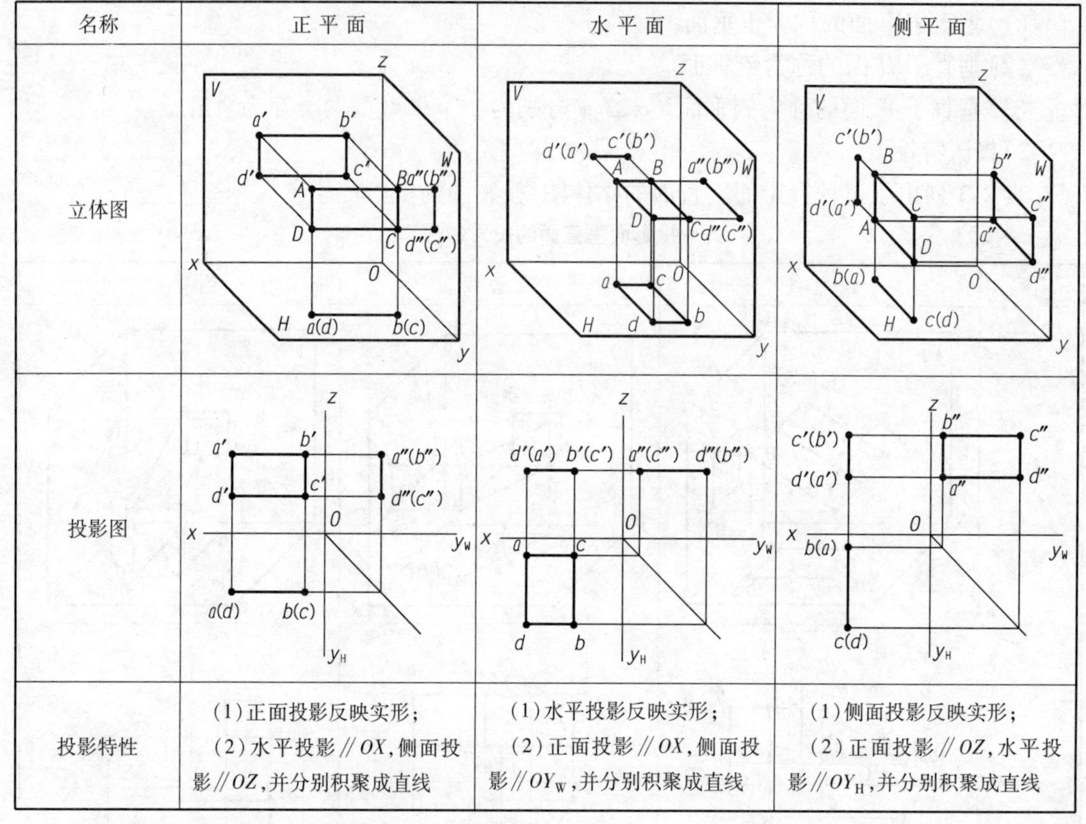

名称	正平面	水平面	侧平面
立体图			
投影图			
投影特性	(1)正面投影反映实形； (2)水平投影∥OX，侧面投影∥OZ，并分别积聚成直线	(1)水平投影反映实形； (2)正面投影∥OX，侧面投影∥OY_W，并分别积聚成直线	(1)侧面投影反映实形； (2)正面投影∥OZ，水平投影∥OY_H，并分别积聚成直线

由表 2-4 可得投影面平行面的投影特点：

(1)在所平行投影面上的投影，反映实形。

(2)在另外两个投影上的投影分别积聚为直线，且平行于相应的投影轴。

第六节　平面内的点和直线

平面内的点和直线有如下特点：

(1)若点从属于平面内的任一直线，则点从属于该平面。

(2)若直线通过属于平面上的两个点，或通过平面内的一个点，且平行于属于该平面的任一直线，则直线属于该平面。

图 2-23 中，点 D 位于相交两直线 AB、BC 所确定的平面△ABC 内。

【例 2-2】 如图 2-24 所示，判断点 D 是否在平面△ABC 内。

【解】 (1)分析：若点 D 能位于平面△ABC 的一条直线上，则点 D 在平面△ABC 内；否则，就不在平面△ABC 内。

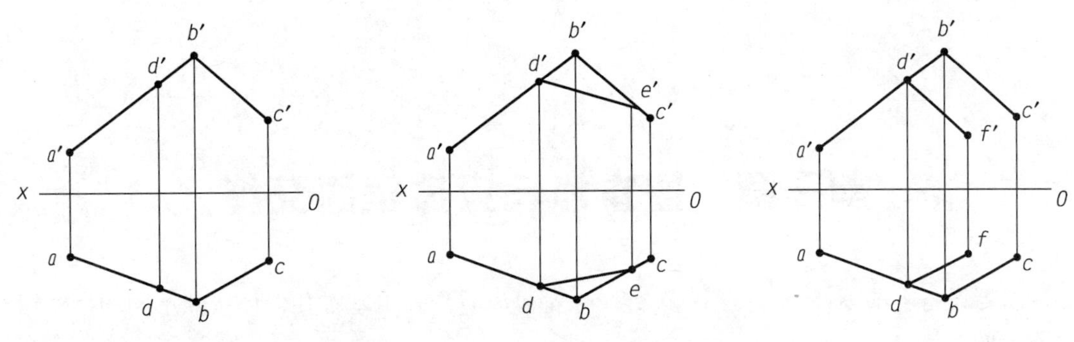

图 2-23　平面内的点和直线

(2)判断过程如下:连接点 A、D 的同面投影,并延长到与 BC 的同面投影相交。因图中的直线 AD、BC 的同面投影的交点在一条投影连线上,便可认为是直线 BC 上的一点 E 的两面投影 e'、e,于是点 D 在平面△ABC 内的直线 AE 上,就判断出点 D 是在平面△ABC 内。

【例 2-3】 如图 2-25 所示,已知四边形 $ABCD$ 的两面投影,在其上取一点 K,使点 K 在 H 面之上 10mm,在 V 面之前 11mm。

【解】 (1)分析:可在四边形 $ABCD$ 内取位于 H 面之上 10mm 的水平线 EF,再在 EF 上取位于 V 面之前 11mm 的点 K。

(2)作图过程如图 2-25 所示。

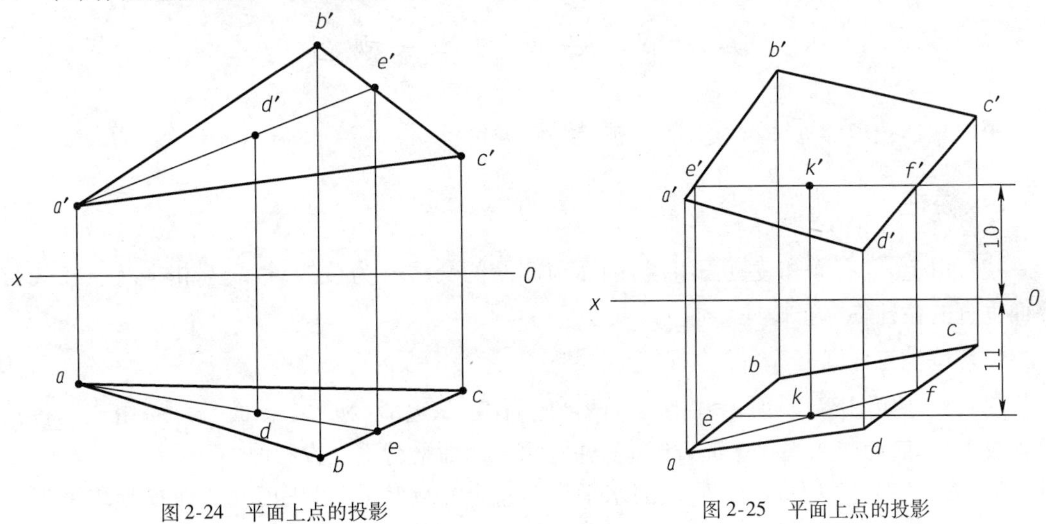

图 2-24　平面上点的投影　　　　图 2-25　平面上点的投影

①先在 OX 上方 10mm 处作出 $e'f'$,再由 $e'f'$ 作 ef。

②在 ef 上取位于 OX 之前 11mm 的点 k,即为所求点 K 的水平投影。由 k 作出点 K 的正面投影 k'。

第三章　基本体与立体表面交线

机器设备上的零件，不论形状多么复杂，都可以看作是由基本几何体按照不同的方式组合而成的形体。

基本几何体简称基本体，是表面规则而单一的几何体。按其表面性质，可分为平面立体和曲面立体两类。

1. 平面立体

立体表面全部是由平面所围成的立体，如棱柱和棱锥等。

2. 曲面立体

立体表面全部是由曲面或曲面和平面所围成的立体，如圆柱、圆锥、圆球、圆环等。标准曲面立体也称回转体。

第一节　平面立体三视图

平面立体按形体立体形状分为棱柱、棱锥、棱台。

一、棱柱

棱柱由上、下底面和棱侧面组成，侧面与侧面的交线称为棱线，棱线互相平行。棱线与底面垂直的棱柱称为正棱柱。

1. 六棱柱三视图

正六棱柱如图3-1a)所示，由上、下两个底面（正六边形）和六个棱面（矩形）组成。将其放置成上、下底面与水平投影面 H 平行，并有两个侧面平行于正投影面 V。

上、下两底面均为水平面，它们的水平投影重合并反映实形，正面及侧面投影积聚为两条相互平行的直线。六个棱面中的前、后两个为正平面，它们的正面投影反映实形，水平投影及侧面投影积聚为一直线。其他四个侧面均为铅垂面，其水平投影均积聚为直线，正面投影和侧面投影均为类似形。

2. 六棱柱表面上点的投影

平面立体表面上取点实际上就是平面上取点。首先应确定点位于立体的哪个平面上，并分析该平面的投影特性，然后再根据点的投影规律求得。

【例3-1】 如图3-1所示，俯视图为正六边形，主视图和左视图为大矩形，已知棱柱表面上点 M 的正面投影 m'，求作点 M 的其他两面投影 m、m''。

【解】 因为 m' 可见，所以点 M 必须在面 $ABCD$ 上，此侧面是铅垂面，其水平投影积聚成一条直线，故点 M 的水平投影 m 必在此积聚直线上，再根据 m、m' 可求出 m''。由于点 M 所在面的 $ABCD$ 的侧面上，在左，投影为可见，故 m'' 也为可见，如图3-1b)所示。

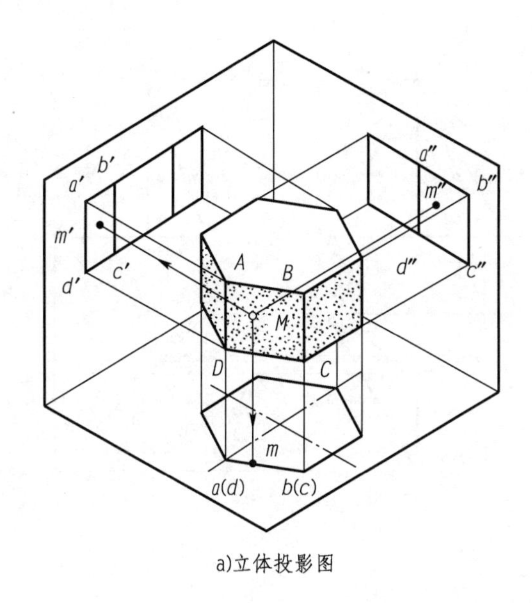

a)立体投影图

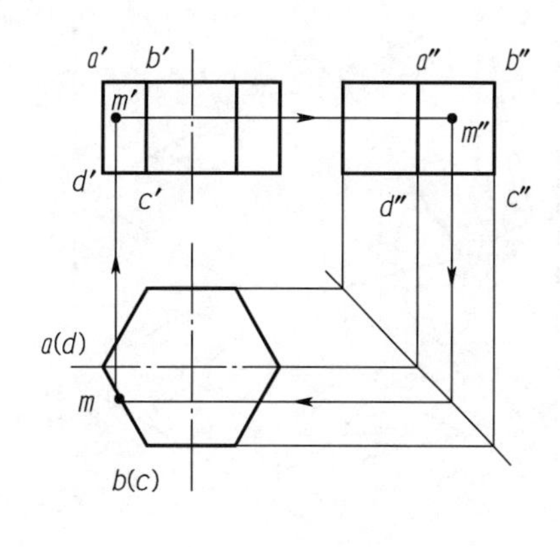

b)三视图和点的投影图

图 3-1　正六棱柱三视图及表面上点的投影

注意:点与积聚成直线的平面重影时,不加括号。

二、棱锥

棱锥的底面是多边形,各侧面为若干个具有公共顶点的三角形。底面为正多边形,侧面为多个相等的等腰三角形为正棱锥。

1. 三棱锥的三视图

图 3-2a)表示一个正三棱锥的三面投影直观图。该三棱锥的底面为等边三角形,三个侧面为全等的等腰三角形,将其放置成底面平行于 H 面,并有一个面垂直于 W 面。

图 3-2b)为该三棱锥的三视图,由于锥底面 $\triangle ABC$ 为水平面,所以它的 H 面投影 $\triangle abc$ 反映了底面的实形,V 面和 W 面投影分别积聚成平行 X 轴和 Y 轴的直线段 $a'b'c'$、$a''(c'')b''$。锥体的后侧面 $\triangle SAC$ 为侧垂面,它的 W 面投影积聚为一段斜线 $s''a''(c'')$,它的 V 面和 H 面投影为类似形 $\triangle s'a'c'$ 和 $\triangle sac$,前者为不可见,后者为可见。左右两个侧面为一般位置平面,它在三个投影面上的投影均为类似形。

画棱锥三视图时,一般先画底面的各个投影,然后定锥顶 S 的各个投影,同时将它与底面各顶点的同名投影连接起来,即可完成其三视图。

2. 三棱锥表面上点的投影

凡属于特殊位置表面上的点,可利用投影的积聚性直接求得;而属于一般位置表面上的点,可通过在该面上做辅助线的方法求得。

【例 3-2】 如图 3-2 所示,已知三棱锥上棱面 $\triangle SAB$ 上点 M 的 V 面投影 m',求作它的其他两面投影 m、m''。

【解】 点 M 所在的平面为一般位置平面,如图 3-2a)所示,过锥顶和点 M 引一直线 SK,作出 SK 的相关投影,根据点的直线上的从属性质求得点的相应投影。

具体作图:过 m' 引 $s'k'$,由 $s'k'$ 求作 H 面投影 sk,再由 m' 引投影线交于 sk 上点 m,最后由 m' 和 m 求得 m''。

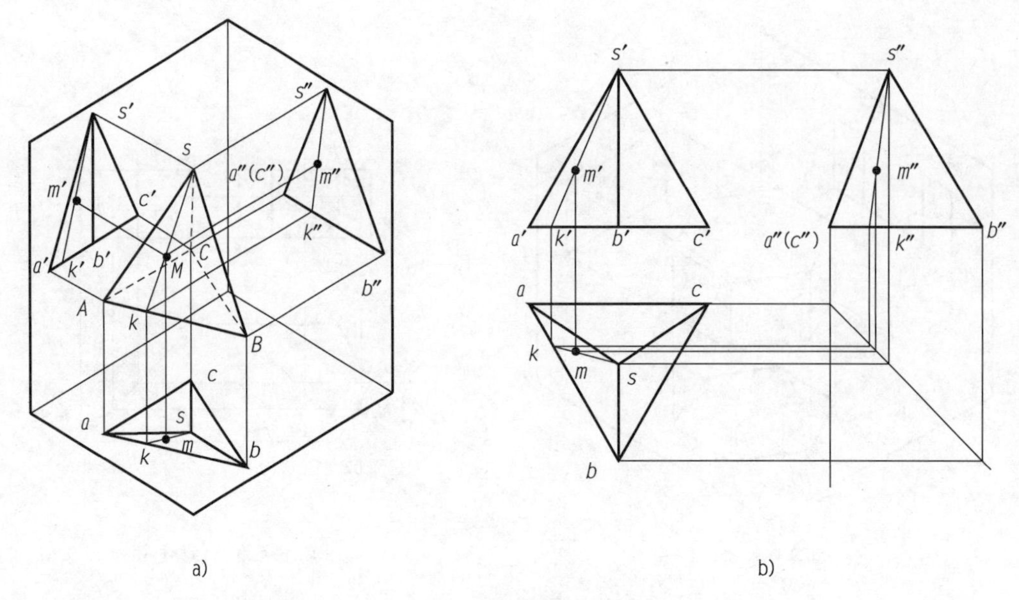

图 3-2　三棱锥的三视图

第二节　平面几何体表面交线

平面与立体表面相交,可以认为是立体表面被平面截切,此平面通常称为截平面,截平面与立体表面的交线称为截交线。图 3-3 所示为平面立体的截交线。

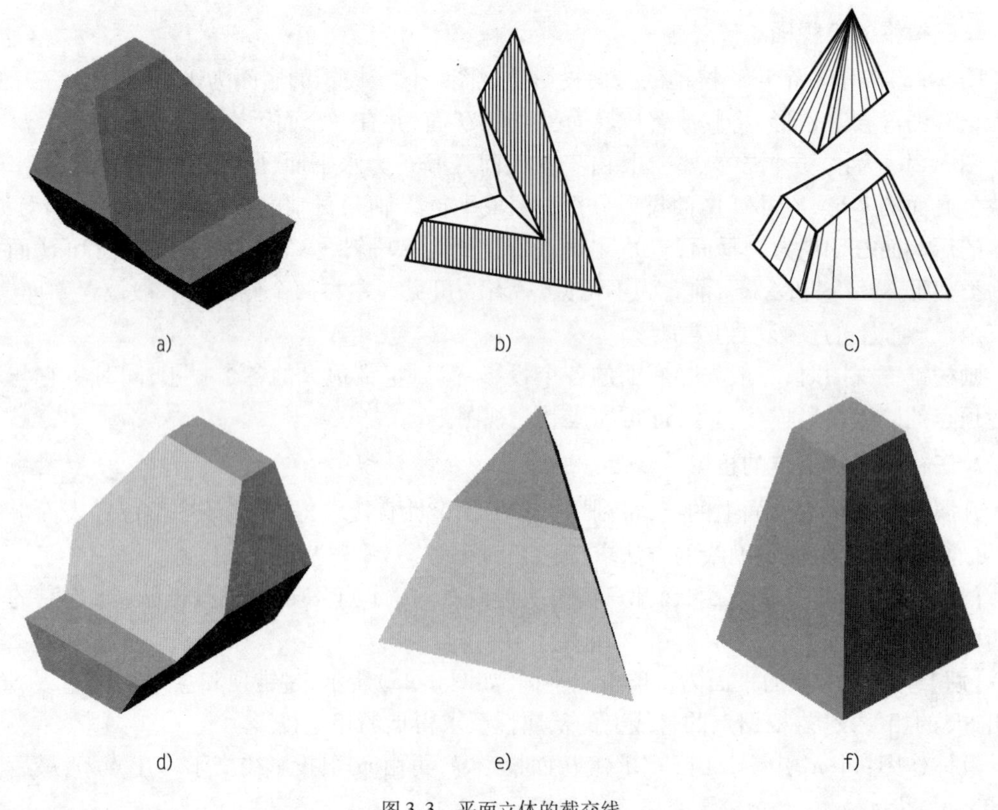

图 3-3　平面立体的截交线

一、截交线的性质

(1)截交线一定是一个封闭的平面图形。

(2)截交线既在截平面上,又在立体表面上,截交线是截平面和立体表面的共有线,截交线上的点都是截平面与立体表面上的公共点。

因为截交线是截平面与立体表面的共有线,所以求截交线的性质,就是求出截平面与立体表面的共有点。

二、平面立体的截交线画法

平面立体的表面是平面图形,因此平面与平面立体的截交线为封闭的平面多边形。多边形的各个顶点是截平面与立体的棱线或底边的交点,多边形的各条边是截平面与平面立体表面的交线。

【例 3-3】 如图 3-4 所示,求作正垂面 P 斜切正四棱锥的截交线。

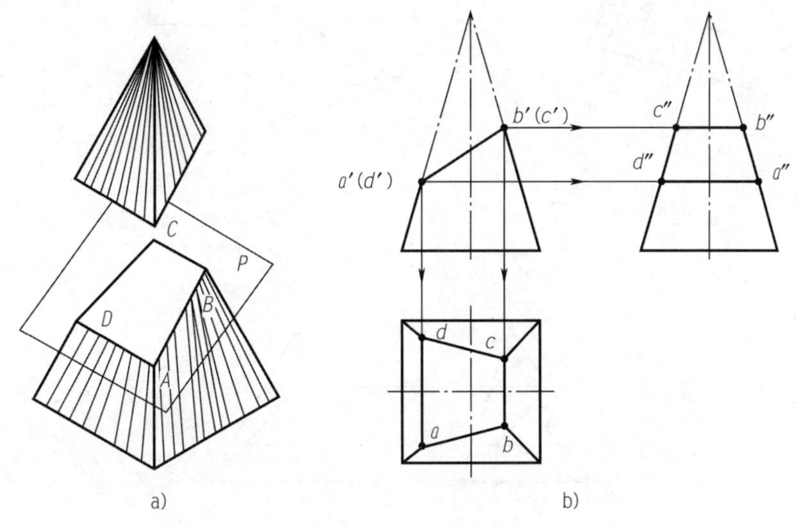

图 3-4 四棱锥截切

【解】 作图步骤:四棱锥左、右侧面均为正垂面,在主视图上积聚为斜线,与正垂面相交点四个,两个重影点 $a'(d')$ 和 $b'(c')$,下引交棱线即为 ad 和 bc,据主、左视图高平齐,由主视图向右引水平线,交侧垂面积聚斜线,上为 $c''b''$、下为 $d''a''$。

当用两个以上平面截切平面立体时,在立体上会出现切口、凹槽和穿孔等。作图时,只要作出各个截平面与平面立体的截交线,并画出各截平面之间的交线,就可作出这些平面立体的投影。

【例 3-4】 如图 3-5a)所示,正三棱锥被正垂面和水平面截切,已知正面投影,求其他两面投影。

【解】 (1)分析:该正三棱锥的切口是由两个相交的截平面切割形成的。两个截平面一个是水平面一个是正垂面,它们都垂直于正面,因此切口的正面投影具有积聚性。水平截面与三棱锥的底面平行,它与棱面△SAB 和△SAC 的交线 DE,DF 必平行于底边 AB 和 AC,水平截面的侧面投影积聚成一条直线。正垂截面分别与棱面△SAB 和△SAC 交于直线 GE、GF。由于两个截平面都垂直于正面,所以两截平面的交线一定是正垂线,作出以上交线的投影即可得出所求投影。

(2)作图步骤：

①如图3-5b)所示，先画水平面△*DEF*在俯视图和左视图上的投影，长对正由点*d*′下引交棱线*ad*于*d*，通过*d*点画底边*ab*、*ac*的平行线，再由*e*′(*f*′)下引交平行线于*e*、*f*两点，*e*、*f*连接虚线，据宽相等，高平齐分别画出*e*″、*f*″两点及连线。

②如图3-5c)所示，*G*点在*SA*棱线上由*g*′画出*g*、*g*″两点，分别连接*ge*，*gf*和*g*″*e*″、*g*″*f*″，即画出正垂面△*DEF*的投影。

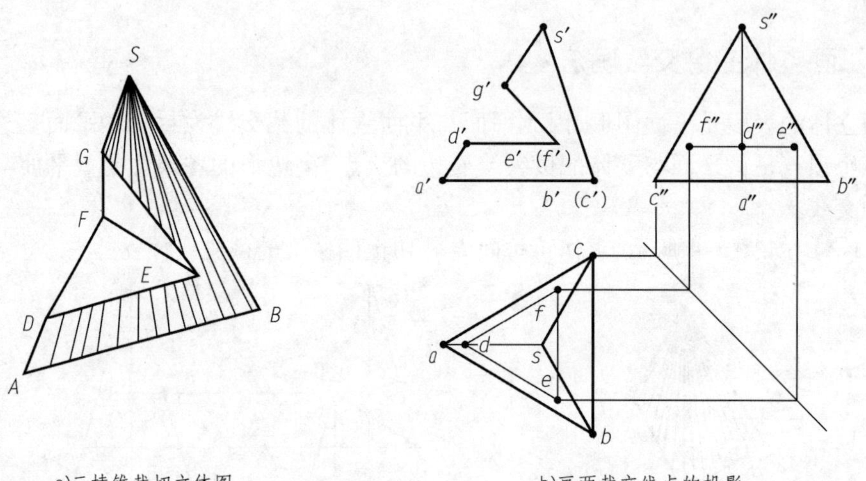

a)三棱锥截切立体图　　b)画两截交线点的投影

c)画截交线

图3-5　三棱锥的截交线

【例3-5】　如图3-6a)所示，正六棱柱被正垂面和水平面截切，已知它的正面投影，求其另外两面投影。

【解】　作图步骤：如图3-6c)所示，1′、2′、3′、4′点均在棱上，由主俯视图长对正，由上下引线，得到点投影1、2、3、4，水平面积聚成一条线56；由高平齐得到点投影1″、2″、3″、4″，由宽相等得到投影5″、6″。侧平面在左视图上真实，左视图上右侧面上二棱线看不见，画虚线。

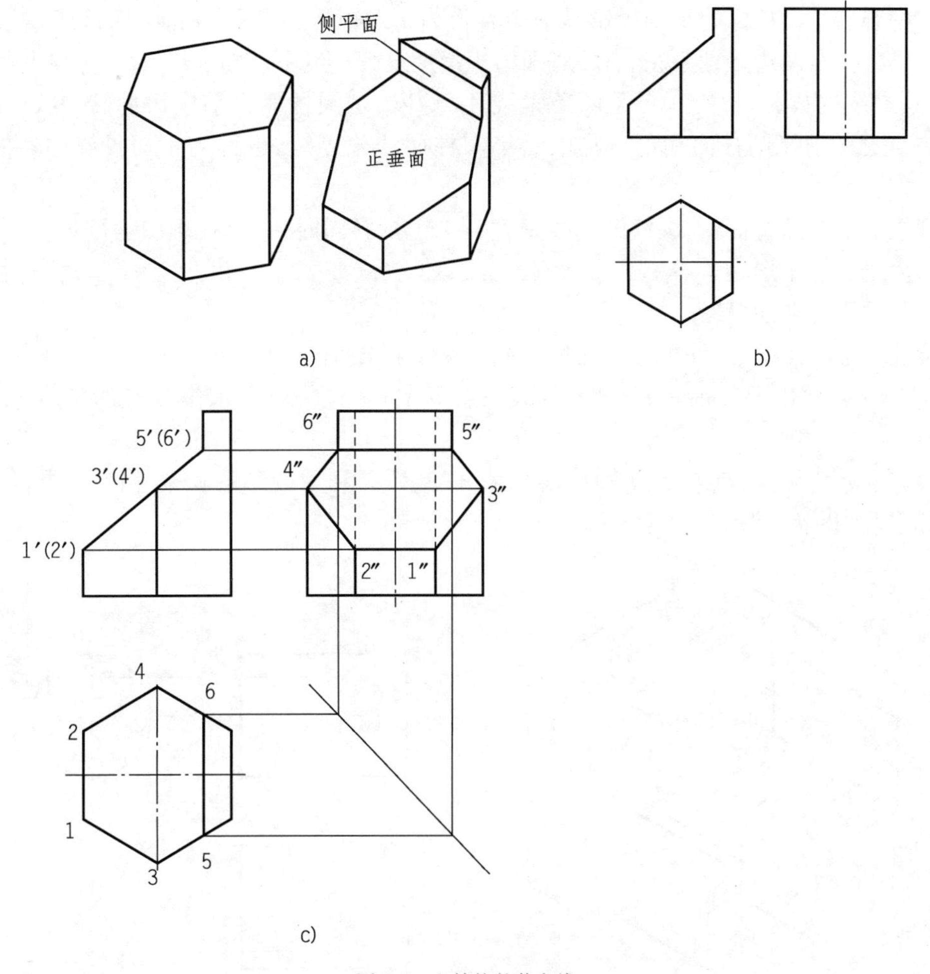

图 3-6　六棱柱的截交线

第三节　回转体三视图

回转体的曲面是由一母线绕定轴旋转而成的。常见回转体有圆柱、圆锥、圆球和圆环等。由于回转体的侧面是光滑曲面，因此，画投影图时，仅画曲面上可见面和不可见面的分界线的投影，这种分界线称为轮廓素线。

一、圆柱

1. 线面分析

圆柱表面由圆柱面和两底面所围成。圆柱面可看成由一条直母线 *AB* 组成的矩形围绕与它平行的轴线 *OO* 回转而成。圆柱面上任意一条平行于轴线的直线，称为圆柱面的素线。

2. 圆柱三视图

画图时，一般常使它的轴线垂直于某个投影面。如图 3-7a) 所示，圆柱的轴线垂直于侧面，圆柱面上所有素线都是侧垂线，因此圆柱面的侧面投影积聚成为一个圆。圆柱左、右两个底面的侧面投影反映实形并与该圆重合。先画两条相互垂直的细点画线，表示确定圆心的对称中心线。圆柱面的正面投影是一个直径为 x 的矩形,是圆柱面前半部与后半部的重合投影;其左、右两边分别为左、右两底面的积聚性投影;上、下两边 aa'_1、bb'_1 分别是圆柱最上、最下素线的投影。最上、最下两条素线 AA_1,BB_1 是圆柱面由前向后的转向线,是正面投影中可见的前半圆柱面和不可见的后半圆柱面的分界线,也称为正面投影的转向轮廓素线。

圆柱的三视图特征:当圆柱的轴线垂直某一个投影面时,一个投影图为圆形,另外两个投影图为全等的矩形。

3. 圆柱面上点的投影

圆柱面上点的投影,均可用柱面投影的积聚性来求得。

【例 3-6】 如图 3-7 所示,已知圆柱表面点 M 的正面投影 m',求作 M 点的另外两面投影 m 和 m''。

【解】 m'为可见,点 M 位于圆柱前半部分的上面,利用投影的积聚性由 m'求得 m'',再由 m'和 m''求得 m,如图 3-7b)所示。

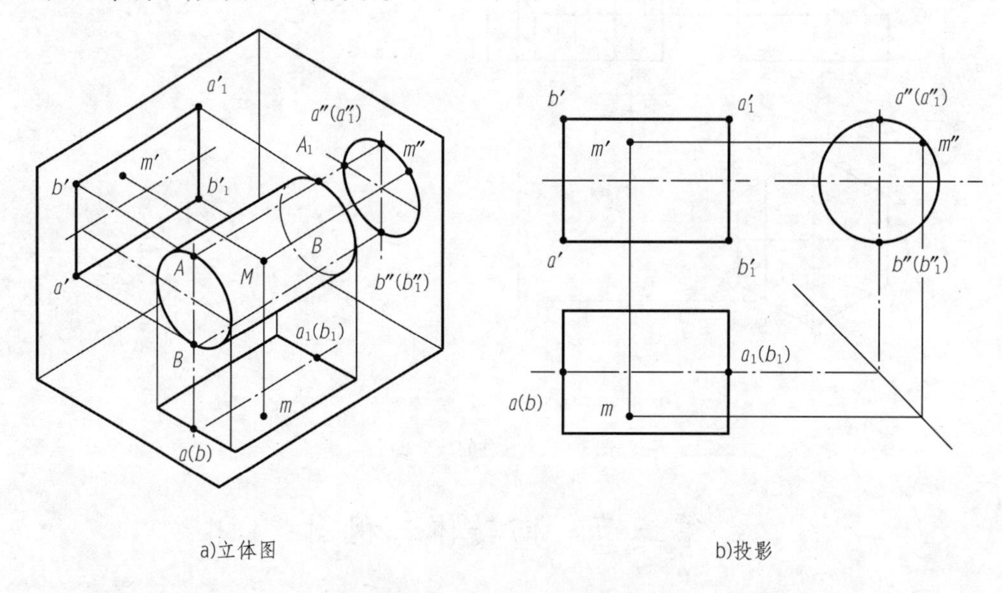

图 3-7　圆柱三视图及表面上点的投影

二、圆锥

1. 线面分析

圆锥表面由圆锥面和底面所围成,如图 3-8a)所示。圆锥面可看做是由一条直母线 SA 围绕与它相交的轴线 SO 回转而成。在圆锥面上通过锥顶的任一直线称为圆锥面的素线。

2. 圆锥三视图

如图 3-8b)所示圆锥的轴线是铅垂线,底面是水平面,圆锥的水平投影为一个圆,反映底面的实形,同时也表示圆锥面的投影。圆锥的正面、侧面投影均为等腰三角形,其底边均为圆锥底面的积聚投影。正面投影中三角形的两腰 $s'a'$,$s'c'$分别表示圆锥面最左最右轮廓素线 SA、SC 的投影,它们是圆锥面正面投影可见与不可见的分界线。轮廓素线 SA、SC 的水平投影 sa、sc 和中心线重合,侧面投影 $s''a''(c'')$与轴线重合。

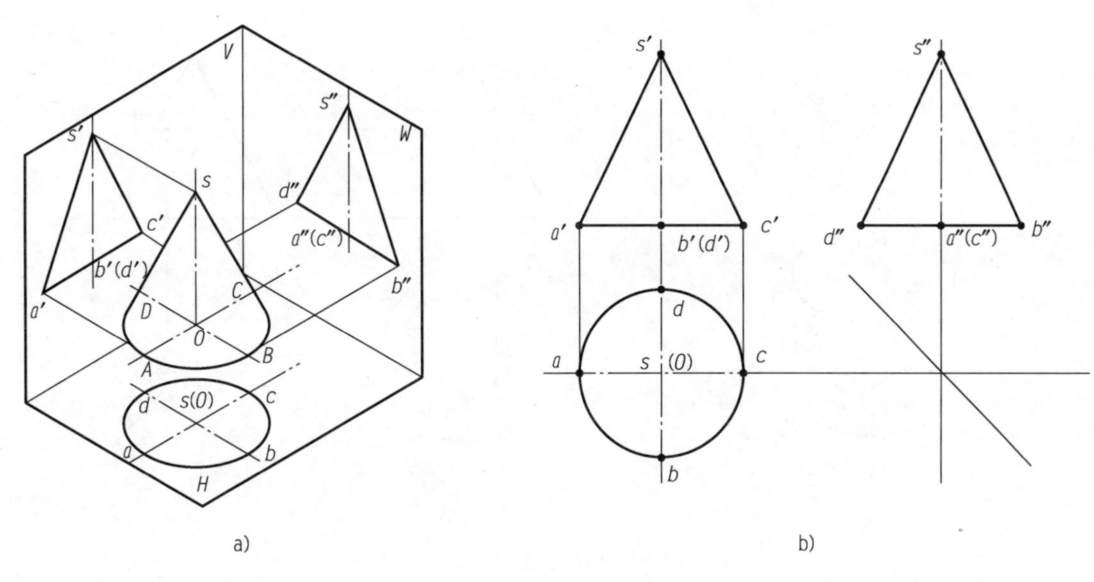

图 3-8　圆锥的投影

3. 圆锥面上点的投影

已知圆锥面上点 M 的 V 面投影，求作其 H 面与 W 面投影，作图方法有两种：

1）辅助线法

如图 3-9a）所示，过锥顶 S 和锥面上点 M 线一素线 SA，作出其 H 面投影 sa，就可求出点 M 的 H 面投影 m，然后再根据 m' 和 m 求得 m''。

由于锥面的 H 面投影均可见的，故 m 点也是可见的。又因点 M 在左半部的锥面上，而左半部锥面的 W 面投影是可见的，所以 m'' 也是可见的，如图 3-9b）所示。

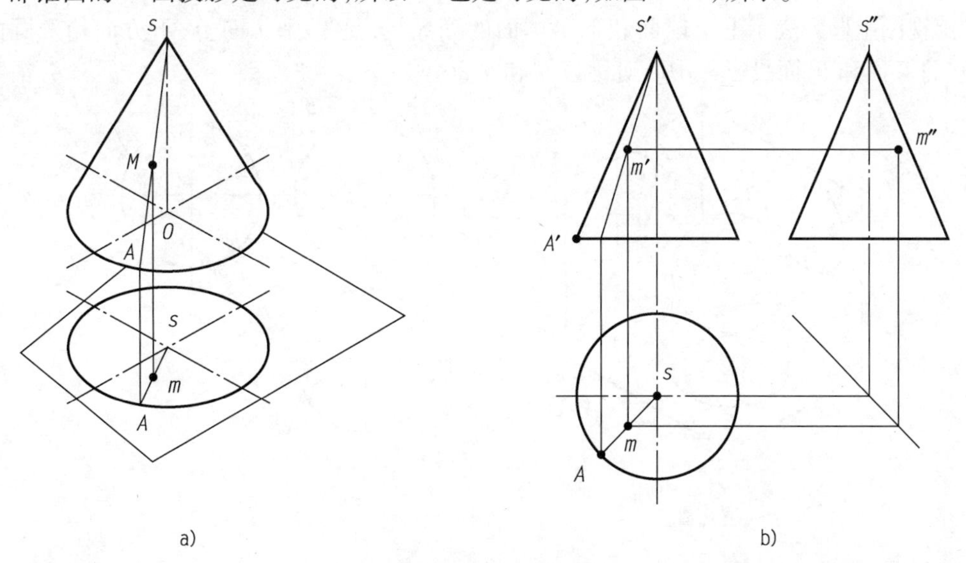

图 3-9　圆锥表面点的投影

2）辅助圆法

如图 3-10a）所示，过圆锥面上点 M 作一辅助圆垂直于圆锥轴线并平行于底面，点 M 的各个投影必在此辅助圆的相应投影上。

作图过程如图 3-10b）所示。

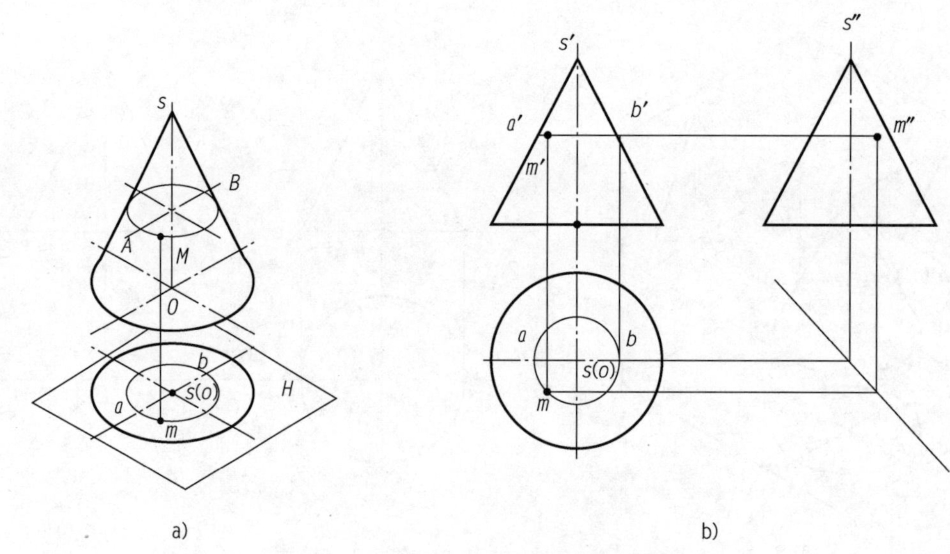

图 3-10　用辅助圆法求圆锥表面点的投影

三、圆球

1. 圆球三视图

圆球面是由一个圆作母线，以其直径为轴线旋转而成。在母线上任一点的运动轨迹为大小不等的圆。

圆球任何方向投影都是等径的圆，如图 3-11 所示。

主视图中圆 a' 表示可见的前半个球面和不可见的后半个球面的分界线，是平行于 V 面的前后方向轮廓素线圆的投影，它的 H 面和 W 面投影与对称中心线 a、a'' 重合，不应画出。

俯视图上圆 b 表示上半球面和下半球面的分界线，是平行 H 面上、下方向轮廓圆的投影，它的 V 面和 W 面投影与中心对称线 b' 和 b'' 重合。

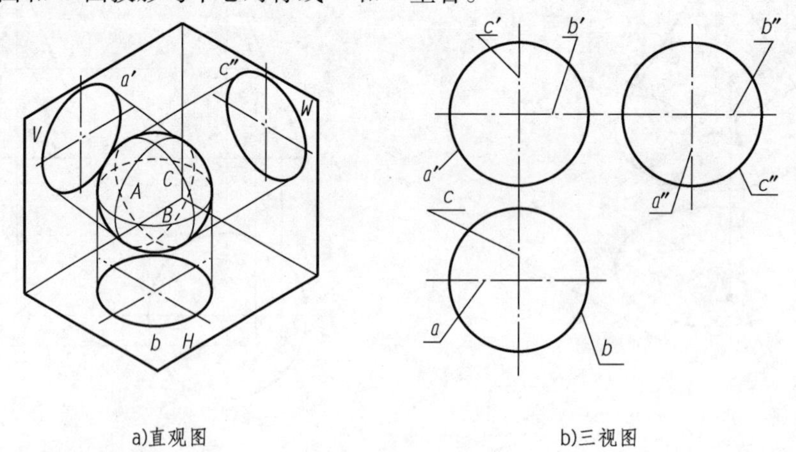

图 3-11　圆球的三视图

2. 圆球面上点的投影

辅助圆法：圆球面上的投影没有积聚性，求作其表面上点的投影须采用辅助圆法，即过该点在球面上作一个平行于任一投影面的辅助圆。

【例 3-7】 如图 3-12 所示，已知球面上点 M 的 V 面投影 m'，求作其 H 面投影 m 和 W 面投影 m''。

【解】 (1)分析:根据 m' 的位置和可见性,说明点 M 在前半球面的右上部。过点 M 在球面上作平行于 H 面或 W 面的辅助圆,即可此辅助圆的各个投影上求得点 M 的相应投影。

(2)作图步骤:

如图 3-12a)所示,在球面的主视图上过 m' 作正面辅助圆的投影 $1'2'$,再在俯视图中作辅助圆的水平投影,然后由 m 作 X 轴垂线,作辅助圆的 H 面投影求得 m,最后由 m' 和 m 求得 m''。其中 m 为可见,m'' 为不可见。

同样,也可按图 3-12b)在球面上作平行于 W 面的辅助面,先求作 m'' 的投影,再由 m' 和 m'' 求得 m。

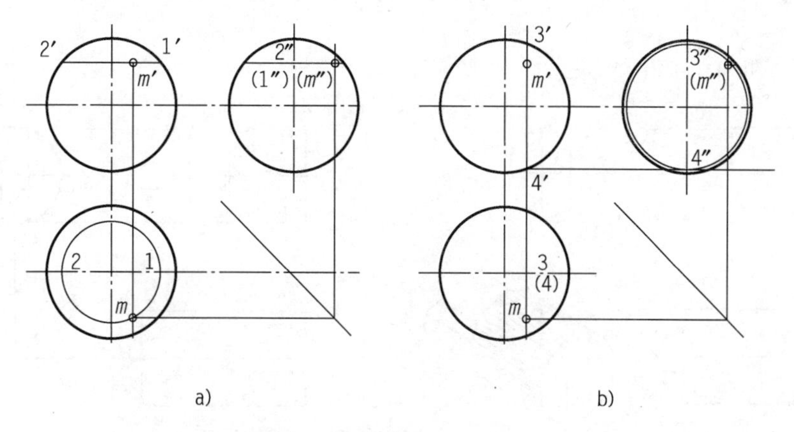

图 3-12　圆球面上点的投影

第四节　回转体的截交线画法

回转体的表面有曲面和平面,因此平面与回转体的截交线为封闭的平面多边形或曲线形。曲线上各个点是截平面与立体表面的交点,多边形的各条边或曲线是截平面与回转体表面的交线。

一、圆柱的截交线

圆柱截切有三种情况:垂直于圆柱轴线的截交线为圆;平行于轴线的截交线为矩形;倾斜于轴线的截交线为椭圆,如图 3-13 所示。

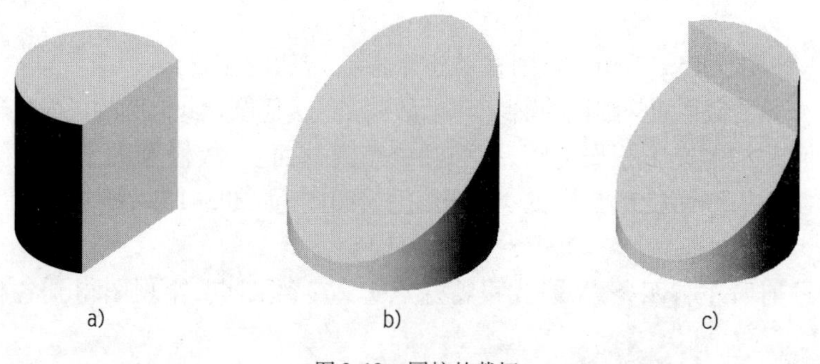

图 3-13　圆柱的截切

【例 3-8】 如图 3-14a)所示,完成被截切圆柱的正面投影和水平投影。

【解】 (1)分析:该圆柱左端的开槽是由两个平行于圆柱轴线的对称的正平面和一个垂

直于轴线的侧平面切割而成。圆柱右端的切口是由两个平行于圆柱轴线的水平面和两个侧平面切割而成。

(2)作图步骤:

①左端切槽后交侧面设 a、b、c、d 四点,利用圆柱侧面具有积聚性特点,左视图得到各相应点 a''、b''、c''、d'' 组成侧平面,再确定主视图上 a'、b'、c'、d' 侧平面连接 $a'b'$ 为虚线如图 3-14b)所示。

②右端切表面后交侧面设 e、f、g、h 四点,利用圆柱侧面具有积聚性特点,由 e'、f'、g'、h' 高平齐,左视图得到各相应点 e''、f''、g''、h'',再由二点定俯视图上 e、f、g、h 并组成水平面,如图 3-14c)所示。

③整理后如图 3-14d)所示。

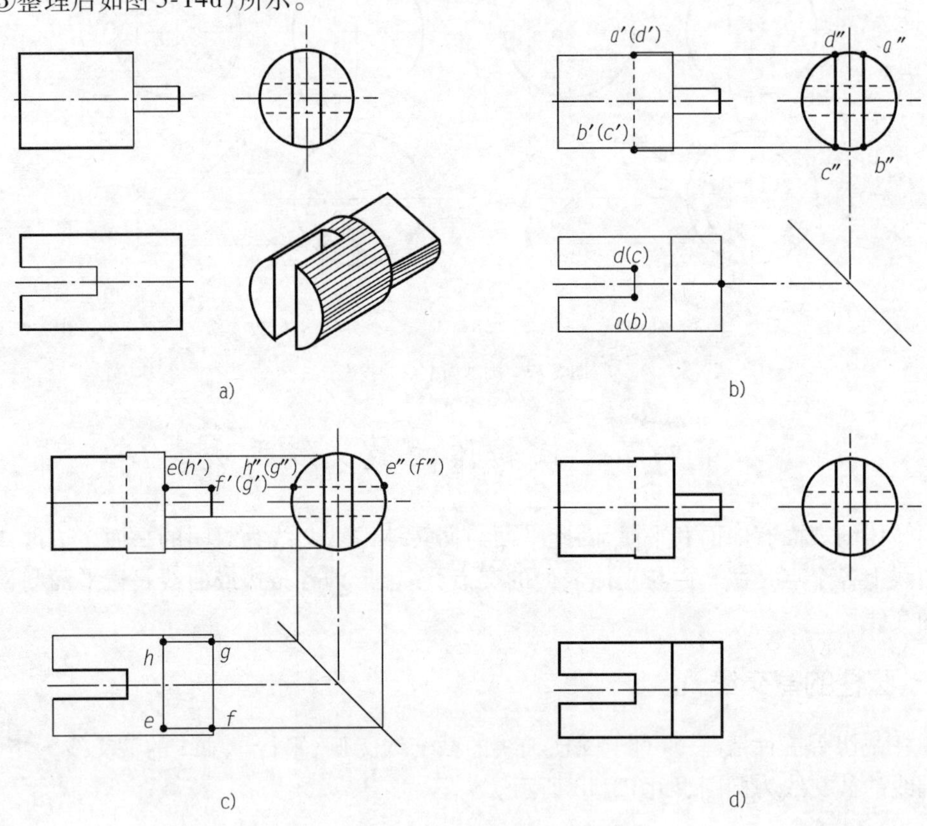

图 3-14　补全圆柱缺口投影

【例 3-9】 如图 3-15a)所示,求圆柱被正垂面截切后的截交线。

【解】 (1)分析:截平面与圆柱的轴线倾斜,故截交线为椭圆。此椭圆的正面投影积聚为直线。

由于圆柱面的水平投影积聚为圆,而椭圆位于圆柱面上,故椭圆的水平投影与圆柱面水平投影重合。椭圆的侧面投影是它的类似形,仍为椭圆,如图 3-15b)所示。

(2)作图步骤:

①利用圆柱前后左右四条素线,先设特殊点 1、2、3、4 四点,左视图得到各相应点 1″、2″、3″、4″,如图 3-15c)所示。

②利用圆柱积聚性特点,再设点 5、6、7、8 四点,由高平齐和宽相等得到左视图各相应点 5″、6″、7″、8″,如图 3-15d)所示。

③整理连接各点成曲线。如图 3-15e)所示。

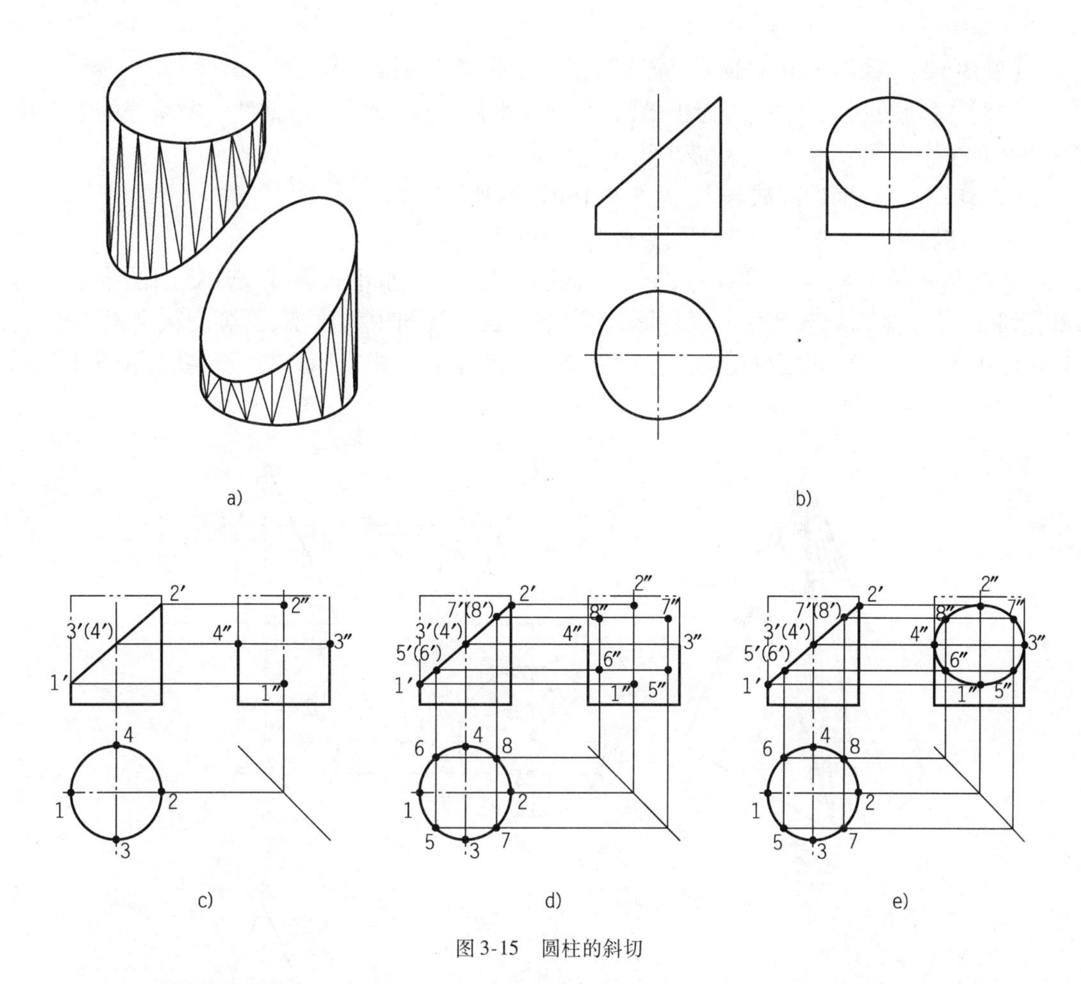

图 3-15　圆柱的斜切

二、圆锥的截交线

当平面截切圆锥时，根据截平面与圆锥轴线的相对位置不同，其截交线有五种不同的情况，见表 3-1。

圆 锥 的 截 交 线　　　　表 3-1

截平面位置	垂直于轴线	倾斜于轴线	平行于一条素线	平行于轴线不平等于素线	过锥顶
截交线的形状	圆	椭圆	抛物线	双曲线	直线(三角形)
轴测图					
投影图					

【例 3-10】 如图 3-16a)所示,求作被正平面截切的圆锥的截交线。

【解】 (1)分析:因截交线为正平面,与轴线平行,故截交线为双曲线。截交线的水平投影和侧面投影都积聚为直线,只需求出正面投影。

(2)作图步骤:辅助圆法作图,如图 3-16b)、c)所示。

①先作特殊点 1、2、3,由 3、3″两点画 3′,见图 3-16b)。

②在左视图截平面上任取两点 4″(5″),过 4″(5″)左引水平投影线交主视图圆锥素线两点,沿此线用水平面切开产生一辅助圆,此水平圆在俯视图中为真实,画圆交截交面二点 4、5,再由 4、5 和 4″(5″)画出主视图上投影 4′、5′,同理可在主视图上画若干个点,见图 3-16c)。

③将各点光滑地连接起来。

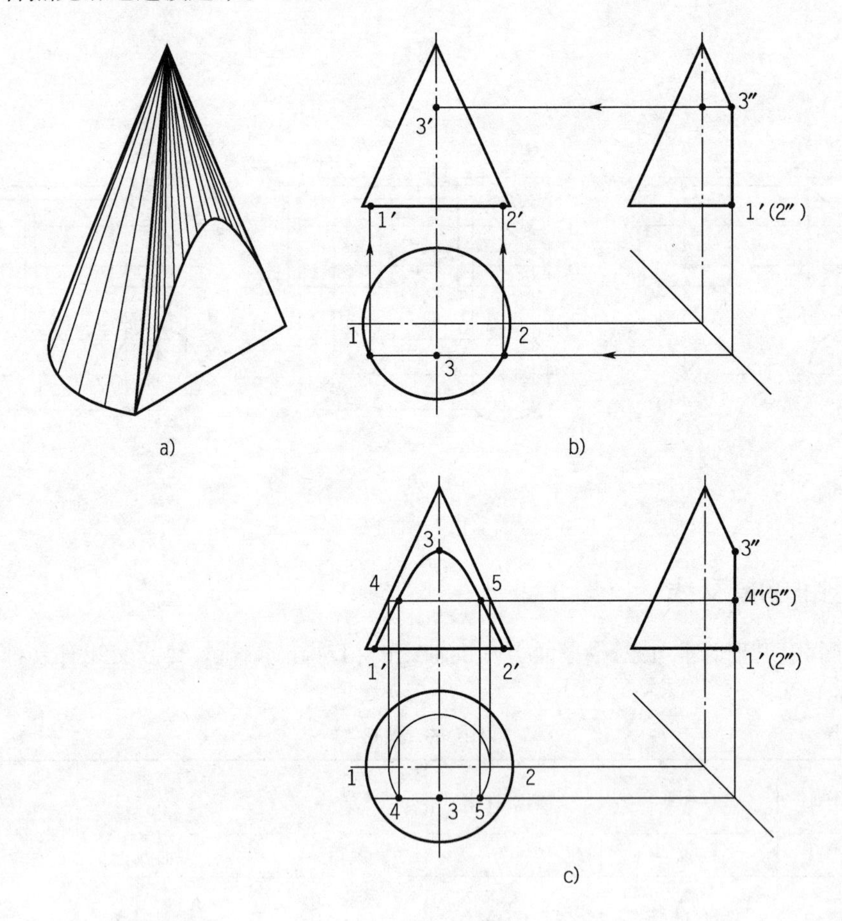

图 3-16 圆锥的截切

三、圆球的截交线

平面在任何位置截切圆球的截交线都是圆。当截平面平行于某一投影面时,截交线在该投影面上的投影为圆的实形,在其他两面上的投影都积聚为直线,如图 3-17 所示。

【例 3-11】 如图 3-18 所示,求作完成不对称开槽半圆球的截交线。

【解】 (1)分析:球表面的凹槽由两个侧平面和一个水平面切割而成,两个侧平面和球的截交线为两段平行于侧面的圆弧,水平面与球的截交线为前、后两段水平圆弧,截平面之间的截交线为正垂线,如图 3-18a)、b)、c)所示。

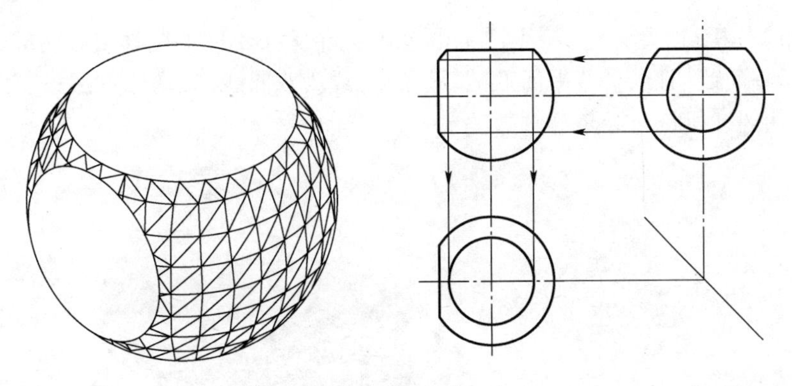

图 3-17 圆球的截交线

(2)作图步骤:辅助圆法如图 3-18 所示。

①先作特殊点 1、2、3、4、5 由 1′定水平辅助圆半径 R_1,在俯视图上以 R_1 画图,再由主视图向下引线交辅助圆,得到侧平面的积聚投影线,封闭线框为真实水平面,由主视图水平圆积聚线向左视图引线交球为圆,如图 3-18c)所示。

②由主视图上 2′、4′向左视图引投影连线得 2″、4″以侧平面 R_2,R_3 画侧平圆交水平面积聚线于 2″、4″。

③注意在左视图上水平圆积聚线中间看不见为虚线,两端为实线,如图 3-18d)所示。

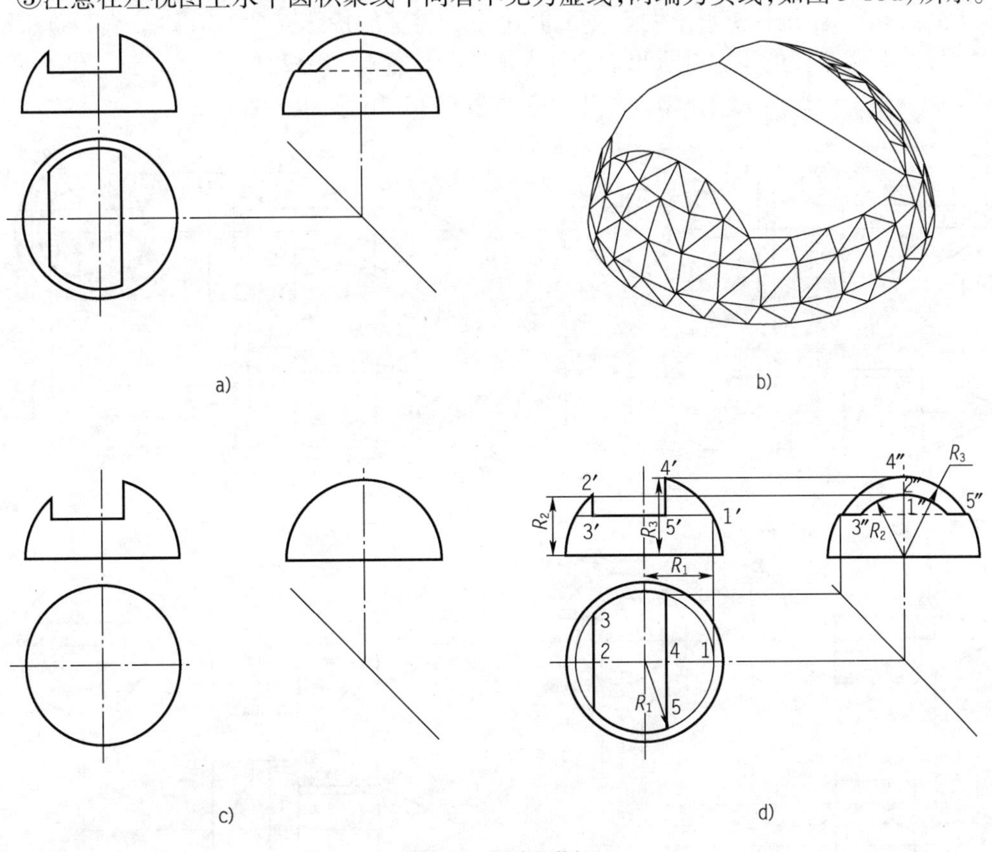

图 3-18 圆球的截切

四、综合图例

【例 3-12】 完成顶尖(图 3-19)的截交线。

【解】(1)分析:顶尖头部是由同轴的圆锥与两个大小不同的圆柱组合而成。被一个水平面和一个正垂面截切,水平截平面截圆锥所得交线为双曲线,截切圆柱所得交线为两条直线;正垂面截切圆柱所得交线是椭圆弧。

图 3-19　顶尖头立体图

(2)作图步骤:

①截交线的正面投影都积聚为直线,截交线的侧面投影是反映实形的部分圆和直线,都可以直接画出。

②根据截交线的正面投影和侧面投影画截交线的水平投影。首先求出椭圆上的三个特殊点 1、2、3 和大、小圆柱矩形上的点 4、5、9、10 及圆锥上的特殊点 6、7、8,如图 3-20a)所示。

③接着利用圆柱的积聚性求出大圆柱上的一般位置点 11、12、13、14,如图 3-20b)所示。

④最后用辅助平面法求出双曲线上一般位置点 15、16,如图 3-20c)所示。

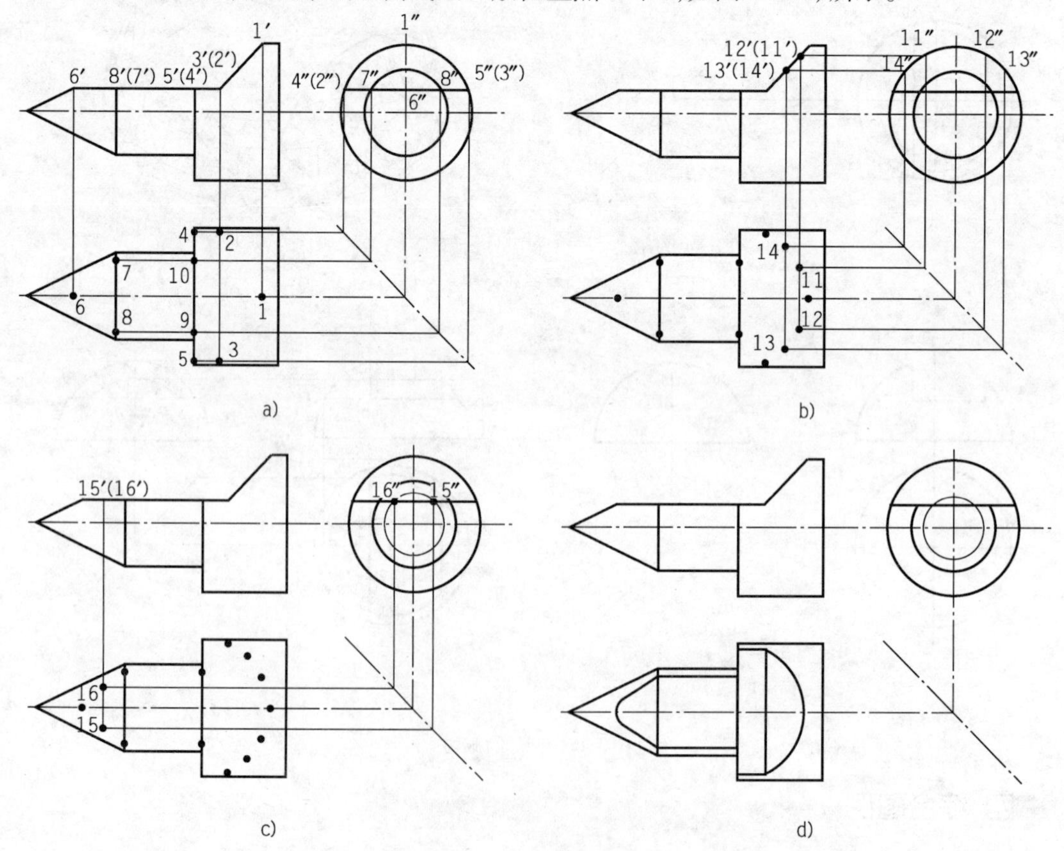

图 3-20　顶尖头截切三视图

⑤将 1、2、3、4、5、6、7、8、9、10、11、12、13、14、15、16 连接起来，如图 3-20d) 所示。

其中 2、14、11、1、12、13、3 是大圆柱椭圆上的点；7、16、6、15、8 是圆锥双曲线上的点。

第五节 相 贯 线

两个基本体相交(或称相贯)，表面产生的交线称为相贯线，如图 3-21 所示。

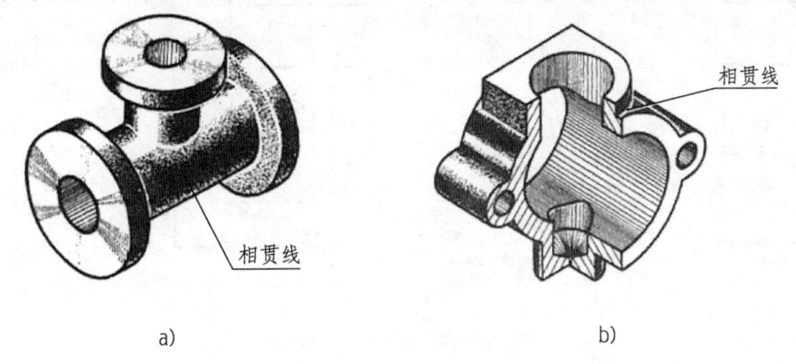

图 3-21 相贯线立体图

相贯线的性质：

(1)相贯线是两个曲面立体表面的共有线，也是两个曲面立体表面的分界线。相贯线上的点是两个曲面立体表面的共有点。

(2)两个曲面立体的相贯线一般为封闭的空间曲线，特殊情况下可能是平面曲线或直线。

求两个曲面立体相贯线的实质就是求它们表面的共有点。作图时，依次求出特殊点和一般点，判别其可见性，然后将各点光滑连接起来，即得相贯线。

一、相贯线的画法

1. 积聚法

两个相交的曲面立体中，如果其中一个是柱面立体(常见的是圆柱面)，且其轴线垂直于某投影面时，相贯线在该投影面上的投影一定积聚在柱面投影上，相贯线的其余投影可用表面取点及投影求出。

【例 3-13】 如图 3-22 所示，求正交两圆柱体的相贯线。

【解】 (1)分析：两圆柱体的轴线正交，且分别垂直于水平面和侧面。相贯线在水平面上的投影积聚在小圆柱水平投影的圆周线上，在侧面上的投影积聚在大圆柱侧面投影的圆周线上，只需作相贯线的正面投影即可。

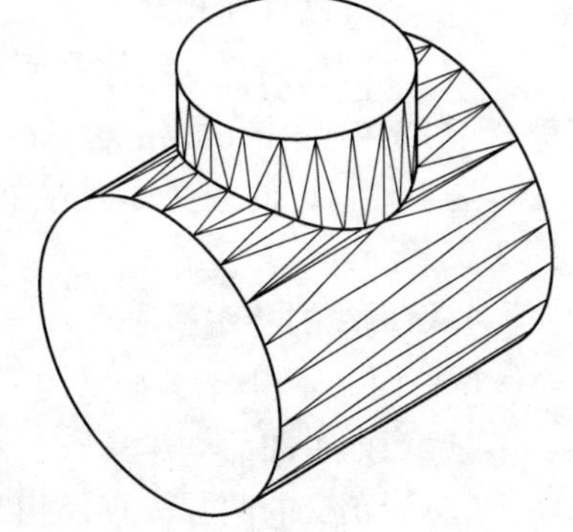

图 3-22 两圆柱体正交

(2)作图步骤：

①用圆规在俯视图水平圆上六等分找出均分 8 个点，先作特殊点 1、2、3、4 的投影，如图 3-23a)。

②后作一般点 5、6、7、8 的投影，5 与 7、6 与 8 在左视图上为重影点，且在侧平圆周线上，5 与 6、7 与 8 在主视图上为重影点，利用高平齐和长对正的特点即求出 5′(6′)、7′(8′)，如图 3-23b) 所示。

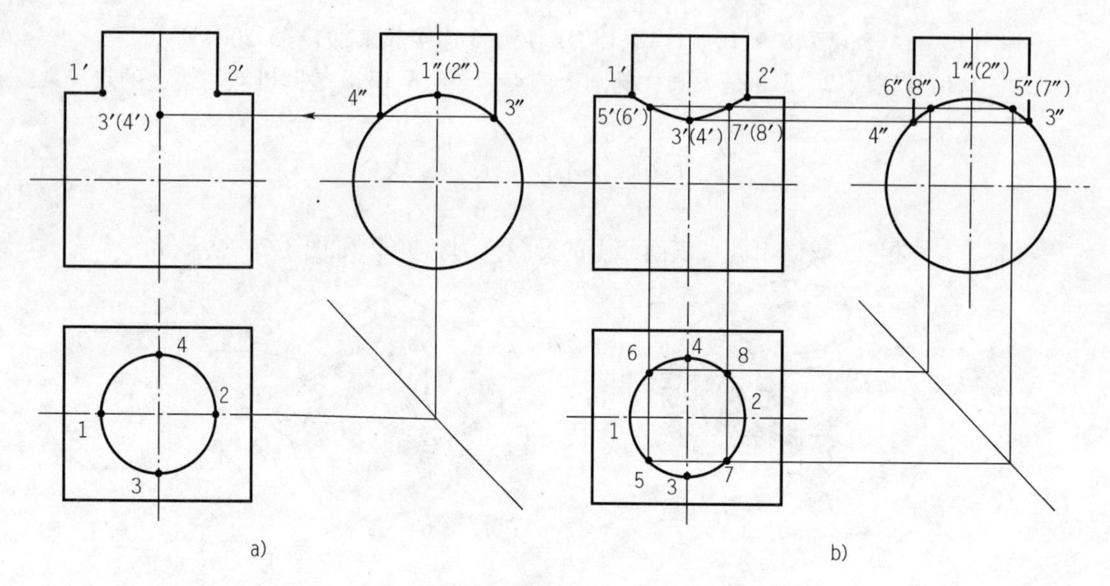

图 3-23　正交两圆柱的相贯线

2. 相贯线的简化画法

相贯线的作图步骤较多，当两圆柱垂直正交且直径不相等时，可采用圆弧代替相贯线的近似画法。如图 3-24 所示，垂直正交两圆柱的相贯线可用大圆柱的 $D/2$ 为半径作圆弧来代替。

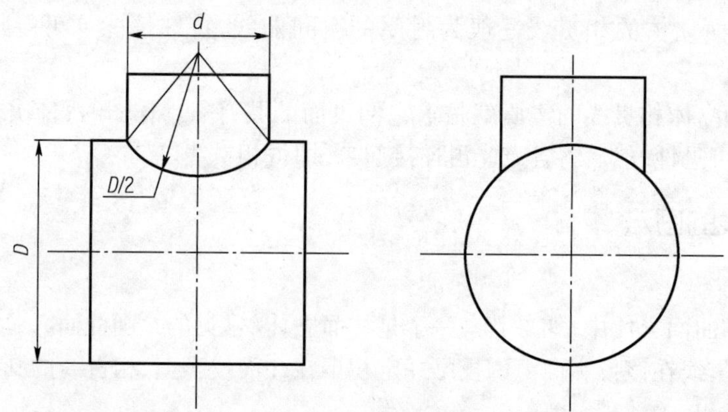

图 3-24　相贯线的近似画法

3. 两圆柱正交的相贯线画法类型

（1）两外圆柱面相交。

（2）外圆柱面与内圆柱孔面相交。

（3）两内圆柱孔面相交。

这三种情况的相交形式虽然不同，但相贯线的性质和形状一样，求法也是一样的，如图 3-25 所示。

4. 相贯线的特殊画法

两曲面立体相交，其相贯线一般为空间曲线，但有特殊情况下也可能是平面曲线或直线。

（1）当两个曲面立体具有公共轴线时，相贯线为与轴线垂直的圆，如图 3-26 所示。

（2）当正交的两圆柱直径相等时，相贯线为大小相等的两个椭圆（投影为通过两轴线的斜直线），如图 3-27 所示。

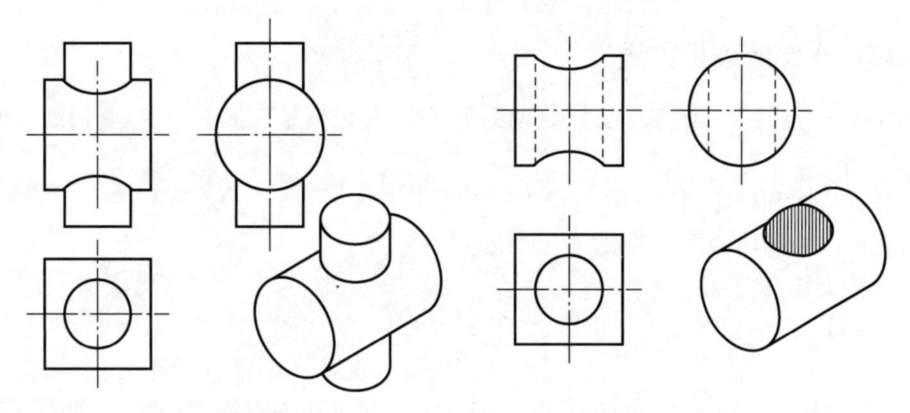

a)两外圆柱面相交　　b)外圆柱面与内圆柱孔面相交

图 3-25　两正交圆柱相交的三种情况

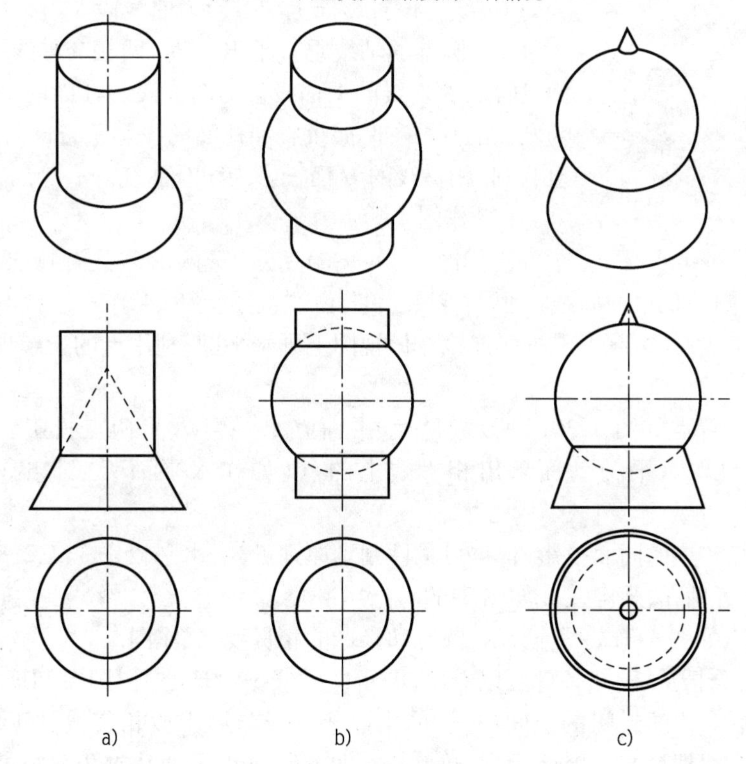

a)　　b)　　c)

图 3-26　两个同轴回转体的相贯线

(3)当相交的两圆柱轴线平行时,相贯线为两条平行于轴线的直线,如图 3-28 所示。

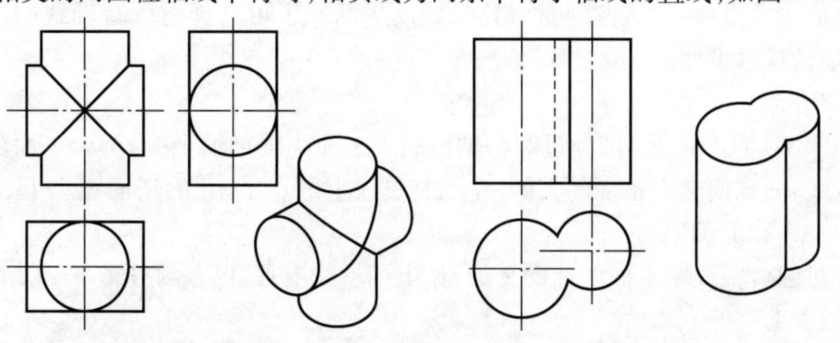

图 3-27　正交两圆柱直径相等　　图 3-28　相交两圆柱轴线平行

二、辅助平面法画相贯线

求相贯线上点的投影的基本方法是辅助平面法，其依据是三面共点原理，辅助平面的选择应满足三条：

（1）辅助平面和投影面处于平行位置；

（2）辅助平面和两曲面的截交线为圆或直线；

（3）两截交线有交点。

【例 3-14】 圆柱和圆锥正交相贯，如图 3-29 所示，试作图。

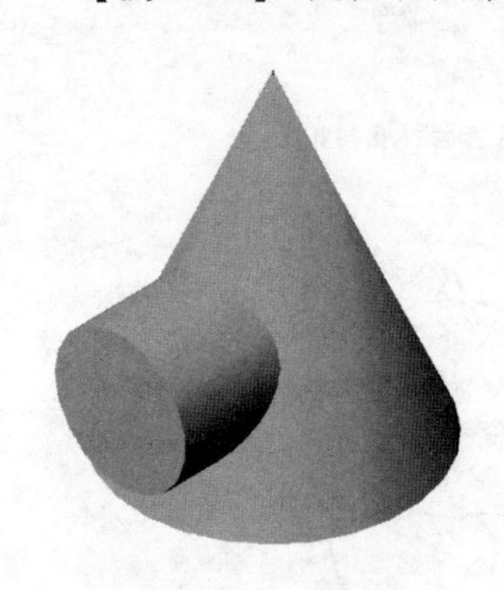

图 3-29　圆柱和圆锥正交

【解】（1）分析：当圆柱和圆锥轴线正交相贯时，相贯线的空间形状关于两相交轴线平面对称，当轴线平面平行于投影面时，相贯线关于轴平面对称的两点，在该投影面上的投影重合，相贯线在该投影面上的投影为曲线段。当圆柱的轴线垂直于 W 面，圆锥的轴线垂直于 H 面时，两相交轴线平面平行于 V 面，所以，相贯线的 V 面投影为曲线段。柱面的 W 面投影积聚为圆，相贯线的 W 面投影和柱面的投影重合，圆柱和圆锥正交也为圆，相贯线的 H 面投影为闭合曲线。

（2）作图步骤：

①如图 3-30a）、b）所示，选两形体共有特殊点Ⅰ、Ⅱ、Ⅲ、Ⅳ，先在左视图圆柱积聚圆周线上画 1″、2″、3″、4″、由左视图上 3″、4″作水平线与圆锥母线相交得水平圆积聚线，并由此下引投影连线在俯视图上画水平圆，利用点的投影得到 3、4，再向上投影得到 3′(4′)。

②求一般位置点如图 3-30c）所示。作水平面 P_2，求得Ⅴ、Ⅵ两点投影。需要时还可以在适当位置再作水平辅助面求出相贯线上的点（如作水平面 P_3，求出Ⅶ、Ⅷ两点的投影）。

③依次连接各点的同面投影，根据可见性判别原则可知：水平投影 3、7、2、8、4 点在下半个圆柱面上，不可见，故画虚线。如图 3-30e）所示。

【例 3-15】 如图 3-31a）、b）所示，圆台和半球的相贯线，试作图。

【解】（1）分析：从已知条件可以看出，圆台的轴线不过球心，但圆台和球前后对称，相贯线是一条前后对称的封闭的空间曲线，前半段相贯线与后半段相贯线的正面投影重合。由于两个立体表面都没有积聚性投影，故其投影可采用辅助平面法求出。根据选择辅助平面的原则，对圆台而言，应选择通过圆台延伸后的锥顶或垂直于圆台轴线的平面；对球而言，应选择投影面的平行面。综合这两种情况，辅助平面除了可选择过圆台轴线的正平面和侧平面外，还应选择水平面。

（2）作图步骤：

①如图 3-31b）、c）所示，选择过圆台轴线的正平面为辅助面，它与圆台表面相交于最左最右两条素线，与球面交于正面的大圆，作出相贯线上的点Ⅰ、Ⅱ的正面投影 1′、2′，由 1′、2′可直接作出 1、2 和 1″、2″。

再选择过圆台轴线侧平面为辅助平面，作出相贯线上Ⅲ、Ⅳ点的投影 3″、4″，由 3″、4″直接作出 3′、4′和 3、4。

②如图 3-31d）、e）所示，选择水平面为辅助平面，它与圆台表面、球面的截交线是水平

圆,作出Ⅴ、Ⅵ点的投影5、6再由5、6作出5′、6′和5″、6″。

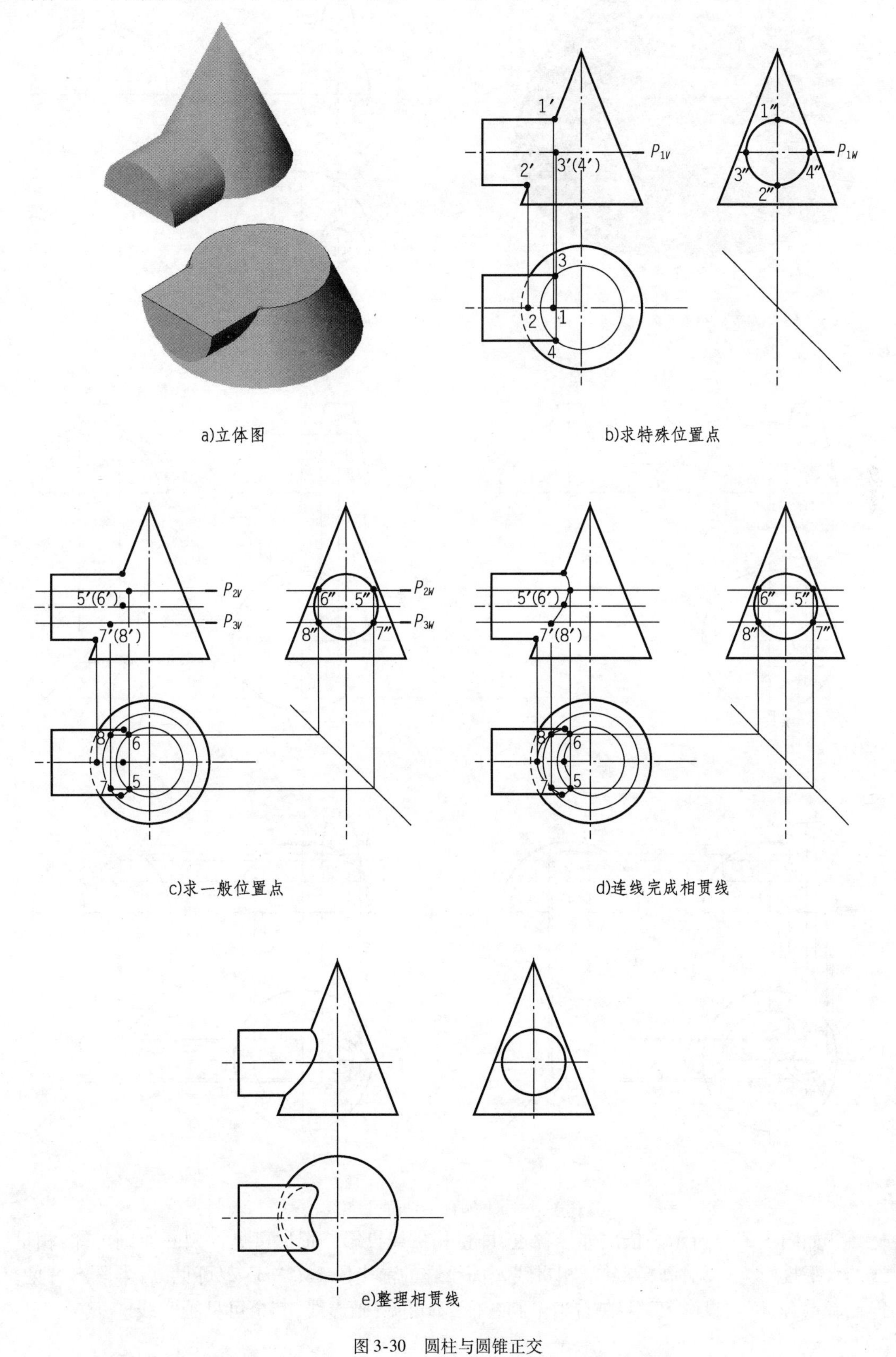

图3-30　圆柱与圆锥正交

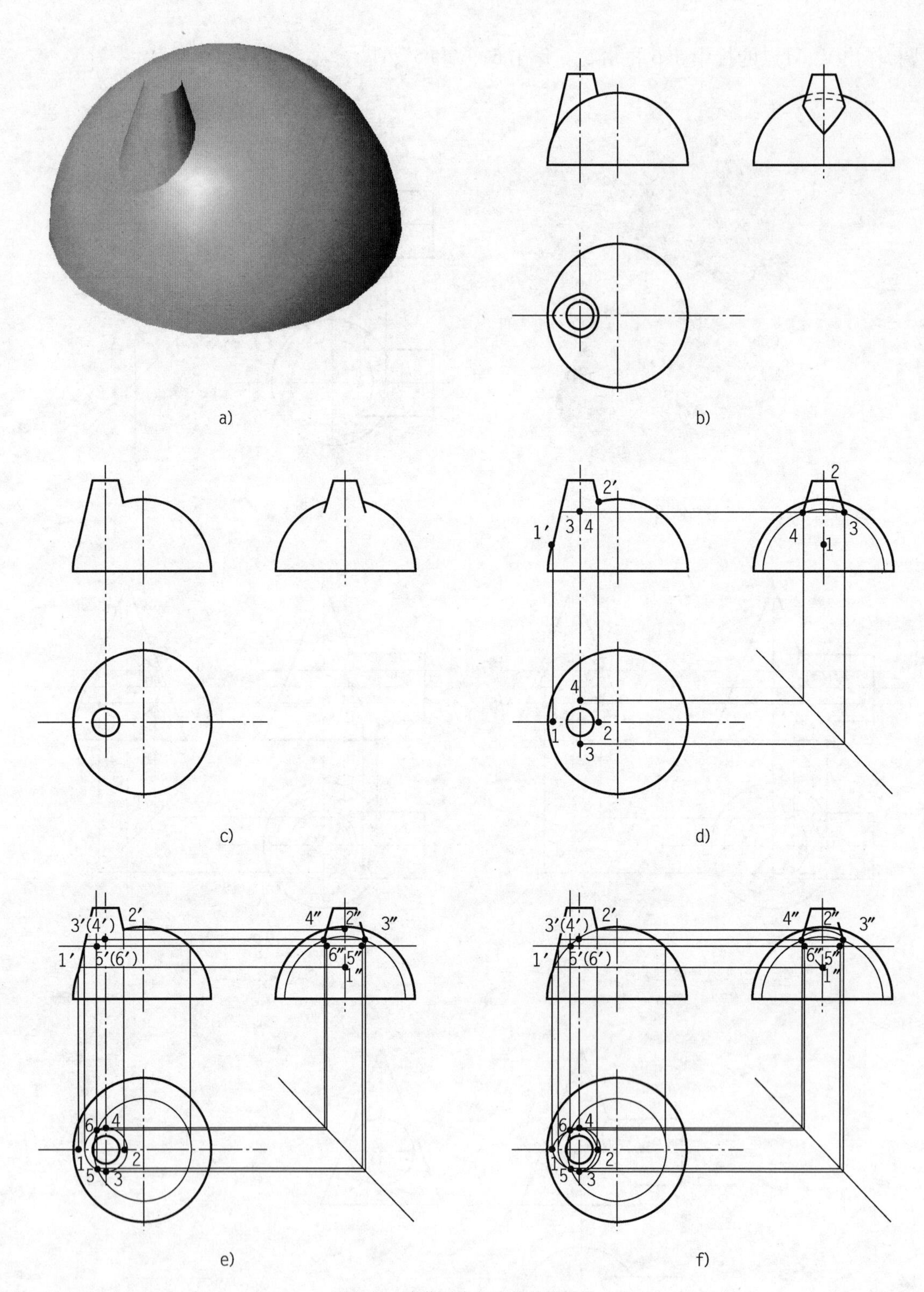

图3-31　求作圆台与半球的相贯线

③如图3-31f)所示。依次连接各点,即得相贯线投影。根据可见性判断原则可知:相贯线的水平投影全可见,画粗实线;相贯线正面投影的前半段1′、5′、3′、2′可见,后半段不可见,但二者重合;侧面投影3″2″4″在右半个圆台面,不可见,画虚线,其余可见画实线。

第四章　轴测图及三维实体造型

第一节　轴测图基本知识

将物体连同其参考直角坐标系,沿不平行于任一坐标面的方向,用平行投影法将其投射在单一投影面上所得到的图形称为轴测图。轴测图又称立体图,有正轴测图和斜轴测图之分:按投射方向与轴测投影面垂直的方法画出来的是正轴测图;按投射方向与轴测投影面倾斜的方法画出来的是斜轴测图,如图 4-1 所示。

轴测图是单面投影图,这个投影面就叫轴测投影面。轴测图是根据平行投影法画出的平面图形,它具有平行投影的一般性质,如平行关系不变,平行线段的长度比不变等。如图 4-1 所示,空间直角坐标系的 OX、$0Y$ 和 OZ 坐标轴,在轴测投影面上的投影 O_1X_1、O_1Y_1 和 O_1Z_1 叫作轴测轴。两轴测轴间的夹角 $\angle X_1O_1Y_1$、$\angle X_1O_1Z_1$、$\angle Z_1O_1Y_1$ 叫作轴间角。空间坐标轴 OX 上的单位长度 OK 在轴测轴 O_1X_1 上为 O_1K_1,比值 O_1K_1/OK 叫 X 轴的轴向伸缩系数,用符号 p_1 表示。

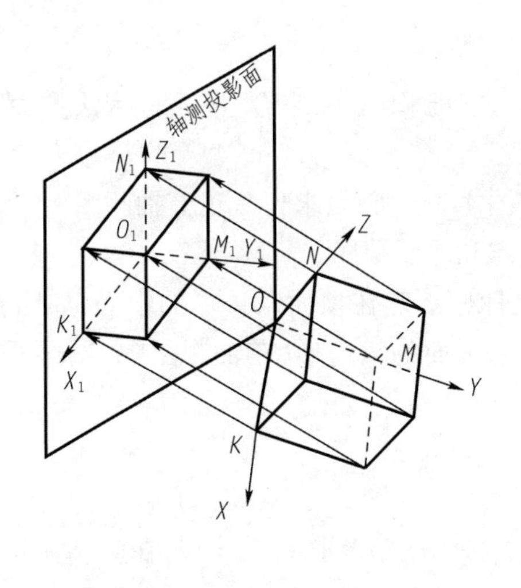

a)正等轴测图的形成

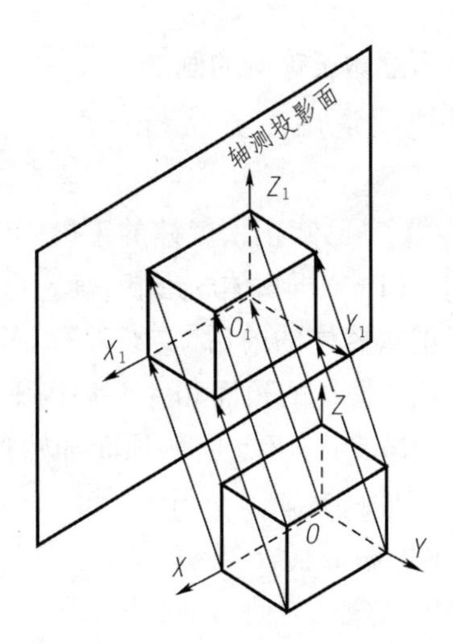

b)斜二轴测图的形成

图 4-1　轴测图的形成

各轴的轴向伸缩系数是:

X 轴向伸缩系数:$p_1 = O_1K_1/OK$

Y 轴向伸缩系数:$q_1 = O_1M_1/OM$

Z 轴向伸缩系数:$r_1 = O_1N_1/ON$

第二节　正等轴测图

一、正等轴测图的形成

使直角坐标系的三根坐标轴对轴测投影面的倾角相等，并用正投影法将物体向轴测投影面投射所得到的图形叫正等轴测图。

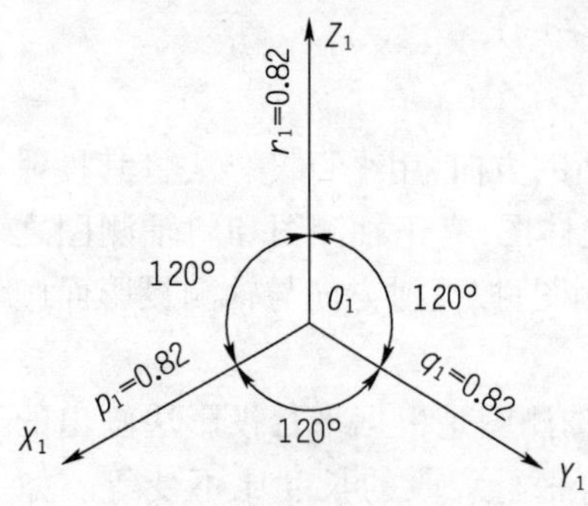

图 4-2　正等轴测图的轴测轴、轴间角与轴向变形系数

画轴测图时，必须知道轴间角和轴向伸缩系数。在正等轴测图中，由于直角坐标系的三根轴对轴测投影面的倾角相等，因此，轴间角都是 120°，各轴向的伸缩系数相等，都是 0.82。根据这些系数，就可以度量平行于各轴向的尺寸。所谓轴测就是指可沿各轴测量的意思，而所谓等测则是表示这种图各轴向的伸缩系数相等。画正等轴测图时，为了避免计算，一般用 1 代替 0.82，叫简化系数，并分别以 p、q、r 表示。为使图形稳定，一般取 O_1Z_1 为竖线，如图 4-2 所示。为使图形清晰，轴测图通常不画虚线。

二、正等轴测图的画法

1. 平面立体正等测的画法

画轴测图常用的方法有坐标法、切割法、堆积法和综合法。坐标法是最基本的方法。

【例 4-1】 已知正六棱柱的正投影图，如图 4-3a）所示，求作其正等轴测图。

【解】 (1)分析物体的形状，确定坐标原点和作图顺序。

由于正六棱柱的前后、左右对称，故把坐标原点定在顶面六边形的中心，如图 4-3a）所示。由于正六棱柱的顶面和底面均为平行于水平面的六边形，在轴测图中，顶面可见，底面不可见。为减少作图线，应从顶面开始画。

(2)画轴测轴，如图 4-3b）所示。

(3)用坐标定点法作图：

①画出六棱柱顶面的轴测图：以 O_1 为中点，在 X_1 轴上取 $1_1 4_1 = 14$，在 Y_1 轴上取 $A_1B_1 = ab$，如图 4-3b）所示。过 A_1、B_1 点作 O_1X_1 轴的平行线，且分别以 A_1、B_1 为中点，在所作的平行线上取 $2_1 3_1 = 23$，$5_1 6_1 = 56$，如图 4-3c）所示。再用直线顺次连接 1_1、2_1、3_1、4_1、5_1 和 6_1 点，得顶面的轴测图，如图 4-3d）所示。

②画棱面的轴测图：过 6_1、1_1、2_1、3_1，各点向下作 Z_1 轴的平行线，并在各平行线上按尺寸 h 而取点再依次连线，如图 4-3e）所示。

③完成全图：擦去多余图线并加深，如图 4-3f）所示。

2. 回转体正等轴测图画法

平行于投影面的圆的正等轴测图的画法。

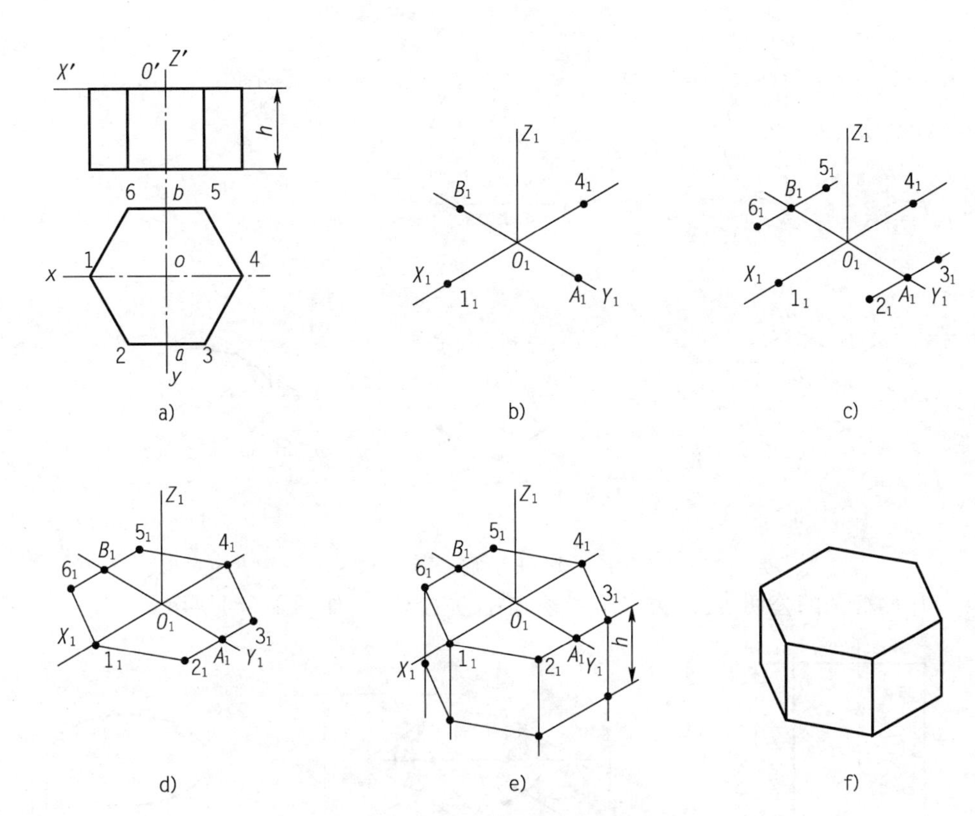

图 4-3　正六棱柱的正等轴测图的画法

由于正行轴测图的三个坐标轴都与轴测投影面倾斜，所以平行投影面的圆正等轴测图均为椭圆，如图 4-4 所示。由图可见：$X_1O_1Y_1$ 面上椭圆的长轴垂直于 O_1Z_1；$X_1O_1Z_1$ 面上椭圆长轴垂直于 O_1Y_1 轴；$Y_1O_1Z_1$ 面上椭圆的长轴垂直于 O_1X_1 轴。椭圆的正等轴测图一般采用四心圆弧法作图。

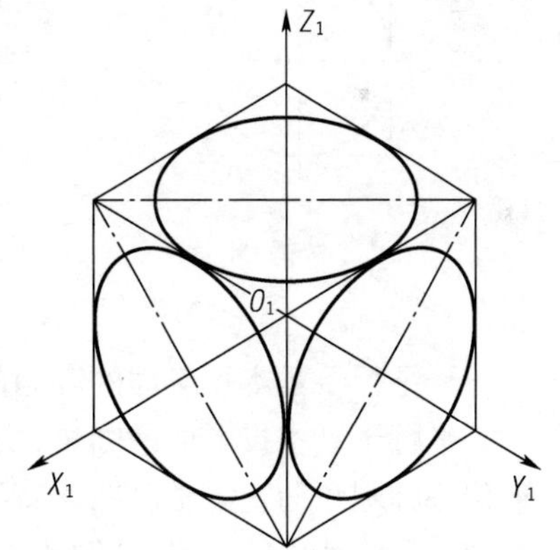

图 4-4　平行于轴测投影面的圆

【例 4-2】 求作如图 4-5a）所示半径为 R 的水平圆的正等轴测图。

【解】 （1）定出直角坐标的原点及坐标轴。画圆的外切正方形 1234，与圆相切于 a、b、c、d 四点，如图 4-5b）所示。

（2）画出轴测轴，并在 X_1、Y_1 轴上截取 $O_1A_1=O_1C_1=O_1B_1=O_1D_1=R$，得 A_1、B_1、C_1、D_1 四点如图 4-5c）所示。

（3）过 A_1、C_1 和 B_1、D_1 点分别作 Y_1X_1 轴的平行线，得菱形 $1_12_13_14_1$，如图 4-5d）所示。

（4）连 1_1C_1、3_1A_1 分别与 2_14_1 交于 O_2 和 O_3，如图 4-5e）所示。

（5）分别以 1_1、3_1 为圆心，1_1C_1、3_1A_1 为半径画圆弧 C_1D_1、A_1B_1，再分别以 O_2、O_3 为圆心，O_2C_1 为半径，画圆弧 B_1C_1、A_1D_1。由这四段圆弧光滑连接而成的图形，即为所求的近似椭圆，如图 4-5f）所示。

【例 4-3】 作圆柱体的正等轴测图。

【解】 （1）定原点和坐标轴，如图 4-6a）所示。

（2）画两端面圆的正等轴测图（用移心法画底面），如图 4-6b）所示。

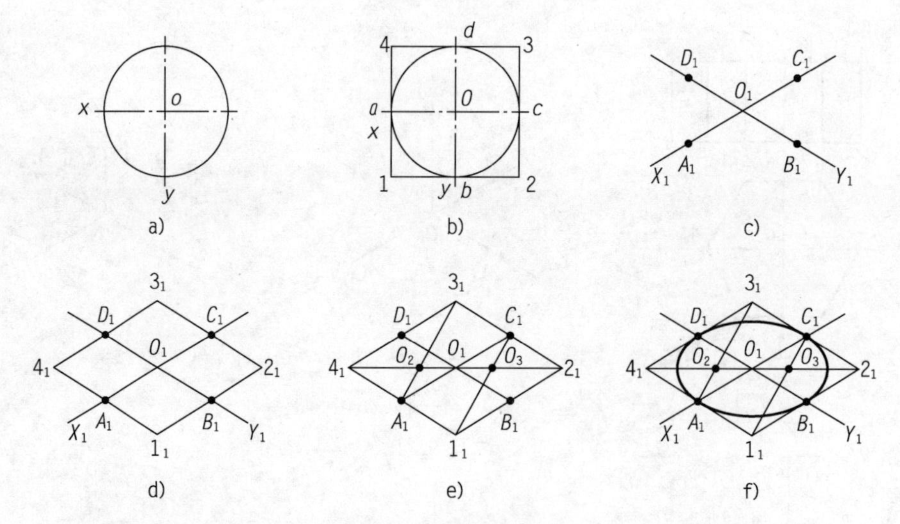

图 4-5　圆的正等轴测图近似画法

(3)作两椭圆的公切线,擦去多余线条,描深完成全图,如图 4-6c)所示。

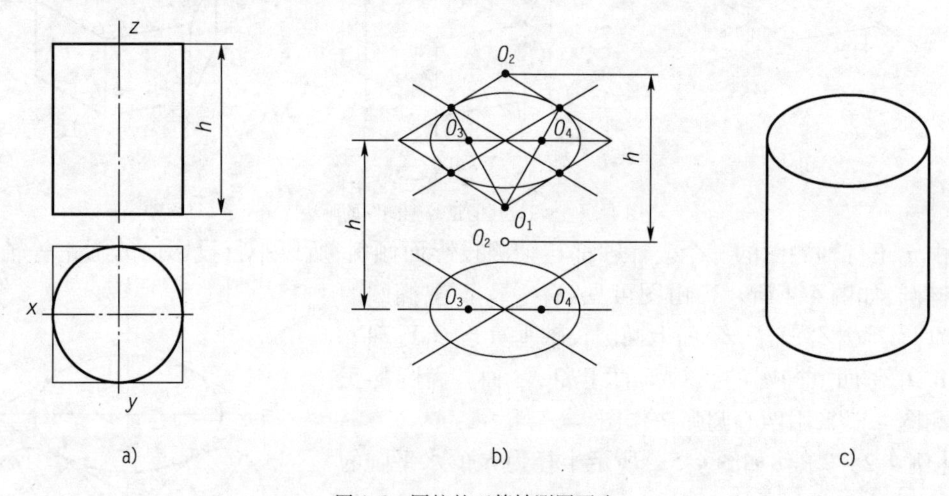

图 4-6　圆柱的正等轴测图画法

3. 平行于基本投影面的圆角的正等轴测图的画法

平行于基本投影面的圆角,实质上就是平行于基本投影面的圆的一部分。因此,可以用近似法画圆角的正等轴测图。特别是常见的 1/4 圆周的圆角,其正等测恰好就是上述近似椭圆四段圆弧中的一段,如图 4-7 所示。

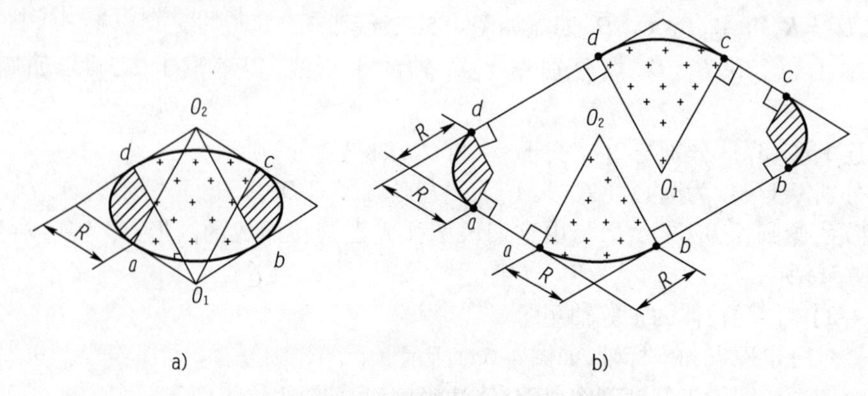

图 4-7　圆角的正等轴测图画法

【例 4-4】 画出如图 4-8a)所示带圆角的长方体底板的正等轴测图。

【解】 (1)按图 4-8b)画出图形,并按圆角半径 R 所在底板相应的棱线上找出切点 1、2 和切点 3、4。

(2)过切点 1、2 和切点 3、4 分别作切点所在直线的垂线,其交点 O_1、O_2 就是轴测圆角的圆心,如图 4-8c)所示。

(3)以 O_1 和 O_2 为圆心,以 $O_1 1$ 和 $O_2 3$ 为半径作 12 和 34 圆弧,即得底板上的顶面圆角的正等测图,如图 4-8d)所示。

(4)将顶面圆角的圆心 O_1、O_2 及其切点分别沿 Z_1 轴下移底板厚度 H,再用与顶面圆弧相同的半径分别画圆弧,并作出对应圆弧的公切线,即得底板圆角的正等测图,如图 4-8e)所示。

(5)擦去作图线并描深图线,最后得到带圆角的长方形底板的正等轴测图。如图 4-8f)所示。

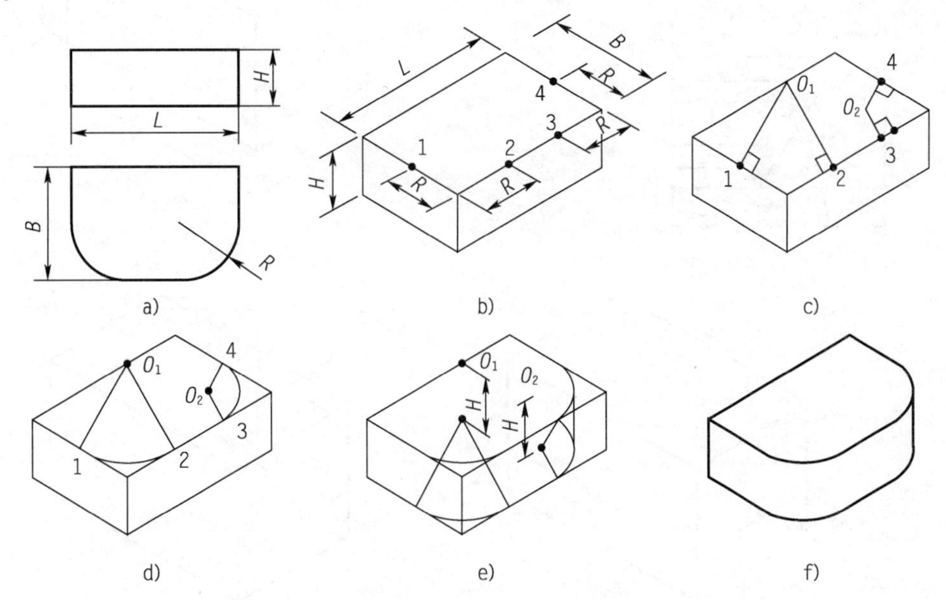

图 4-8 带圆角底板的正等轴测图画法

4. 组合体正等轴测图的画法

画组合体的正轴测图时,也像画组合体三视图一样,要先进行形体分析,分析组合体的构成,然后再作图。作图时,可先画出基本形体的轴测图,再利用切割法和叠加法完成全图。轴测图中一般不画虚线,从前、上面开始画起。另外,利用平行关系也是加快作图速度和提高作图准确性的有效手段。

(1)切割型组合体正等轴测图的绘制。

【例 4-5】 画出如图 4-9a)所示立体的正等轴测图。

【解】 (1)分析:通过形体分析可知,该立体是由长方体切割形成的。作图时可先画出长方体的正等轴测图,再按逐次切割的顺序作图。

(2)作图步骤:作图步骤如图 4-9b)、c)、d)、e)、f)所示。

画切割型组合体正等轴测图的关键是如何确定截切平面的位置及求作截切平面与立体表面的交线。由上例可以看出,如果截切平面是投影面平行面,作图时只要一个方向定位,即沿着与截切平面垂直的轴测轴方向量取定位尺寸。其交线通常平行于立体上对应的线,如图 4-9c)所示。

如果截切平面是投影面垂直面,作图时需要两个方向定位,即在切平面所垂直的面上,分别沿两个轴测方向量取定位尺寸,其交线通常有一条与立体上的线平行,如图 4-9d)所示。

如果是一般位置平面,作图时需要三个方向量取定位尺寸,和不在一条直线上的三点确定截切平面的位置,求出各顶点位置后,边线画出平面,如图 4-9e)所示。如果一个一般位置平面有三个以上的点,作图时要注意保证各点共面,以用平面取点的方法求出其他各点。

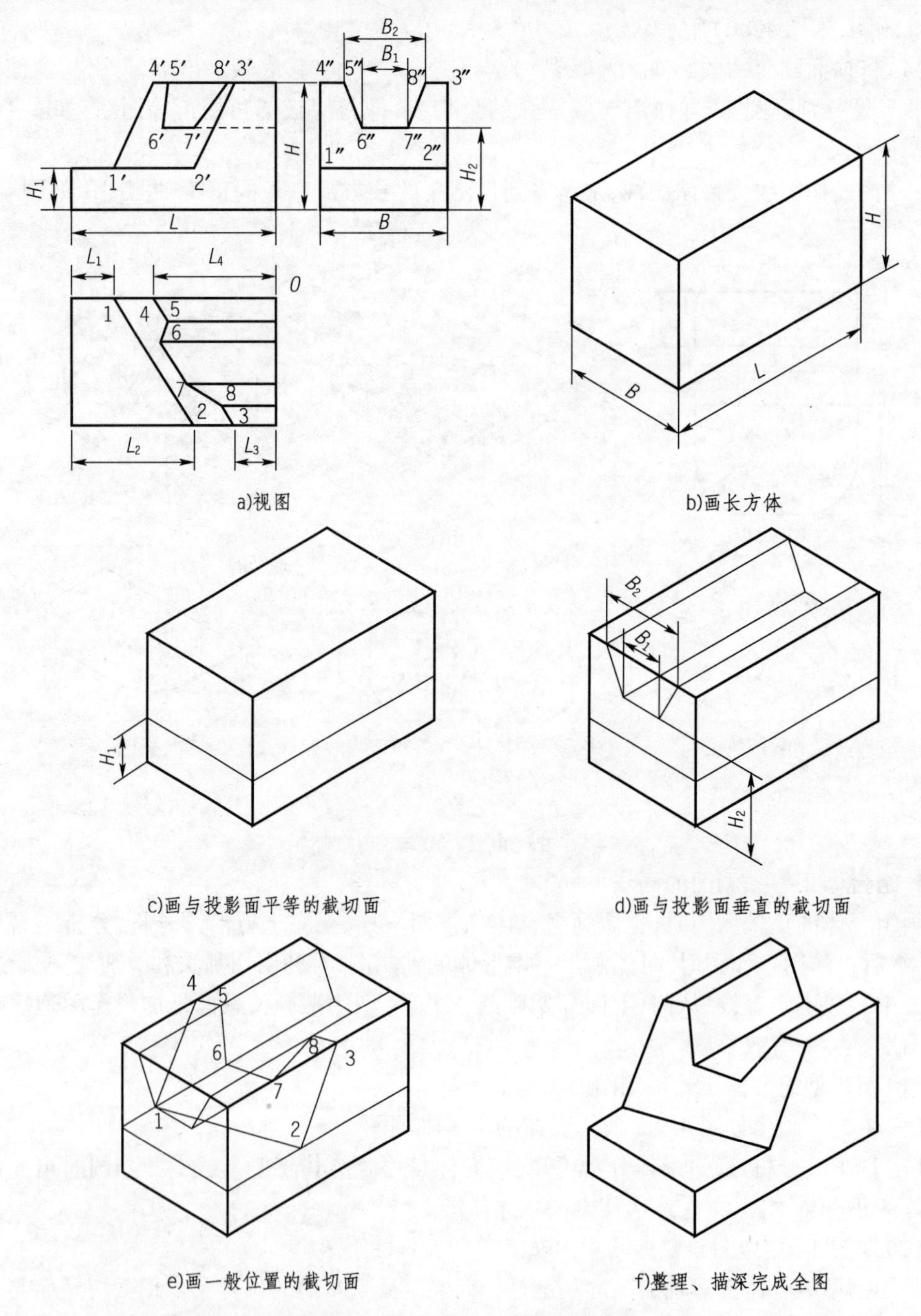

图 4-9　切割型组合体正等轴测图画法

(2)叠加型组合体正等轴测图的绘制。

【例 4-6】 画出如图 4-10a)所示立体的正等轴测图。

【解】 (1)分析:通过分析视图可知,该立体是叠加型组合体,由底板、圆柱筒、支承板、肋板四部分组成。

(2)作图步骤:作图时按照逐个形体叠加的顺序画图,作图步骤如图 4-10b)、c)、d)、e)、f)所示。

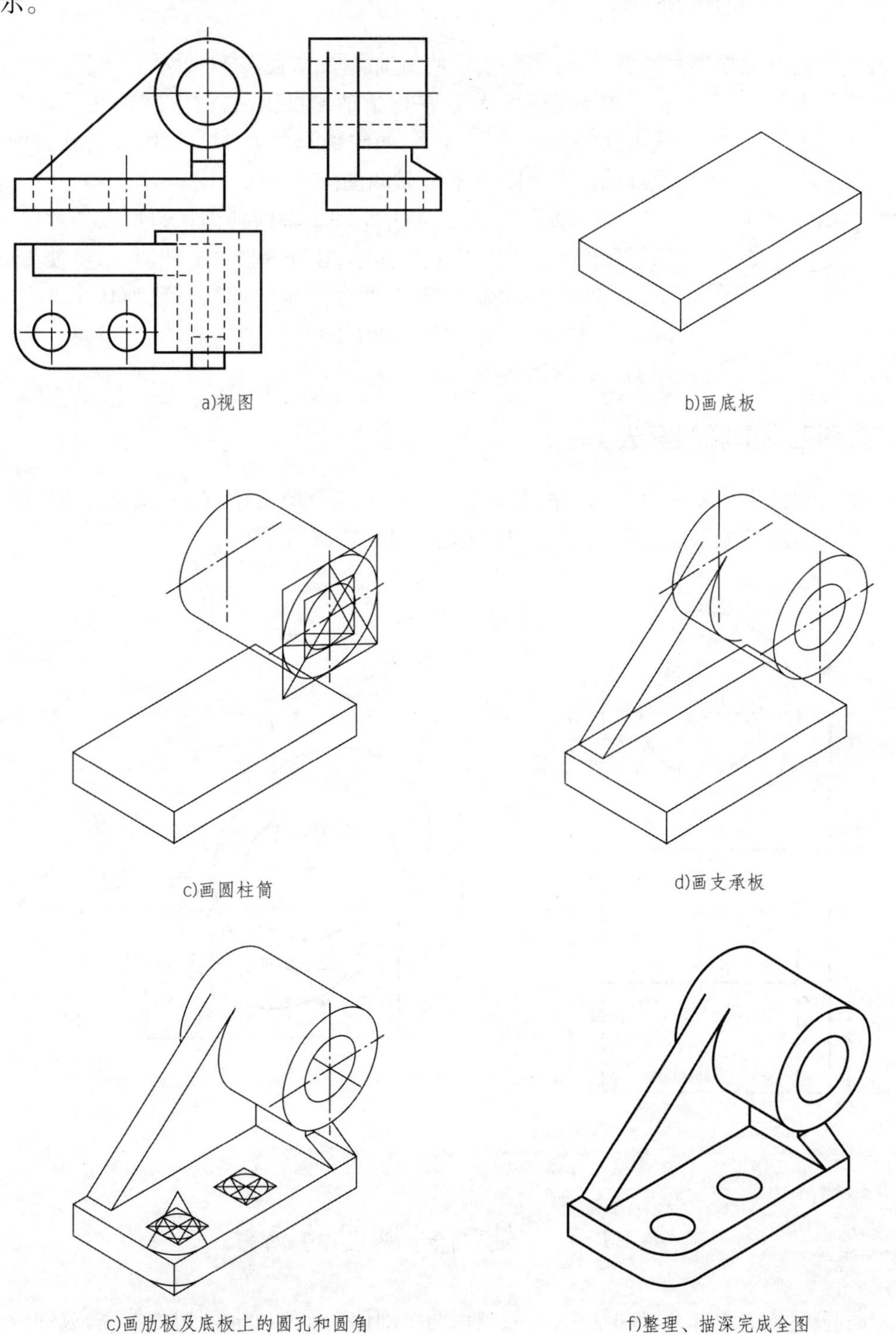

图 4-10 叠加型组合体正等轴测图的画法

第三节　斜二轴测图

一、斜二轴测图的形成

投射线对轴测投影面倾斜,即可得到实物的斜轴测图,如图 4-11 所示。

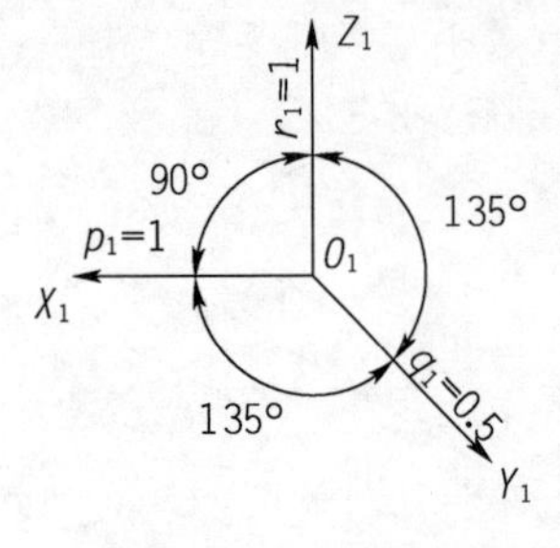

图 4-11　斜二轴测图的轴

由于坐标面 $X0Z$ 平行于轴测投影面,故它在轴测投影面上的投影反映实形。X_1 和 Z_1 间的轴间角为 90°,X 和 Z 的轴向伸缩系数都等于 1,因而叫斜二轴测图。

在斜轴测图中,$\angle X_1O_1Y_1$ 和 Y 轴向伸缩系数可以任意选择,但为了画图方便和考虑到立体感,在选择投影方向时,恰好使 Y_1 轴和 X_1、Z_1 轴的夹角都是 135°,并令 Y 轴向伸缩系数为 0.5,如图 4-11 所示。当零件只有一个方向有圆或形状复杂时,为了便于画图,宜用斜二轴测图表示。

二、斜二轴测图的画法

画斜二轴测图通常从最前面的面开始,沿 Y_1 轴方向分层定位,在 X_1O_1 Z_1,轴测面上定形,注意 Y_1 方向伸缩系数为 0.5。图 4-12 是斜二轴测图画法示例。

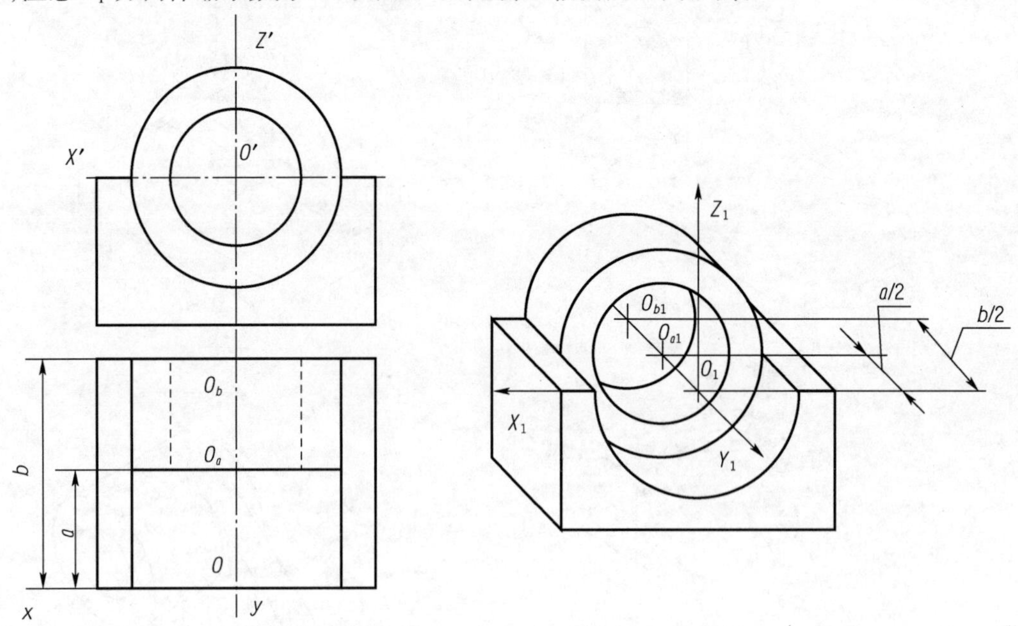

图 4-12　斜二轴测图画法轴间角与轴向伸缩系数

第四节　轴测剖视图的画法

为了表达物体内部形状和结构,可假想用两个剖切平面沿轴向剖切物体,画成轴测剖视图。并按图 4-13 所示的方向画上剖面符号(亦称剖面线)

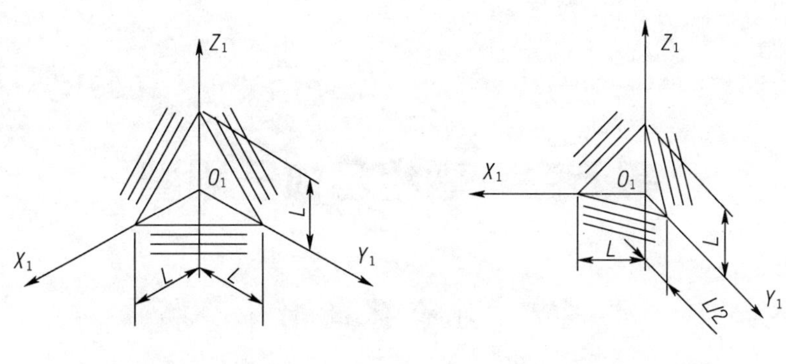

a)正等轴测图的剖面线画法　　b)斜二轴测图的剖面线画法

图 4-13　轴测图上剖面线的方向

图 4-14 所示的是轴测剖视图示例。

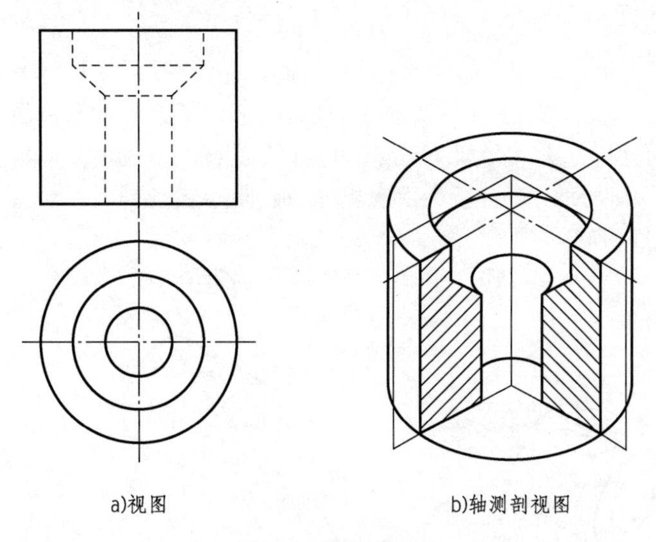

a)视图　　b)轴测剖视图

图 4-14　轴测剖视图

第五章　画组合体三视图

第一节　组合体的形体分析

任何机件都可认为是由一些基本体按一定方式组合而成的。由两个或两个以上的基本体组成类似机件的形体称为组合体。组合体是典型化与抽象化了的零件。

一、形体分析法

为了正确而迅速地绘制和看懂组合体视图,通常在绘图、标注尺寸和读图过程中,假想把组合体分解成若干基本体,分析各基本体的形状、组合形式和相对位置,这种把复杂形体分成若干基本体的分析方法,称为形体分析法。它是绘图与读图的基本方法。

如图 5-1a)所示轴承座,可分析为由底板、肋板、支承板、圆筒、凸台五个部分经过叠加、切割而成,如图 5-1b)所示。

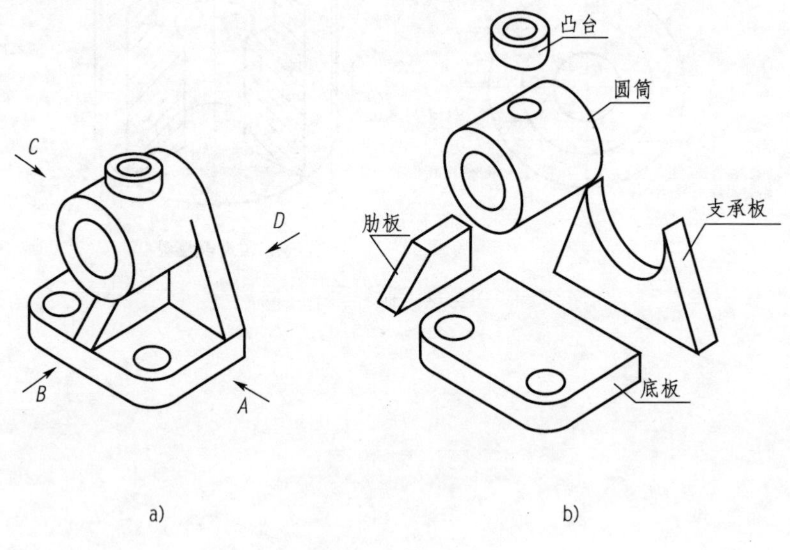

图 5-1　轴承座

二、组合体的组合形式及其表面连接处的画法

1. 组合体的组合方式

(1)叠加。由若干个基本几何体或简单体经叠加而成的形体。

(2)切割。在一个基本体上切割去若干个基本几何体或简单体而形成的形体。

(3)综合。是上面两种基本形式的综合,如图 5-2 所示。

2. 组合体的表面连接关系

(1)平齐和不平齐。当两基本体表面平齐时即共面,结合处不画分界线;当两基本体表面不平时即不共面,结合处应画出分界线。如图 5-3 所示。

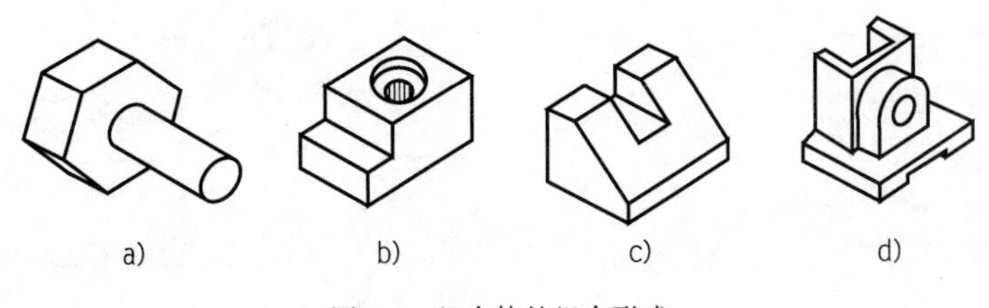

图 5-2　组合体的组合形式

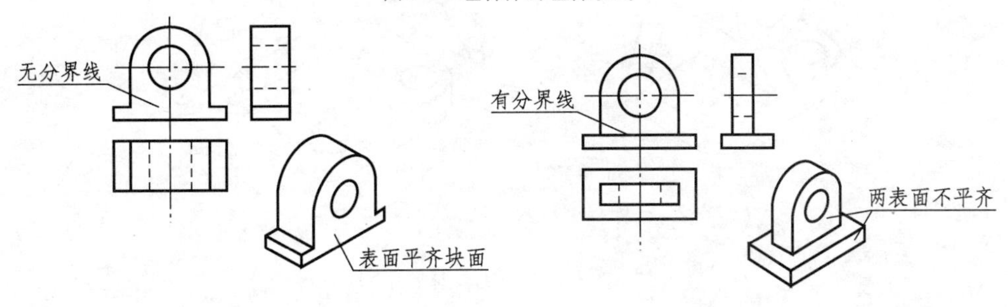

图 5-3　表面平齐与不平齐

(2)相交。当两基本形体的表面相交时,相交处会产生不同形式的交线,在视图中应画出这些交线的投影,如图 5-4 所示。

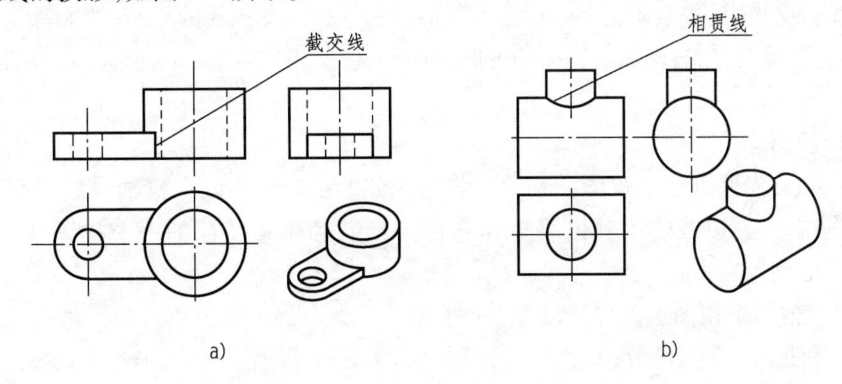

图 5-4　表面相交

(3)相切。当两基本体表面相切时,在相切处一般不画切线分界线。如图 5-5 所示。

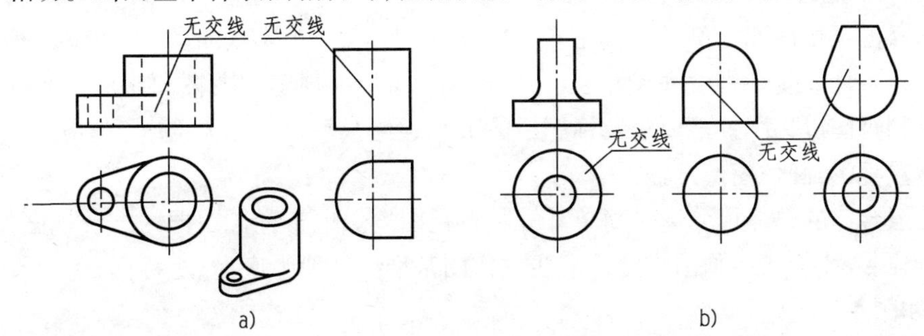

图 5-5　表面相切

第二节　组合体三视图画法

以图 5-6 所示的轴承座为例,说明画组合体三视图的一般步骤和方法。

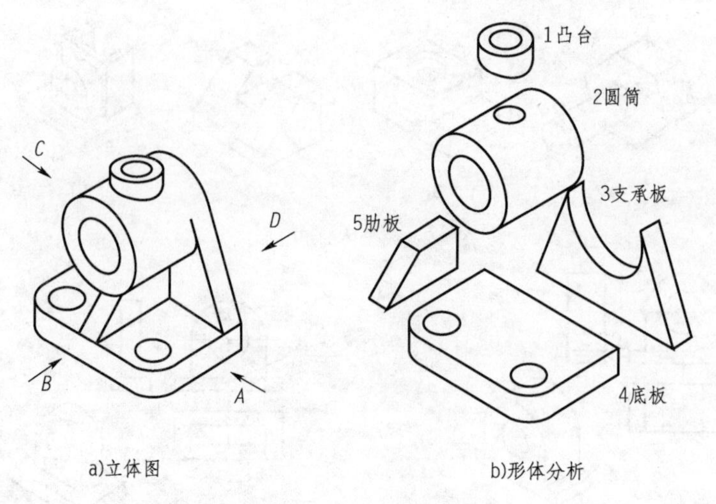

图5-6　组合体立体图

1. 形体分析

画图之前,首先应对组合体进行形体分析。分析组合体由哪几部分组成,各部分之间的相对位置,相邻两基本体的组合形式,是否产生交线等。图中轴承座由上部的凸台1、圆筒2、支承板3、底板4及肋板5组成。凸台与圆筒是两个垂直相交的空心圆柱体,在外表面和内表面上都有相贯线。支承板、肋板和底板分别是不同形状的平板。支承板的左、右侧面都与圆筒的外圆柱面相切,肋板的左、右侧面与圆筒的外圆柱面相交,底板的顶面与支承板、肋板的底面相互重合。

2. 选择视图

选择视图首先要确定主视图。一般是将组合体的主要表面或主要轴线放置在与投影面平行或垂直位置,并以最能反映该组合体各部分形状和位置特征的一个视图作为主视图。同时还应考虑到:

(1)使其他两个视图上的虚线尽量少一些。

(2)尽量使画出的三视图长大于宽。后两点不能兼顾时,以前面所讲主视图的选择原则为准。沿 *B* 向观察,所得视图满足上述要求,可以作为主视图。主视图方向确定后,其他视图的方向则随之确定。

3. 选择图纸幅面和比例

根据组合体的复杂程度和尺寸大小,应选择国家标准规定的图幅和比例。在选择时,应充分考虑到视图、尺寸、技术要求及标题栏的大小和位置等。

4. 布置视图,画作图基准线

根据组合体的总体尺寸通过简单计算将各视图均匀地布置在图框内。各视图位置确定后,用细点画线或细实线画出作图基准线。作图基准线一般为底面、对称面、重要端面、重要轴线等,如图5-7a)所示。

5. 画底稿

依次画出每个简单形体的三视图,如图5-7b)所示。画底稿时注意:

(1)在画各个形体的视图时,应先画主要形体,后画次要形体,先画可见部分,后画不可见部分,如图中先画底板和圆筒,后画支承板和肋板,如图5-7c)、d)、e)所示。

(2)画每一个基本形体时,一般应该三个视图对应着一起画。先画反映实形或有特征的视图,再按投影关系画其他视图。尤其要注意必须按投影关系正确地画出平行、相切和相交处的投影。

6. 检查、描深

检查底稿,改正错误,然后再描深,如图 5-7f)所示。

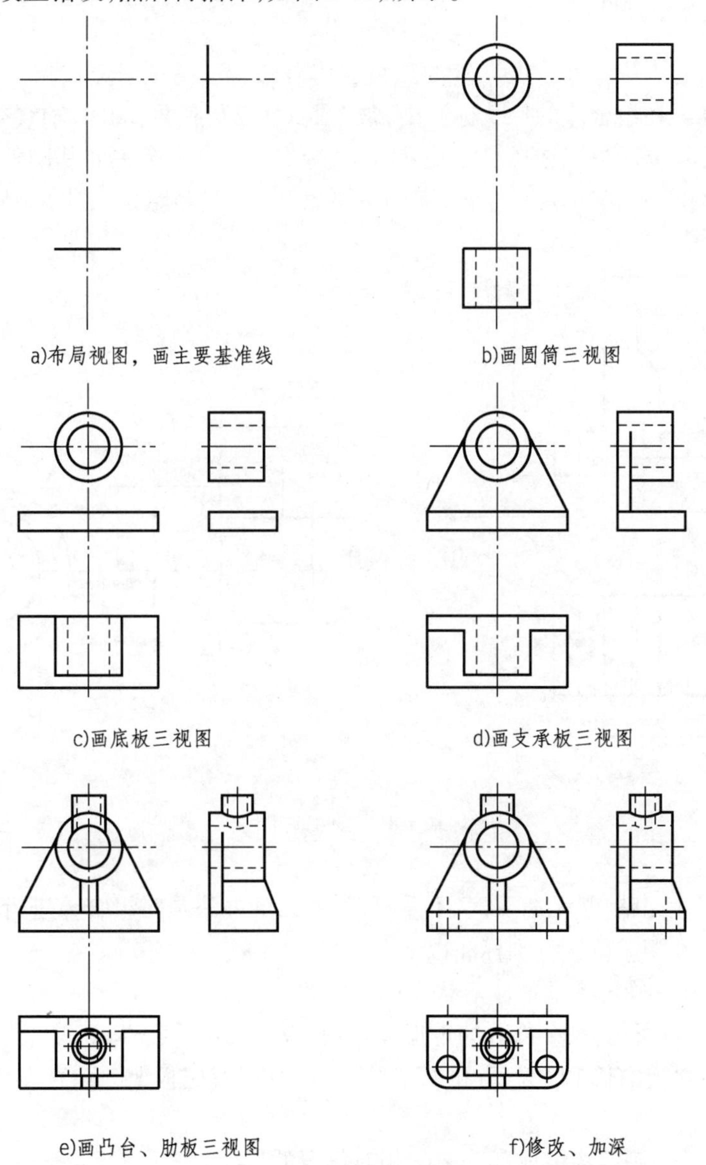

图 5-7　组合体视图的作图步骤

第三节　组合体三视图的尺寸标注

组合体的视图表达了机件的形状,而机件的大小则要由视图上所标注的来确定。

图样上标注的尺寸一般意义应做到以下几点:

(1)尺寸标注要符合国家标准。

(2)尺寸标注要完整。

(3)尺寸布置要整齐、清晰。

(4)尺寸标注要合理。

一、尺寸基准与种类

1. 尺寸基准

标注尺寸的起点位置称为尺寸基准。组合体有长、宽、高三个方向尺寸,每个方向至少有一个尺寸基准。在组合体的尺寸标注中,常选取对称面、底面、端面、轴线或圆的中心线等几何元素作尺寸基准。当在选择尺寸基准时,每个方向除有一个主要基准外,根据情况还可以有几个辅助基准。基准选定后,各方向的主要尺寸(尤其是定位尺寸)应从相应的尺寸基准进行标注,如图 5-8 所示。

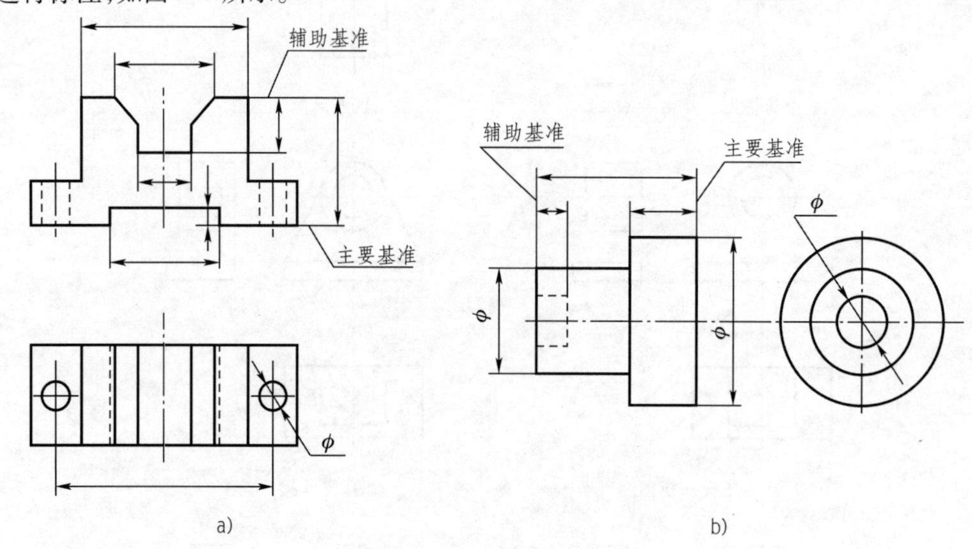

图 5-8　尺寸的基准

2. 尺寸种类

要使尺寸标注完整,既无遗漏,又不重复,最有效的办法是对组合体进行形体分析,根据各基本形体形状及相应位置分别标注以下几类尺寸。

(1)定形尺寸。确定各基本体形状大小的尺寸。

如图 5-9a)、b)所示,三个部分的定形尺寸:底板的长 43、宽 34、高 10、圆角 $R8$ 以及板上两圆孔直径 $\phi8$;立板的长 12、宽 27 和 17、高 32 和 10 以及底板上圆孔直径 $\phi14$;肋板长 12、宽 6、高 7。

(2)定位尺寸。确定各组成部分之间相对位置的尺寸。

为了确定各部分形体之间的位置,应注出其长、宽、高三个方向的位置尺寸。

图 5-9d)所示轴承座的定位尺寸,左视图中的 28 是立板上孔的轴线在高度方向的定位尺寸,主视图中的 5 是立板在长度方向的定位尺寸(即立板与底板右端面的距离);俯视图中的 18 是两圆孔在宽度方向定位尺寸(即两圆孔中心与轴承座前后对称面的相对位置),而 35 是两圆孔离底板右端面的定位尺寸。其他定位尺寸,或者由于在中心对称线上(如圆孔 $\phi14$ 的前后位置)或者由于平叠和表面靠齐(如肋板与立板)均可省略。

(3)总体尺寸。确定组合体外形总长、总宽和总高的尺寸。

当标注了总体尺寸后,有时可省略某些定形尺寸,如图 5-9d)中,主视图上的 42 为总高尺寸,省略了立板高 32 的尺寸。有的总体尺寸和定形尺寸相重合,如俯视图上的尺寸 43 和 34,是底板的定形尺寸,也是轴承座总长和总宽尺寸。

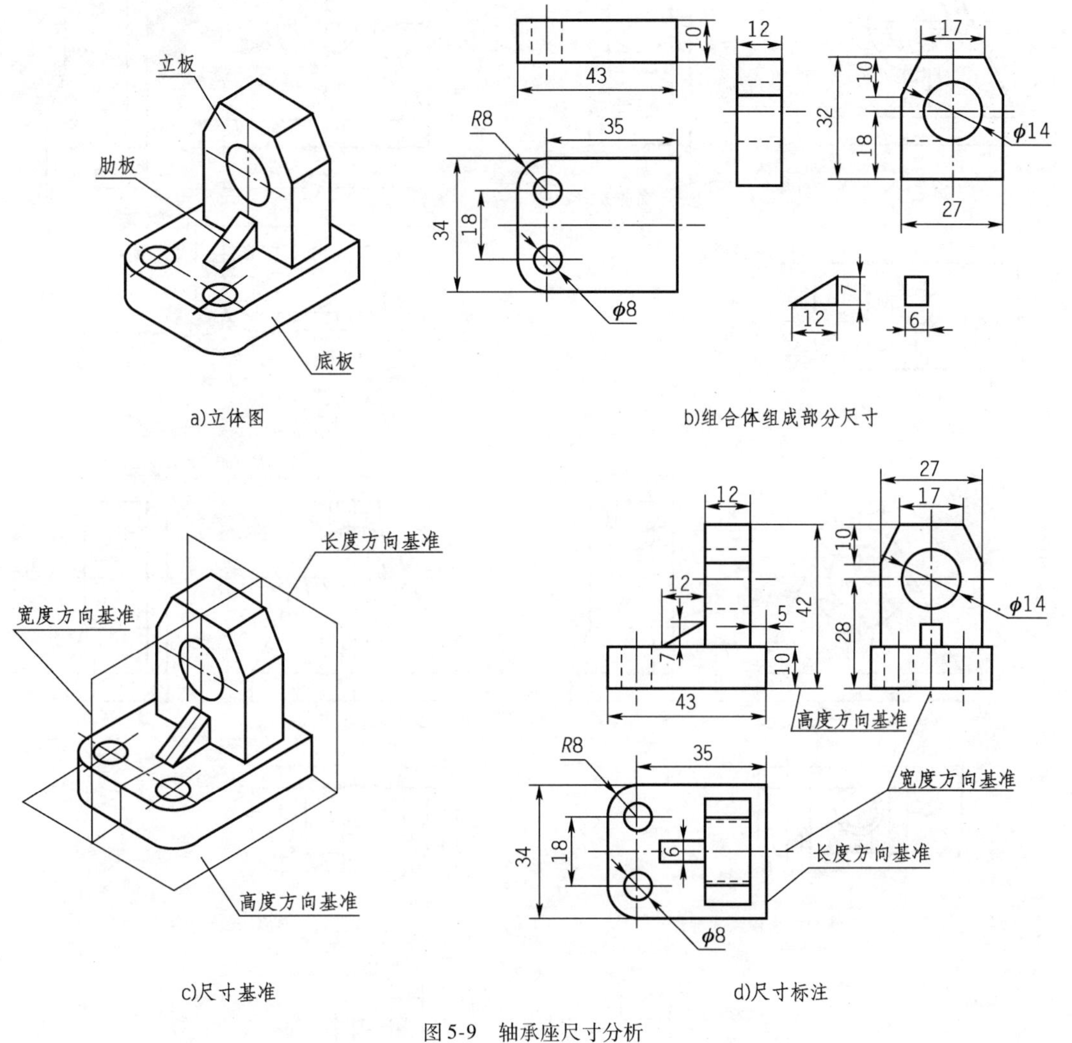

a)立体图　　b)组合体组成部分尺寸

c)尺寸基准　　d)尺寸标注

图 5-9　轴承座尺寸分析

二、尺寸标注的方法步骤

当标注组合体尺寸时,应先对组合体进行形体分析,选择基准,标注出定形尺寸、定位尺寸和总体尺寸,最后进行检查、核对。

1. 形体分析

以图 5-10 所示的轴承座为例说明组合体尺寸标注的方法和步骤。进行形体分析:该支座由底板、肋板、支承板、圆筒、凸台组成。

2. 选择尺寸基准

该支座左右对称,故选择对称平面作为长度方向尺寸基准;底板和支承板的后端面平齐,可选作宽度方向尺寸基准;底板的下底面是支座的安装面,可选作高度方向尺寸基准,如图 5-11a)所示。

3. 根据形体分析

逐个标注出底板、圆筒、支承板、肋板、凸台的定形尺寸。如图 5-10b)、c)、d)所示。

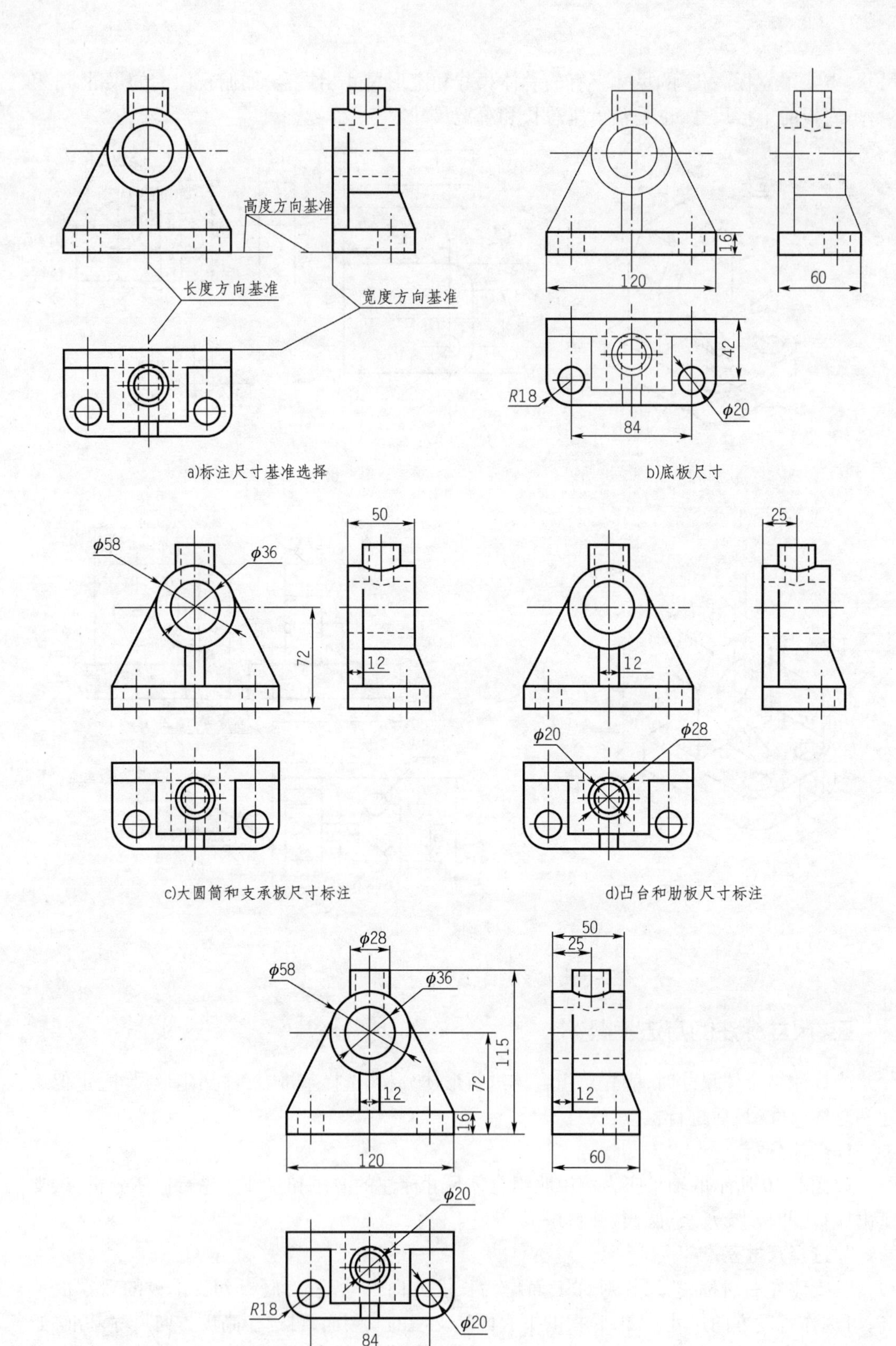

a)标注尺寸基准选择

b)底板尺寸

c)大圆筒和支承板尺寸标注

d)凸台和肋板尺寸标注

e)检查修改完善尺寸标注

图 5-10　组合体尺寸标注

(1)根据选定尺寸基准，标注出确定中部分相对位置的定位尺寸。如图5-10b)、c)、d)所示，确定圆筒与底板相对位置的尺寸72，确定底板上两个孔ϕ20孔位置尺寸84和42，确定凸台尺寸25。

(2)标注总体尺寸。此图中支座的总长与底板长度120相等，总宽由底板宽度60确定；总高由圆筒轴线高度加圆筒直径的1/2再加凸台的高度来确定，几个总体尺寸逐一标出。

(3)检查尺寸标注有无复、遗漏，并进行修改和调整，最后结果如图4-10e)所示。

4. 标注尺寸要清晰

标注尺寸不仅要求正确、完整，还要求清晰，以方便读图。为此，在严格遵守机械制图国家标准的前提下，还应注意以下几点：

(1)尺寸应尽量标注在反映形体特征最明显的视图上。

(2)同一基本形体的定形尺寸和确定其位置的定位尺寸，应尽可能集中标注在一个视图上。

(3)直径尺寸应尽量标注在非圆的视图上，而圆弧的半径尺寸应注在投影为圆的视图上。

(4)尽量避免在虚线上标注尺寸。如凸台上的ϕ20孔尺寸标注在俯视图上，而不是标注在主、左视图上，因为ϕ20孔在这两个视图上的投影都是虚线。

(5)同一视图上的平行并列尺寸，应按“小尺寸在内，大尺寸在外”的原则排列，且尺寸线与轮廓线、尺寸线与尺寸线之间间距要适当。

(6)尺寸应尽量配置在视图的外面，以避免尺寸线与轮廓线交错重叠，保持图形清晰。

(7)高尺寸尽量标注在主、左视图的中间位置。

5. 常见形体结构的尺寸注法

组合体上一些常见结构的尺寸注法如图5-11所示。

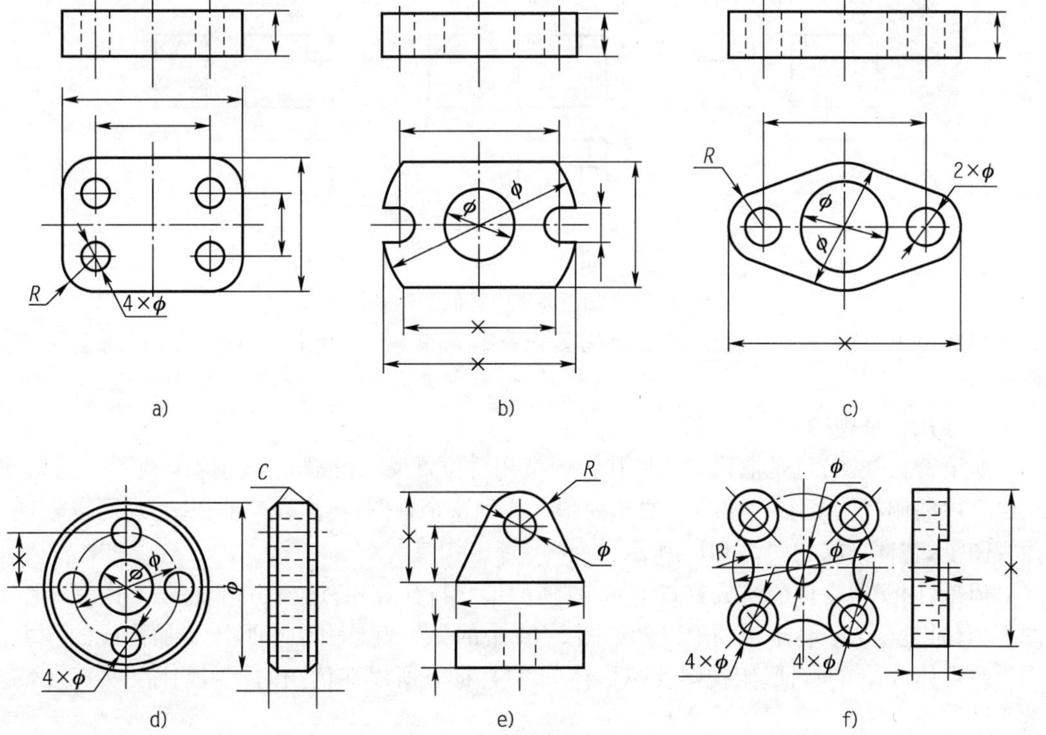

R 4×φ

a)

φ φ

b)

R 2×φ φ φ

c)

C φ 4×φ

d)

R φ

e)

φ R φ 4×φ 4×φ

f)

图5-11　常见结构的尺寸注法

第四节　组合体读图

画图和读图是学习本课程的两个重要环节。画图是把空间形体用正投影方法表达在平面上;而读图则是运用正投影方法,根据视图想象出空间形体的结构形状。所以,要能正确、迅速地读懂视图,必须掌握读图的基本知识和基本方法,培养空间想象能力和形体构思能力,并通过不断实践,逐步提高读图能力。

一、组合体读图基本知识

1. 几个视图联系起来看

一般情况下,一个视图不能完全确定物体的形状。如图 5-12 所示,它们主视图都相同,但实际上是五种不同形状的物体。

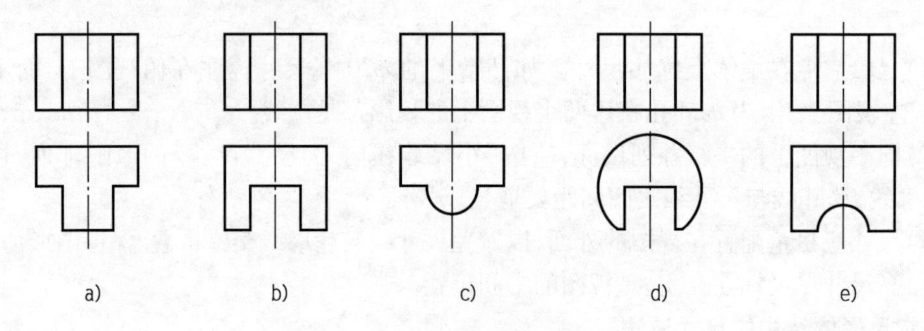

图 5-12　一个视图不能确定物体的形状

图 5-13 所示的三组视图,它们的主、俯视图都相同,但也表示了三种不同形状的物体。

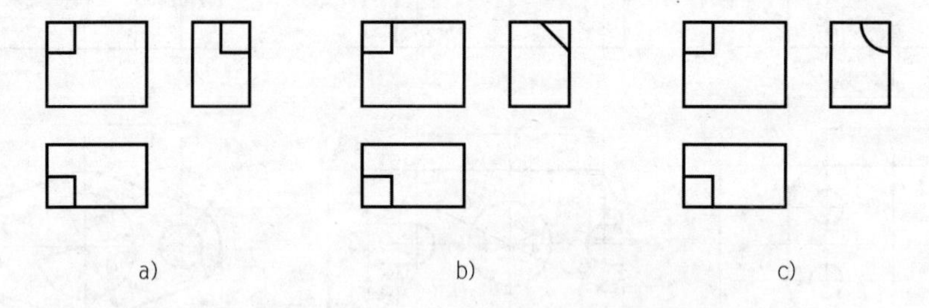

图 5-13　几个视图同时分析才能确定物体的形状

由此可见,读图时,一般要将几个视图联系起来阅读、分析和构思,才能弄清楚物体的形状。

2. 寻找特征视图

所谓特征视图,就是把物体的形状特征及相对位置反映得最充分的那个视图。例如,图 5-14a)中的俯视图及图 5-14a)中的左视图。找到这个视图,再配合其他视图,就可以较快读懂视图了,整体形状如图 5-14b)所示。

但是,由于组合体的组成方式不同,物体的形状特征及相对位置并非总是集中在一个视图上,有时是分散于各个视图上。例如图 5-14 中的支架就是由四个形体叠加构成的。主视图反映形体 *A*、*B* 的特征,俯视图反映形体 *D* 的特征。所以在读图时,要抓住反映特征较多的视图。

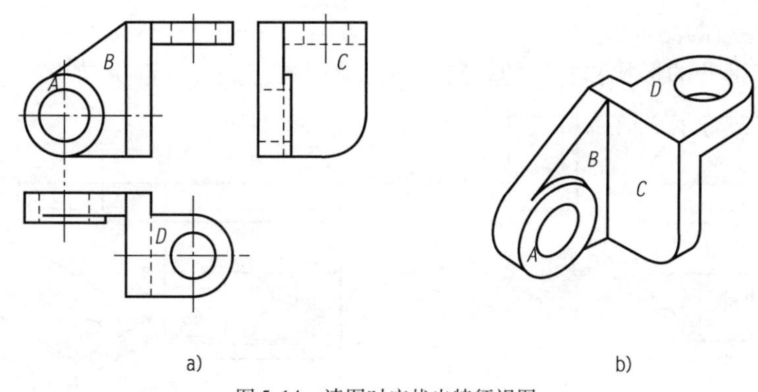

图 5-14　读图时应找出特征视图

3. 了解视图中的线框和图线的含义

弄清视图中线和线框的含义，是看图的基础。下面以图 5-15 为例说明。

视图中每个封闭线框，可以是形体上不同位置平面或曲面的投影，也可以是孔的投影。如图 5-15 中 *A*、*B* 和 *D* 线框为平面的投影，线框 *C* 为曲面的投影，而图 5-15 中俯视图的圆线框则为通孔的投影。视图中的每一条图线则可以是曲面的转向轮廓线的投影，如图 5-15 中直线 1 是圆柱的转向轮廓线；也可以是两表面的交线的投影，如图中直线 2（平面与平面的交线）、直线 3（平面与曲面的交线）；还可以是面的积聚性投影，如图中直线 4。

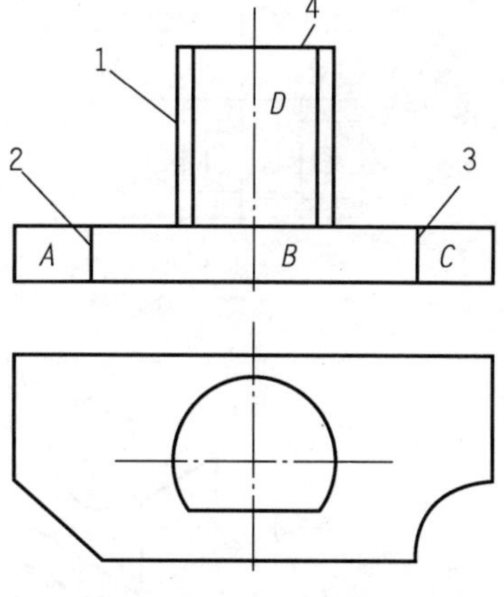

图 5-15　线框和图线的含义

任何相邻的两个封闭线框，应是物体上相交的两个面的投影，或是同向错位的两个面的投影。如图中 *A* 和 *B*、*B* 和 *C* 都是相交两表面的投影，*B* 和 *D* 则是前后平行两表面的投影。

二、读图的基本方法

1. 形体分析法

形体分析法是读图的基本方法。一般是从反映物体形状特征的主视图着手，对照其他视图，初步分析该物体是由哪些基本形体以及通过什么连接关系形成的。然后按投影特性逐个找出各基本体在其他视图中的投影，以确定各基本体的形状和它们之间的相对位置，最后综合想象出物体的总体形状。

下面以图 5-16 所示的轴承座为例，说明用形体分析法读图的方法。

（1）从视图中分离出表示各基本形体的线框。将主视图分为四个线框。其中线框 3 为左右两个完全相同的三角形，因此可归纳为三个线框。每个线框各代表一个基本形体，如图 5-16a）所示。

（2）分别找出各线框对应的其他投影，并结合各自的特征视图逐一构思它们的形状。

如图 5-16b）所示，线框 1 的主俯两视图是矩形。左视图是 *L* 形，可以想象出该形体是一块直角弯板，板上钻了两个圆孔。

如图 5-16c）所示，线框 2 的俯视图是一个中间带有两条直线的矩形。其左视图是一个矩形，矩形的中间有一条虚线，可以想象出它的形状是在一个长方体的中部挖了一个半圆槽。

如图 5-16d）所示，线框 3 的俯、左两视图都是矩形。因此它们是两块三角形板对称地分布在轴承座的左右两侧。

(3)根据各部分的形状和它们的相对位置综合想象出其整体形状,如图5-16e)、f)所示。

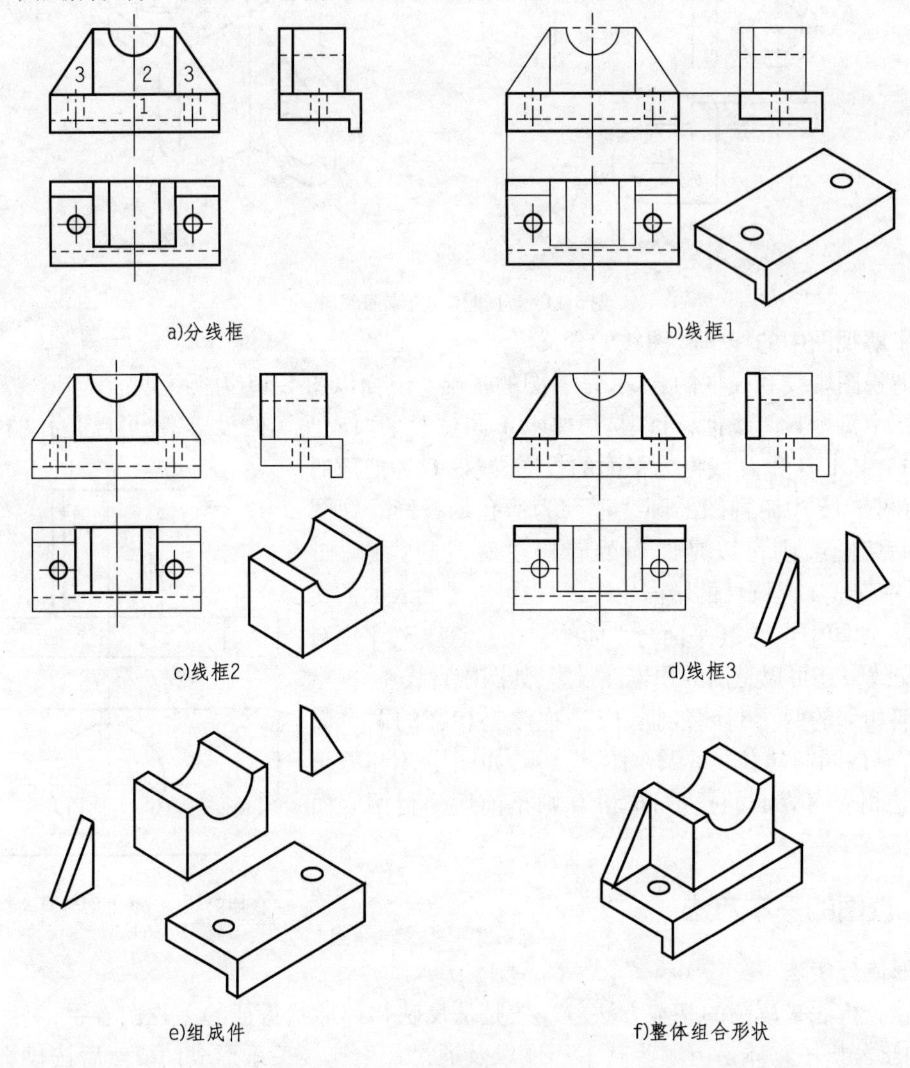

图5-16　轴承座的读图方法

2.线面分析法

当形体被多个平面切割、形体的形状不规则或在某视图中形体结构的投影重叠时,应用形体分析法往往难于读懂。这时,需要运用线、面投影理论来分析物体的表面形状、面与面的相对位置以及面与面之间的表面交线,并借助立体的概念来想象物体的形状。这种方法称为线面分析法。

下面以图5-17所示的压块为例,说明线面分析的读图方法。

1)确定物体的整体形状

根据图5-17a),压块三视图的外形均是有缺角和缺口的矩形,可初步认定该物体是由长方体切割而成且中间有一个阶梯圆柱孔。

2)确定切割面的位置和面的形状

(1)由图5-17b)可知,在俯视图中有梯形线框 a,而在主视图中可找出与它对应的斜线 a',由此可见 A 面是垂直于 V 面的梯形平面。长方体的左上角是由 A 切割而成,平面 A 对 W 面和 H

面都处于倾斜位置，所以它们的侧投影 a''和水平投影 a 是类似图形，不反映 A 面的真实形状。

(2)由图 5-17c)可知，在主视图中有七边形线框 b'，而在俯视图中可找出与它对应的斜线 b，由此可见 B 面是铅垂面。长方体的左端就是由这样的两个平面切割而成。平面 B 对 V 面和 W 面都处于倾斜位置，因而侧面投影 b'、b''也是类似的七边形线框。

(3)由图 5-17d)可知，从主视图上的长方形线框 d'入手，可找到 D 面的三个投影。由俯视图的四边形线框 c 入手，可找到 C 面的三个投影。从投影图上可知 D 面为正平面，C 面为水平面。长方体的前后两边就是由这样两个平面切割而成的。

3)综合想象其整体形状

搞清楚各截切面的空间位置和形状后，根据基本形体形状，各截切面与基本形体的相对位置，并进一步分析视图中的线、线框的含义，可以综合想象出整体形状，如图 5-17e)所示。

读组合体的视图常常是两种方法并用，以形体分析法为主，线面分析法为辅。

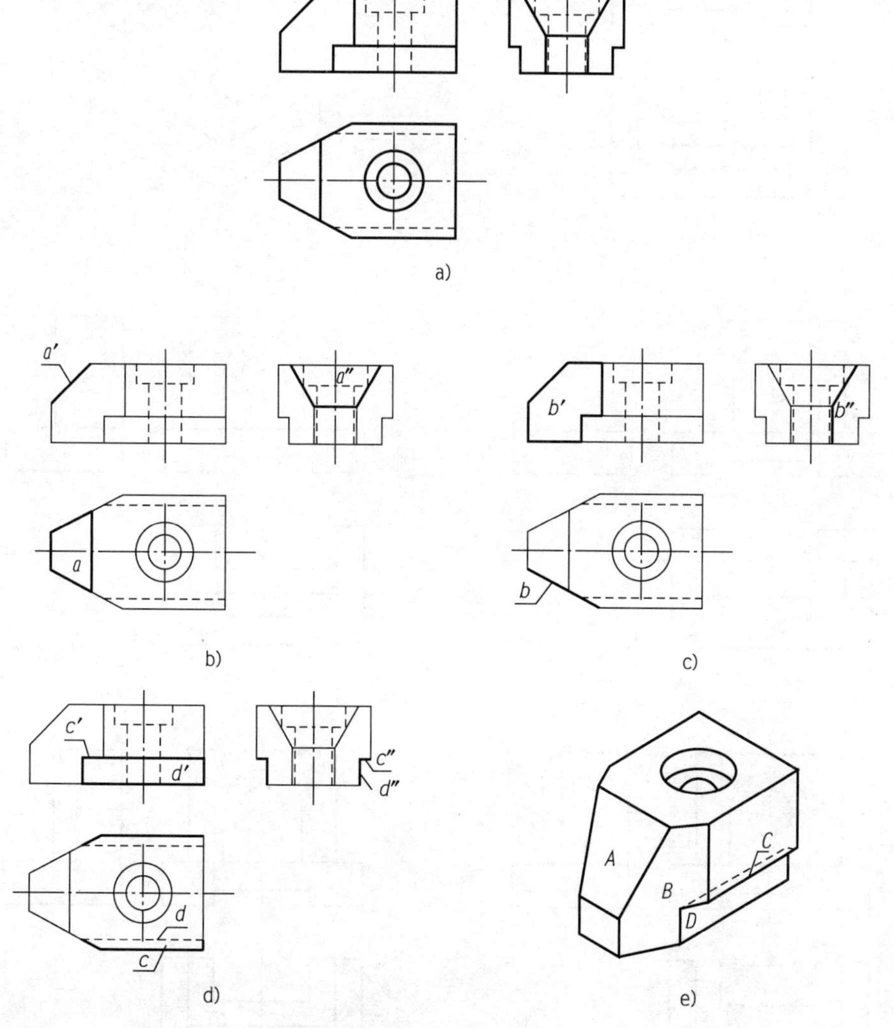

图 5-17　压块的读图过程

3. 补画第三视图法

根据两个视图补画第三视图，也是培养读图和画图能力的一种有效手段。现举例如下：

【例 5-1】 已知支座主、俯视图，求作其左视图，如图 5-18a)所示。

【解】(1)形体分析:在主视图上将支座分成三个线框,按投影关系找出各线框在俯视图上的对应投影:线框1是支座的底板,为长方形,其上有两处圆角,后部有矩形缺口,底部有一通槽;线框2是个长方形竖板,其后部自上而下开一通槽,通槽大小与底板后部缺口大小一致,中部有一圆孔;线框3是一个带半圆头四棱柱,其上有通孔。然后按其相对位置,想象出其形状,如图5-18b)所示。

(2)补画支座左视图:根据给出的两视图,可看出该形体是由底板、前半圆板和长方形竖板叠加后,切去一通槽,钻一个通孔而形成的。具体作图步骤如图5-18c)、d)、e)、f)所示。最后加深。

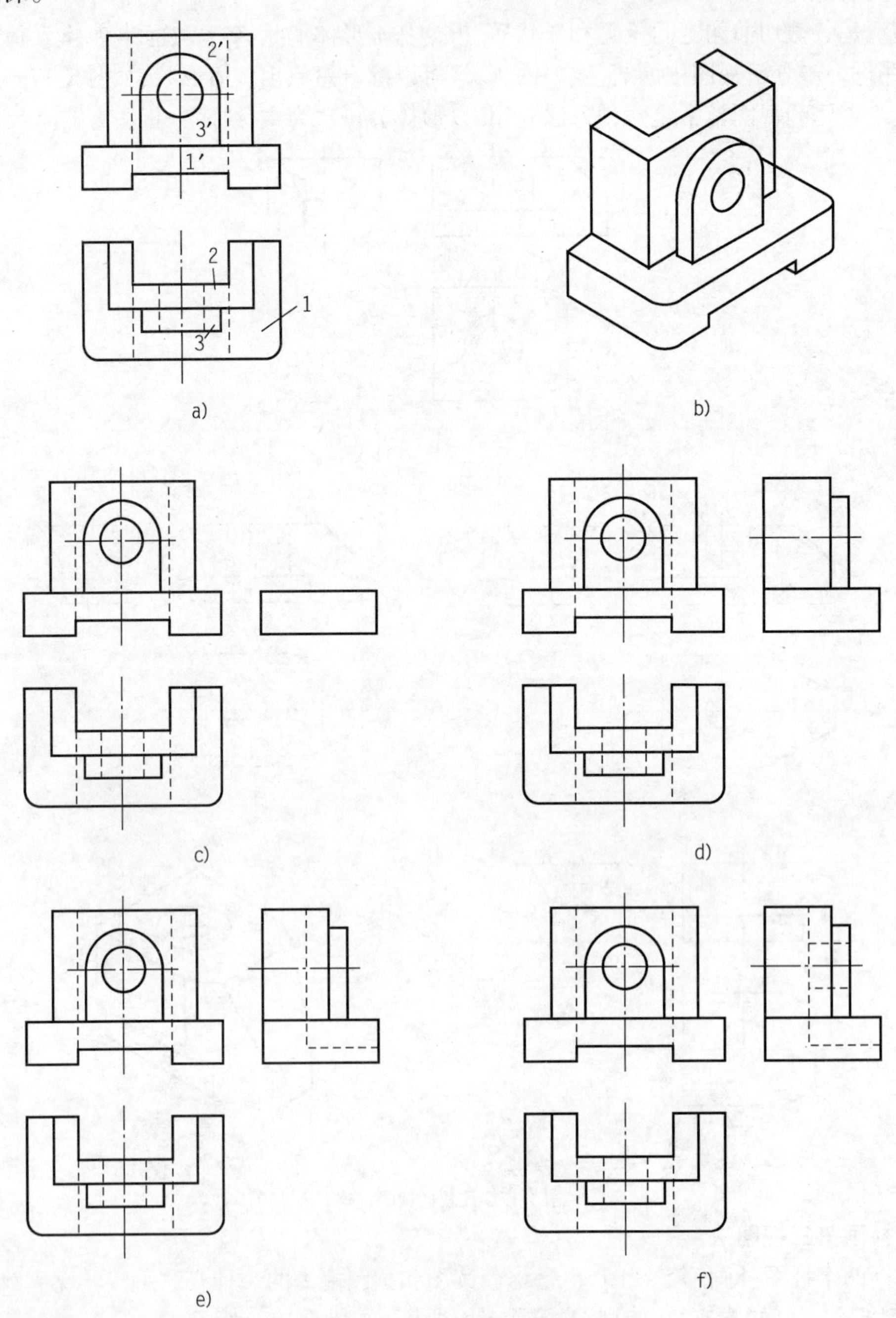

图5-18 补画支座第三视图

【**例 5-2**】 根据图 5-19 所示的俯视图、左视图想象物体形状，补画主视图。

【**解**】 (1)形体分析：本例没有给出主视图。从给出的两视图可以看出，俯视图反映了该物体较多的结构形状。因此从俯视图着手，将它分成左、中、右三个部分。根据宽相等的投影规律可知：物体的中部是开有阶梯孔的圆柱体，上方的前面被切去一大块；根据左视图上前方的交线形状，可看出圆筒上前方开有 *U* 形槽；物体的左边是一个拱形体，与圆筒外表面相交，其上开了一个圆柱孔，与圆筒内阶梯孔相交；物体右边是带圆弧形的底板，上面开有小孔，底板左端与圆筒外表面相切。

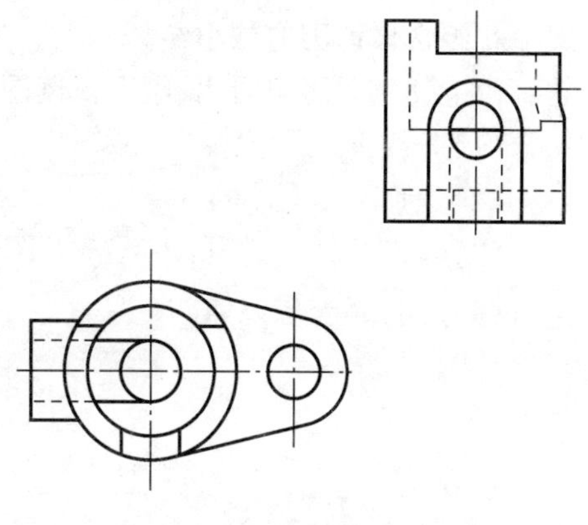

图 5-19 根据俯、左视图补画主视图

(2)补画主视图：根据以上分析可想象出该物体是由中间空心圆柱体、左侧拱形体和右侧圆弧形底板通过简单叠加形成的。依次画出这些形体，注意叠加和挖切时交线的画法，即可补画出主视图，如图 5-20a) ~ c)所示。最后检查加深，完成全图，如图 5-20d)所示。

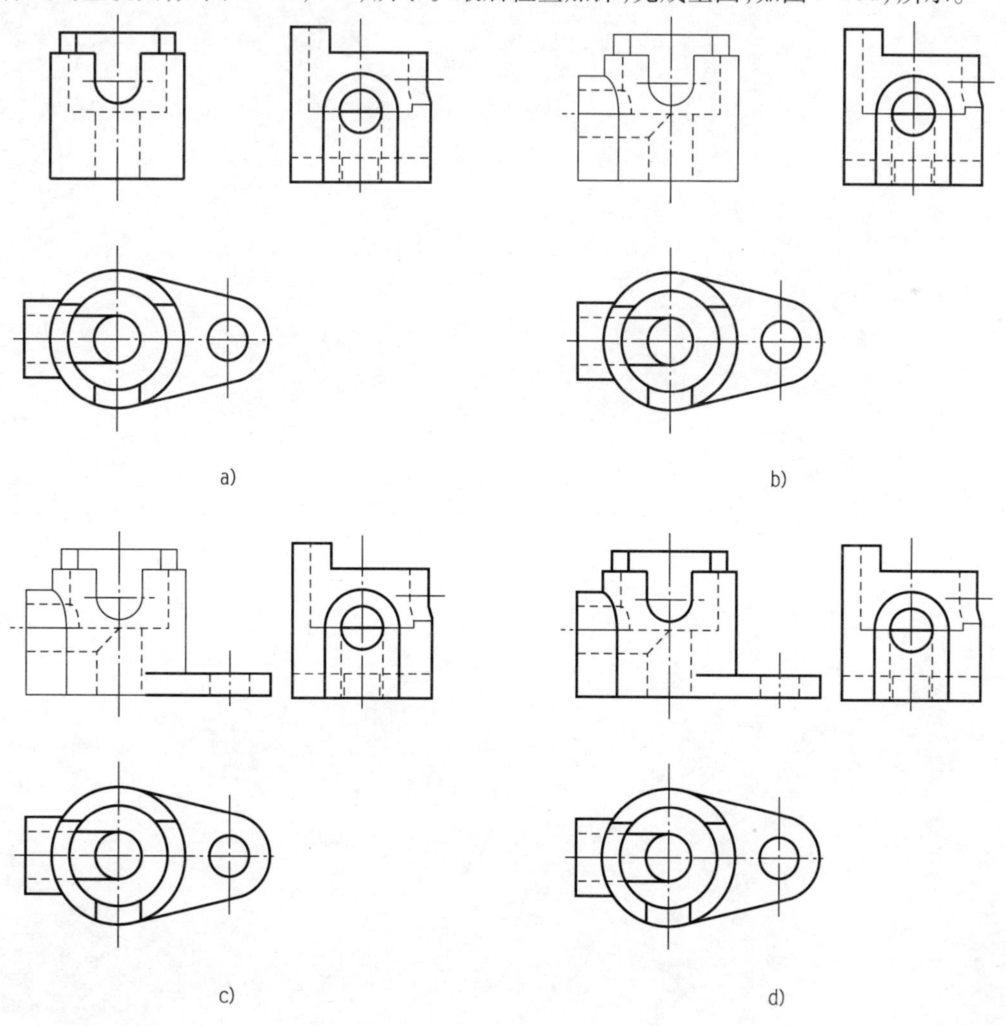

图 5-20 补画主视图

4. 组合体读图方法小结

由上述例题可以看出,组合体读图的一般步骤是:

(1)分线框,对投影;

(2)想形体,辨位置;

(3)线面分析攻难点;

(4)综合起来想整体。

第六章　机件常用的表达方法

在生产实际中，当机件的形状、结构比较复杂时，如果仍采用两视图或三视图来表达，则很难把机件的内外形状和结构准确、完整、清晰地表达出来。为了满足这些实际的表达要求，国家标准《技术制图》（GB/T 14689—2008）、《机械制图 图样画法 视图》（GB 4458.1—2002）中的“图样画法”规定了各种画法——视图、剖视图、断面图、局部放大、简化画法和其他规定画法等。本章着重介绍一些常用的表达方法。

第一节　视　　图

一、基本视图及其配置

对于形状比较复杂的机件，用两个或三个视图尚不能完整、清楚地表达它们的内外形状时，则可根据国标规定，在原有三个投影面的基础上，再增设三个投影面，组成一个正六面体，这六个投影面称为基本投影面，如图 6-1 所示。机件向基本投影面投射所得到的视图，称为基本视图。这样，除了前面已介绍的主视图、俯视图、左视图三个视图外，还有后视图——从后向前投射，仰视图——从下向上投射，右视图——从右向左投射。投影面按图 6-1 所示展开成同一平面后，基本视图的配置关系如图 6-2 所示。在同一张图纸内按图 6-2 配置视图时，可不标注视图的名称。

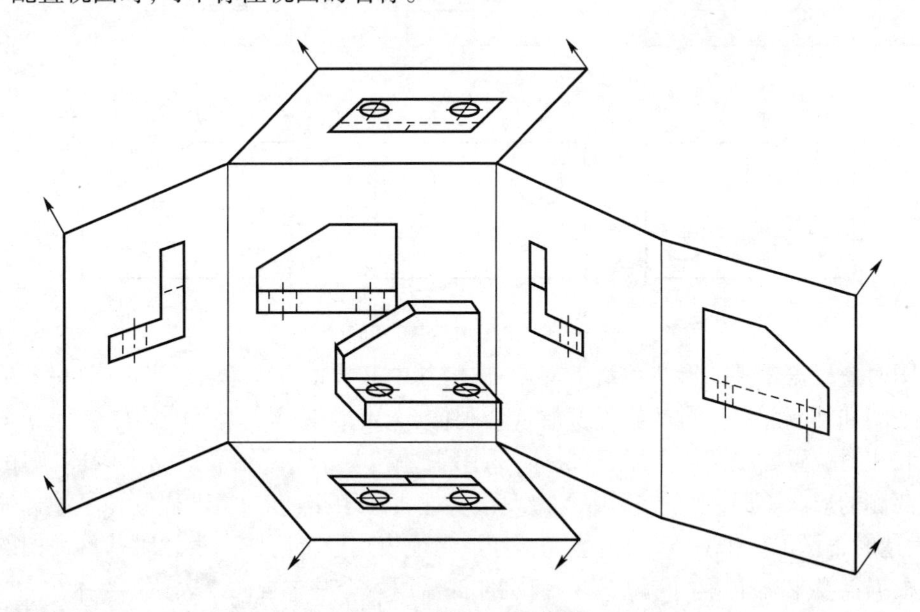

图 6-1　基本投影面及其展开

六个基本视图之间仍然符合长对正、高平齐、宽相等的投影规律。从图 6-2 中还可以看出，左视图和右视图的形状左右颠倒，俯视图和仰视图的形状上下颠倒，主视图和后视图也是左右颠倒。从视图中还可以看出机件前后、左右、上下的方位关系。

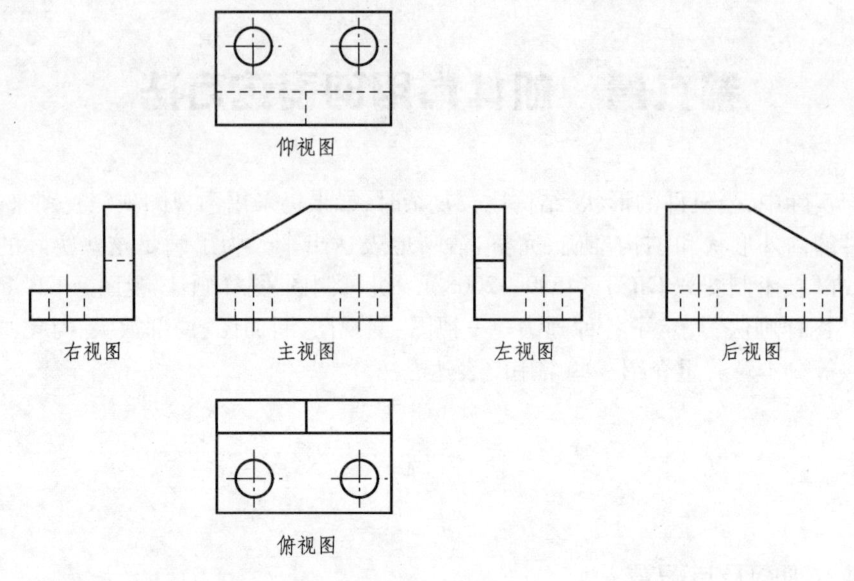

图 6-2　基本视图的配置

在实际制图时，由于考虑到各视图在图纸中的合理布局问题，如不能按图 6-2 配置视图或各视图不画在同一张图纸上时，应在视图的上方标出视图的名称“×”（这里“×”为大写拉丁字母代号）并在相应的视图附近用箭头指明投射方向，并注上同样的字母，这种视图称为向视图。向视图是可以自由配置的视图，如图 6-3 所示。

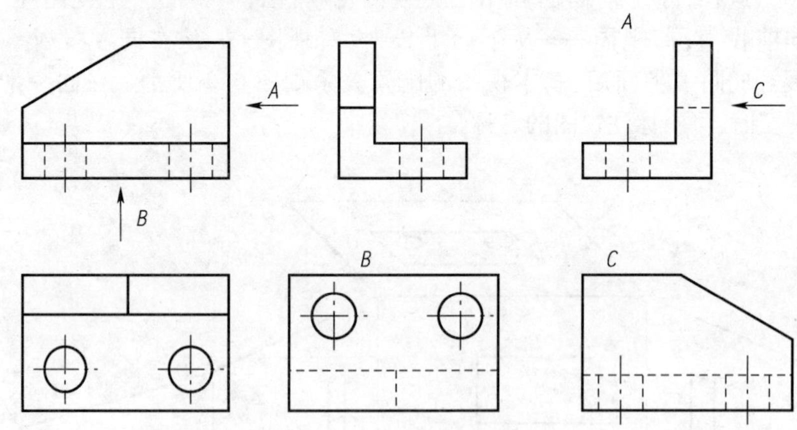

图 6-3　自由配置时基本视图的标注

制图时应根据零件的形状和结构特点，选用其中必要的几个基本视图。图 6-4 是一个阀体的视图和轴测图。按自然位置安放这个阀体，选定能够较全面反映阀体各部分主要形状特征和相对位置的视图作为主视图。如果用主、俯、左三个视图表达这个阀体，则由于阀体左右两侧的形状不同，则左视图中将出现很多虚线，影响图形的清晰程度和尺寸标注。因此，在表达时再增加一个右视图，就能完整和清晰地表达这个阀体。表达时基本视图的选择完全是根据需要来确定，而不是对于任何机件都需用六个基本视图来表达。

国家标准规定：绘制技术图样时，应首先考虑看图方便，还应根据机件的结构特点，选用适当的表示方法。在完整、清晰地表示物体形状的前提下，力求制图简便。视图一般只画机件的可见部分，必要时才画出其不可见部分。因此，在图6-4中采用四个视图，并在主视图中用虚线画出了显示阀体的内腔结构以及各个孔的不可见投影。由于将这四个视图对照起来阅读，已能清晰完整地表达出阀体的结构和形状，所以在其他三个视图中的不可见投影应省略。

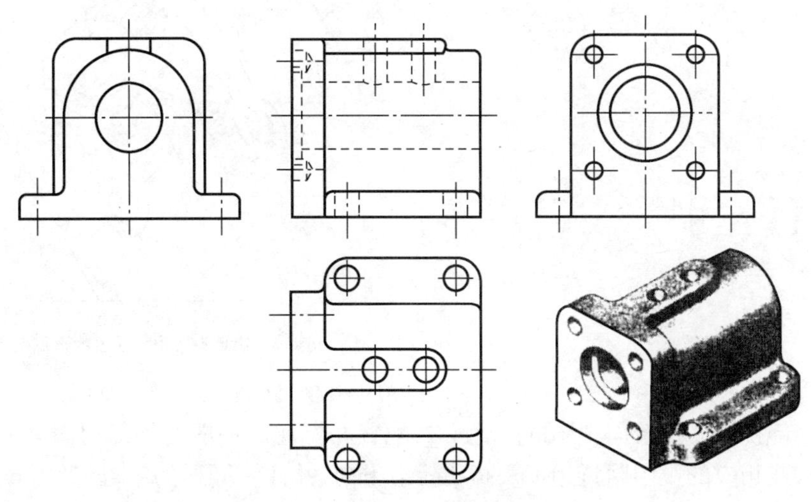

图6-4　阀体的视图和轴测图

二、斜视图和局部视图

1. 斜视图

图6-5a)是压紧杆的三视图。由于压紧杆的耳板是倾斜的，所以它的俯视图和左视图都不反映实形，表达不够清楚，画图又比较困难，读图也不方便。为了清晰地表达压紧杆的倾斜结构，可以如图5-5b)所示，加一个平行于倾斜结构的正垂面作为新投影面，沿垂直于新投影面的箭头A方向投射，就可以得到反映倾斜纬构实形的投影。这种将机件向不平行于基本投影面的平面投影所得到的视图称为斜视图。因为画压紧杆的斜视图只是为了表达其倾斜结构的实形，故画出其实形后，就可以用波浪线断开，不必画出其余部分的视图，如图6-5a)所示。

画斜视图时应注意：

(1)必须在视图的上方标出视图的名称“×”，在相应的视图附近用箭头指明投射方向，并注上同样的大写拉丁字母“×”，如图6-5a)的“A”。

(2)斜视图一般按投影关系配置，如图5-6a)，必要时也可配置在其他适当的位置，如图6-5b)所示。

(3)在不致引起误解时，允许将斜视图旋转配置，标注形式为“×”，表示该斜视图名称的大写拉丁字母应靠近旋转符号的箭头端，也允许将旋转角度标注在字母后，如图6-5b)所示。

(4)画出倾斜结构的斜视图后，通常用波浪线断开，不画其他视图中已表达清楚的部分。

2. 局部视图

将机件的某一部分向基本投影面投射所得到的视图称为局部视图。

画局部视图时应注意：

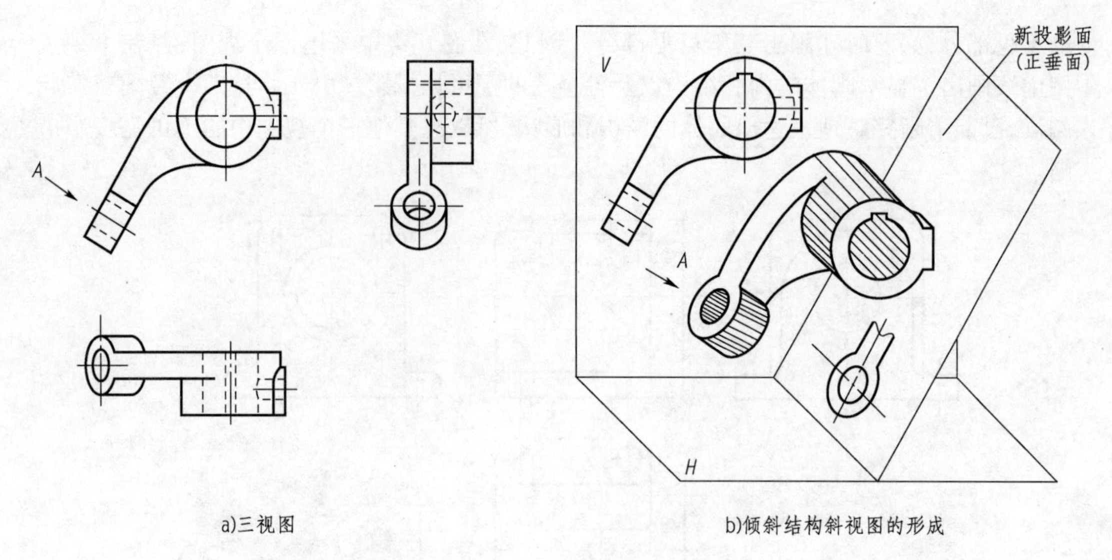

图 6-5　压紧杆的三视图及斜视图的形成

(1)画局部视图时可按向视图的配置形式配置并标注。一般在局部视图上方标出视图的名称"×",在相应的视图附近用箭头指明投射方向,并注上同样的字母,如图 6-6a)所示。当局部视图按基本视图的配置形式配置时,中间又没有其他图形隔开时,可以省略标注,如图 6-6b)中 B 局部视图和 6-6a)中的 C 局部视图均可省略标注。

(2)局部视图的断裂边界应以波浪线来表示,如图的且外轮廓又成封闭时,波浪线可省略不画,如图 6-6 中 C 局部视图。

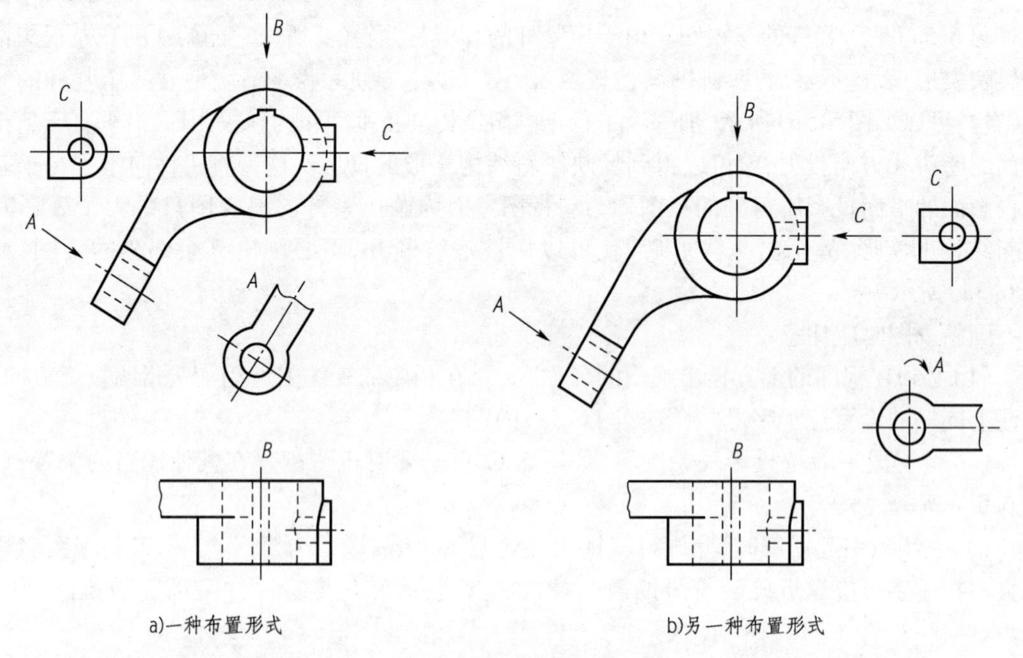

图 6-6　压紧杆的斜视图和局部视图

第二节　剖　视　图

用视图表达机件的结构形状时,机件内部不可见的部分是用虚线来表示的。当机件内部结构复杂时,视图上出现许多虚线。给看图的标注尺寸带来困难。为了将内部结构表达清楚,同时又避免出现虚线,可采用剖视图的方法来表达。

一、剖视图的概念

如图6-7所示,用假想的剖切面将机件剖开,将处在观察者和剖切平面之间的部分移去,而将其余部分向投影面投射所得到的视图,称之为剖视图。

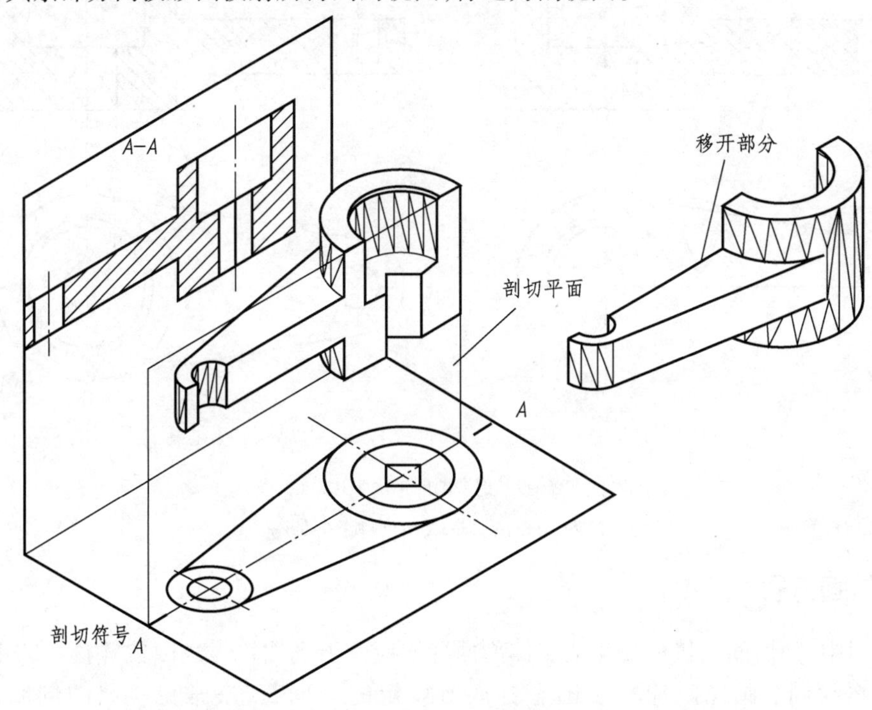

图6-7　剖视图的概念

二、画剖视图时应注意的几个问题

(1)如图6-8所示,确定剖面位置时一般选择所需表达的内部结构的对称面,并且平行于基本投影面。

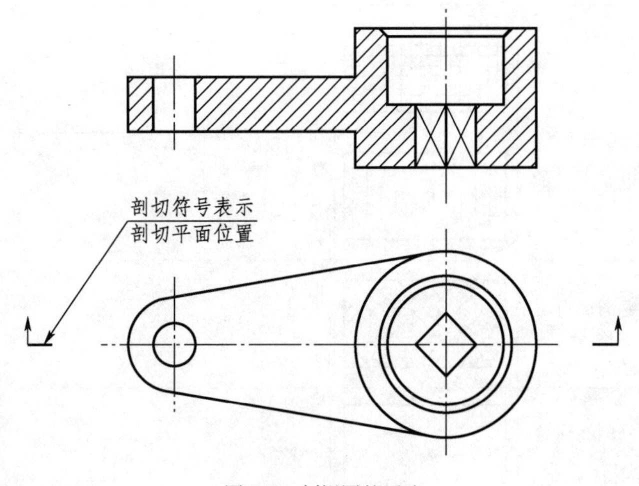

图6-8　剖视图的画法

(2)画剖视图时将机件剖开是假想的,并不是真正把机件切掉一部分,因此除了剖视图之外,并不影响其他视图的完整性,即不应出现图6-9a)中的俯视图只画出一半的错误。

(3)剖切后,留在剖切面之后的部分,应全部向投影面投射。只要是看得见的线、面的投影都应画出,如图6-9b)所示。应特别注意空腔中线、面的投影。

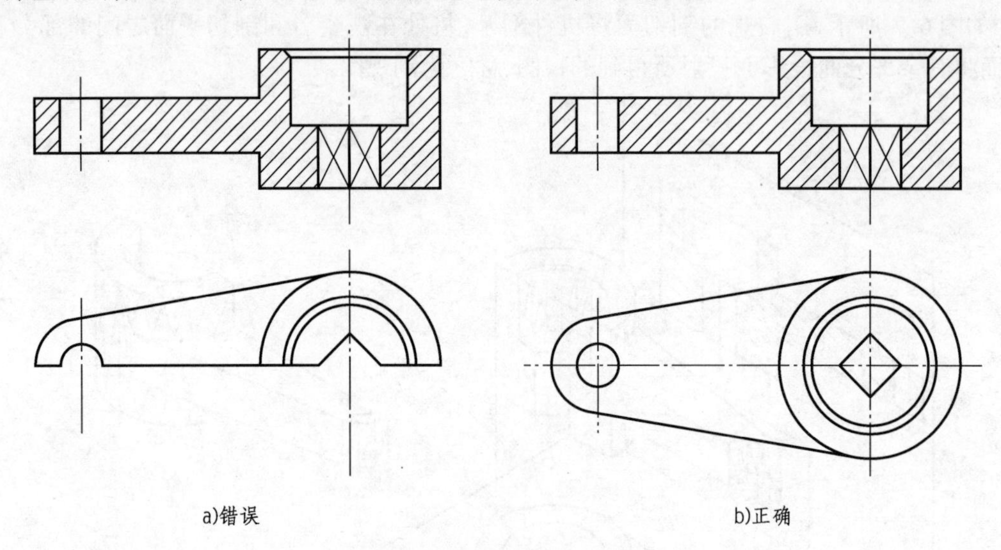

图6-9　剖视图的正确表达

(4)剖视图中,凡是已表达清楚的结构,虚线应省略不画。

三、剖面符号

剖视图中,剖切面与机件相交的实体剖面区域应画出剖面符号。因机件材料的不同,剖面符号也不相同。画图时应采用国家标准所规定的剖面符号,常见材料的剖面符号见表6-1。

剖面符号　　表6-1

材料	剖面符号	材料	剖面符号
金属材料(已有规定剖面符号者除外)		木质胶合板	
线圈绕组元件		基础周围的泥土	
转子、电枢、变压器和电抗器等的迭钢片		混凝土	
非金属材料(已有规定剖面符号者除外)		钢筋混凝土	
型砂、填砂、粉末冶金、砂轮、陶瓷刀片、硬质合金刀片等		砖	

续上表

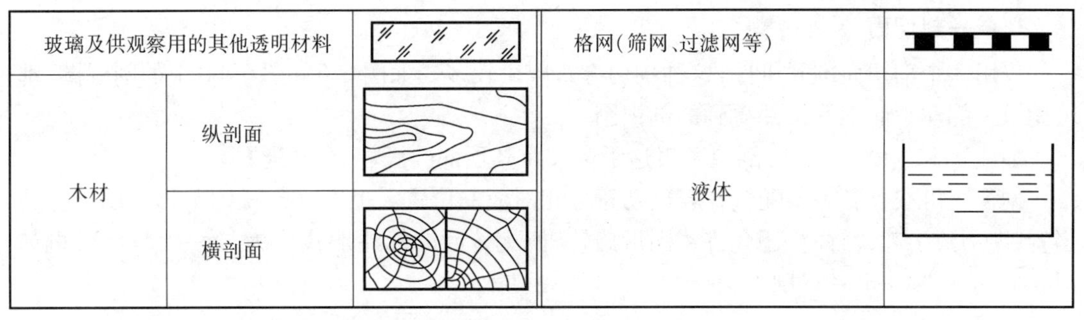

材料		剖面符号	材料	剖面符号
玻璃及供观察用的其他透明材料			格网（筛网、过滤网等）	
木材	纵剖面		液体	
	横剖面			

注：1. 剖面符号仅表示材料的类别，材料的代号和名称必须另行注明。

2. 迭钢片的剖面线方向，应与束装中迭钢片的方向一致。

3. 液面用细实线绘制。

不需在剖面区域中表示材料类别时，可采用通用剖面线表示。通用剖面线应以适当角度的细实线绘制，最好与主要轮廓线或剖面区域的对称线成45°角。

对于同一机件来说，在它的各剖视图和断面图中，剖面线倾斜的方向应一致，间隔要相同。

四、剖视图的标注

剖视图通常按投影关系配置在相应位置上，如图6-8所示，必要时可以配置在其他适当位置，一般应进行标注。标注的内容包括下述两方面内容：

1. 剖切符号

剖切符号用线宽1.5d（d为粗线宽度）、长5～10mm断开的实线，在相应视图上表示出位置。为了不影响图形的清晰，剖切符号应避免与图形轮廓线相交。剖切符号指示剖切面起、迄和转折位置（用粗短画表示）及投射方向（用箭头表示），如图6-10所示。

2. 剖视图的名称

在剖切符号起、迄和转折处注上相同的大写字母，然后在相应的剖视图上方仍采用相同大写字母，注成“×－×”形式，以表示该视图的名称。如图6-10中的“$A-A$”。

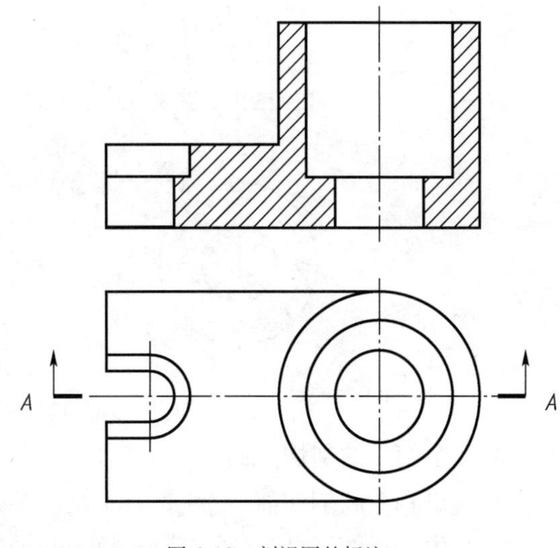

图6-10　剖视图的标注

在下列情况下，剖视图的标注内容可以简化或省略。

（1）当剖视图按投影关系配置，中间又没有其他图隔开时，可省略箭头。

（2）当单一剖切平面参过物体的对称平面或基本对称平面，且剖视图按投影关系配置，中间又没有其他图形隔开时，可省略标注字母，如图6-8所示。

五、剖切面的种类

由于物体的结构形状千差万别，因此画剖视图时，应根据物体的结构特点，选用不同的剖面，以便使物体的内部形状得到充分表现。

根据国家标准的规定,常用的剖切面有如下几种形式。

1. 单一剖切面

仅用一个剖切面剖开机件,这种剖切方式应用较多。如图 6-5 ~ 图 6-11 中的剖视图,都采用单一剖切平面剖开机件得到的剖视图。

如图 6-11 中的“A - A”剖视图表达了弯管及其顶部凸缘、凸台和通孔。

剖视图可按投影关系配置在与剖切符号相对应的位置。也可将剖视图平移至图纸的适当置,在不致引起误解时,还允许将图形旋转,但旋转后的标注形式应为“ × - × ↶”,例如图 6-13 中的“A—A ↶”剖视图。

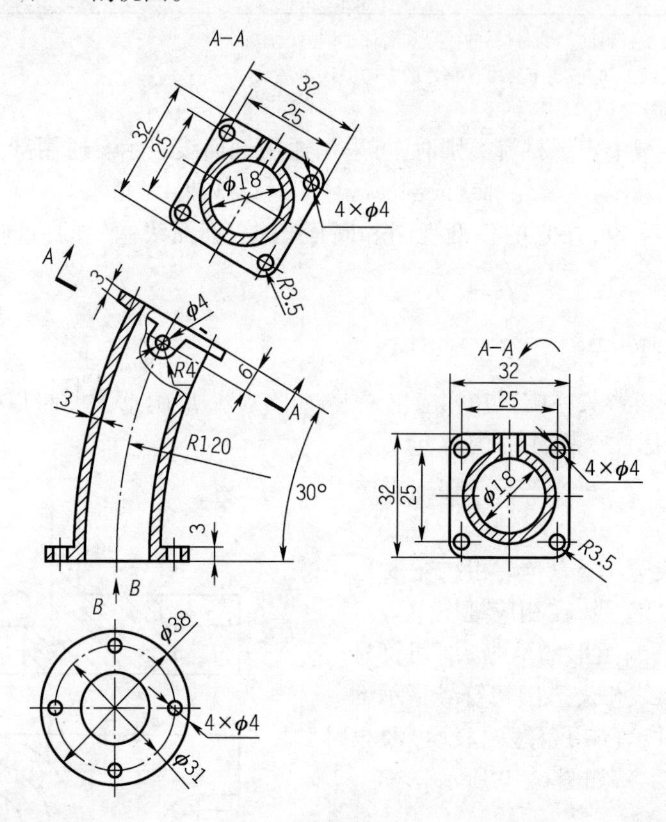

图 6-11　弯管的剖视图

2. 几个相交的剖切平面

用几个相交的剖切面(交线垂直于某一基本投影面)剖开机件,如图 6-12 所示。

画此类剖视图时,应将被剖切平面剖开的结构及其有关部分旋转到与选定的投影面平行,再进行投射。如图 6-12 所示的机件就是将下方倾斜截断面及被剖开的小圆孔都旋转到与侧平面平行,然后再投射。由于被剖开的小圆孔是经过旋转后再投射,因此,主、左视图中,小圆孔的投影不再保持原位置“高平齐”的关系。图 6-13 中摇臂采用这种剖视后,左边倾斜悬臂的真实长度,以及孔的结构,在剖视图中均能反映实形。

应注意的是:凡是没有被剖切平面剖到的结构,应按原来位置画出它们的投影。

3. 几个平行的剖切平面

当机件上具有几种不同的结构要素(如孔、槽等),而且它们的中心线排列在相互平行的平面上时,宜采用几个平行的剖切平面剖切。

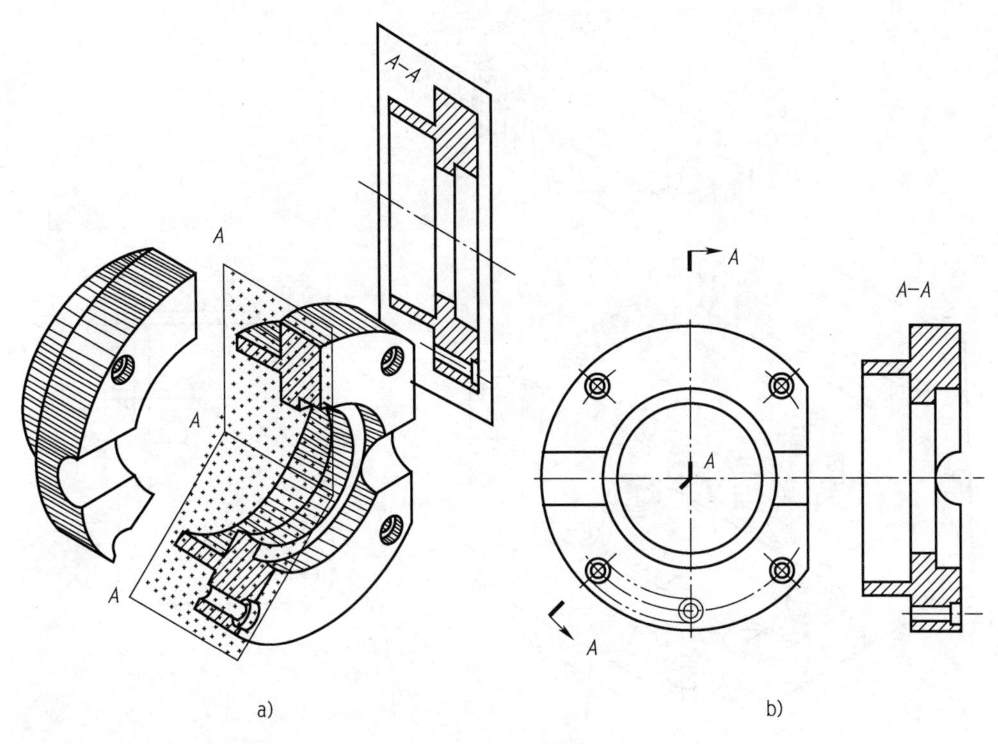

图 6-12　两相交的剖切面(一)

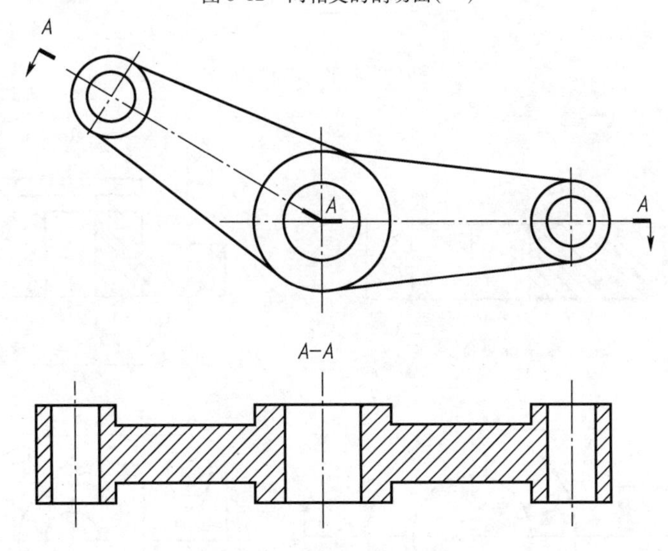

图 6-13　两相交的剖切面(二)

如图 6-14 所示的机件中,*U* 型槽和带凸台的孔是平行排列的,若用单一剖切面不能将孔、槽同时剖到。图中采用两个平行的剖切平面,分别把槽和孔剖开,再向投影面投射,这样就很简练地表达清楚了这两部分结构。

画此类剖视图时,应注意下述几点:

(1)剖视图上不允许画出剖切平面转折处的分界线,如图 6-15a)所示。

(2)不应出现不完整的结构要素,如图 6-15b)所示。只有当不同的孔、槽在剖视图中具有共同的对称中心线或轴线时,才允许剖切平面在孔、槽中心线或轴线处转折,如图 6-16 所示。

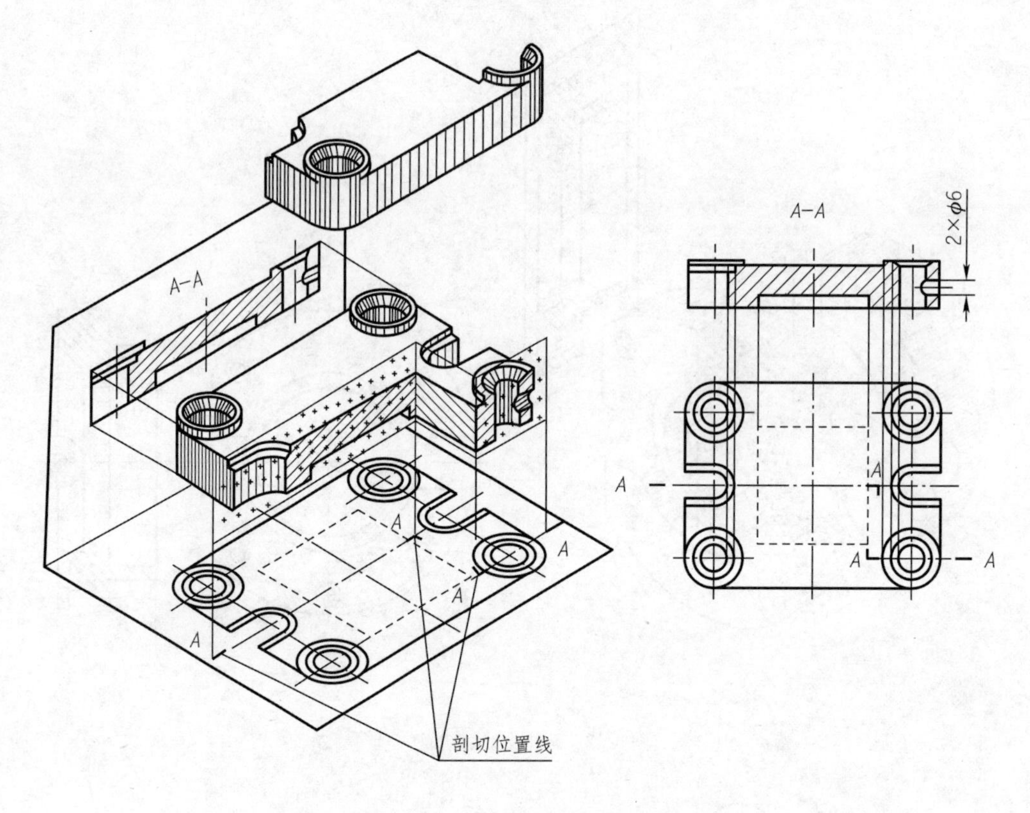

图 6-14　两平行的剖切面

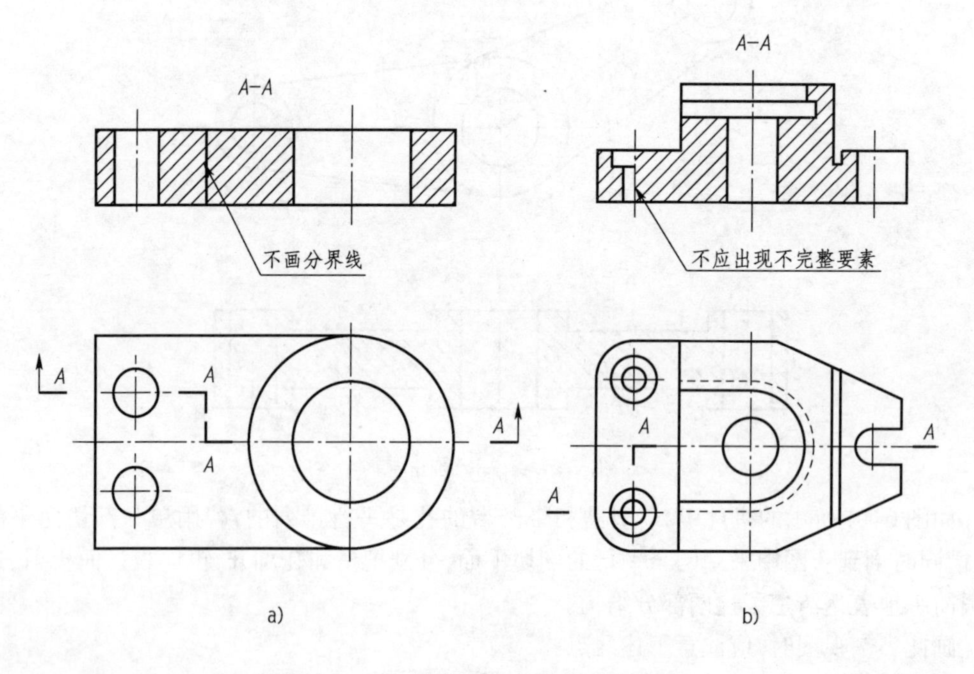

图 6-15　几个平行剖切平面作图时的常见错误

4. 复合的剖切平面

复合剖切面的剖切符号的画法和标注，与相交、平行剖切面的标注相同。在图 6-17 中，用复合剖切面画出了一个连杆的“$A-A$”全剖视图。又如图 6-18 中按主视图中剖切符号画出了“$A-A$”全剖视图。采用复合剖切面作图时通常用展开画法,图名应标注“×-×展开”,如图6-18所示。

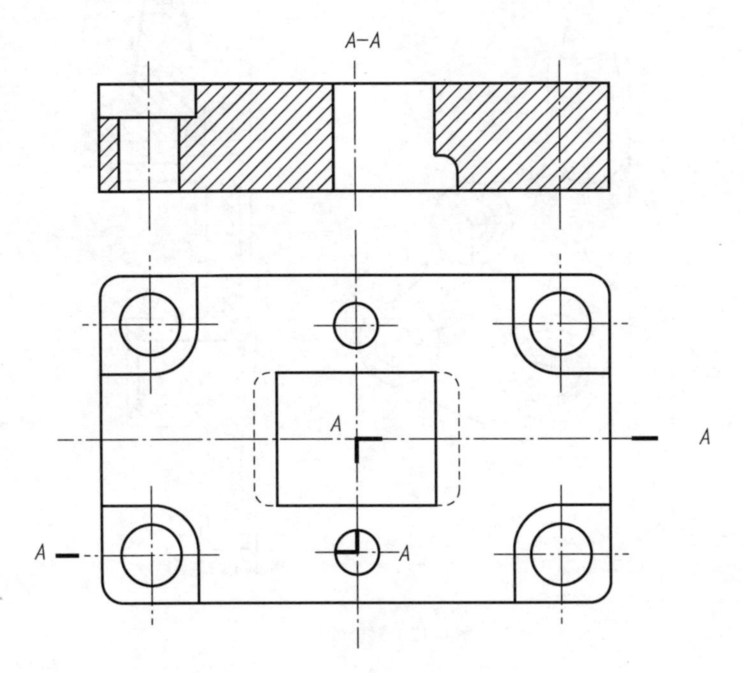

图6-16　模板的剖视图

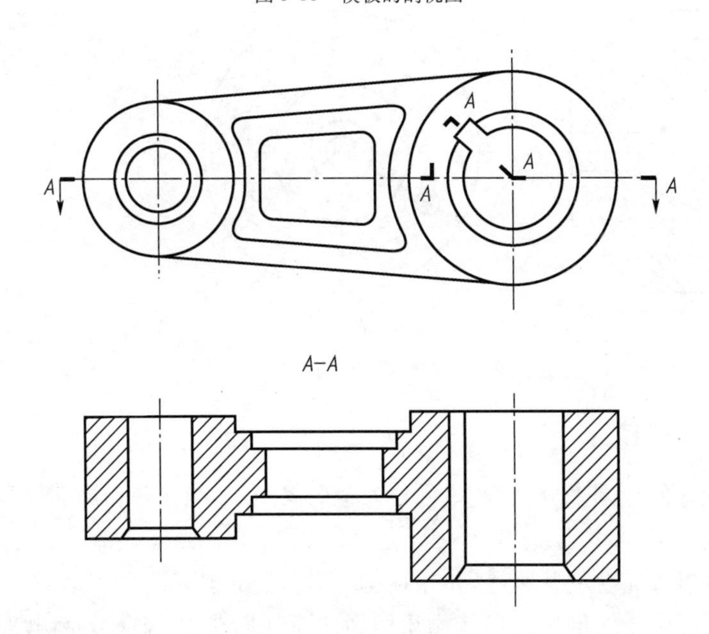

图6-17　复合的剖切面

5. 剖切柱面

剖切面一般采用平面,但也可采用曲面。在图6-19中所示的复合剖切面中,在右侧轴孔的轴线之左的正垂剖切面和水平剖切平面的转折处,就是按圆柱面剖切的概念作出的。图6-19中的$A-A$剖视图是用平面剖切后得到的,而$B-B$剖视图是用圆柱面剖切后按展开画法画出的。国标规定:采用柱面剖切机件时,剖视图应按展开画法绘制。

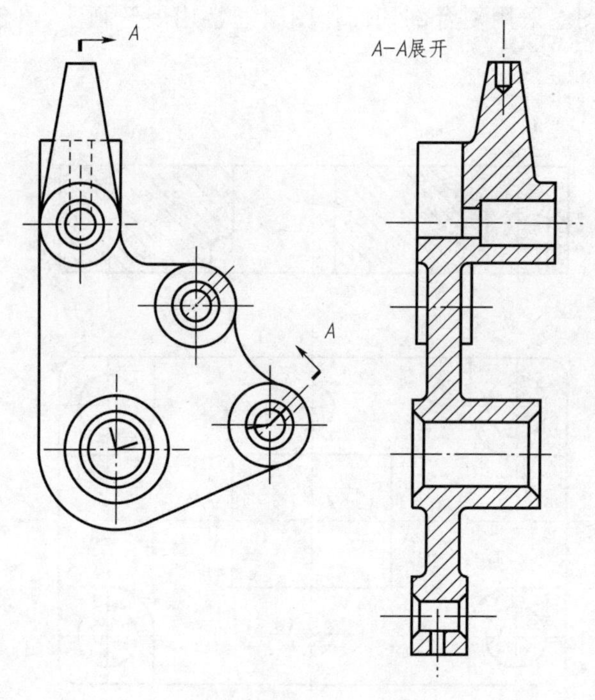

图 6-18　复合的剖切面

图 6-19　剖切柱面

六、剖视图的种类

按机件被剖开的范围来分，剖视图可分为全剖视图、半剖视图和局部剖视图三种。

1. 全剖视图

用剖切面将机件完全剖开所得到的剖视图，称为全剖视图。

全剖视图可以由单一剖切面和其他几种剖切面剖切获得，前面图例出现的剖视图都属于全剖视图。

由于画全剖视图时将机件完全剖开，机件的外形结构在全剖视图中不能充分表达，因此全剖一般适用于外形较简单的机件。对于外形结构较复杂的机件若采用全剖时，其尚未表达清楚的外形结构可以采用其他视图表示。

2. 半剖视图

当机件具有对称平面，向垂直于对称平面的投影面上投射时，以对称中心线为界，一半画成剖视图，另一半画成视图，这种图形叫半剖视图。

半剖视图既表达了机件的外形，又表达了其内部结构，它适用于内、外形状都需要表达的对称机件。

如图6-20所示的机件，左、右对称，前、后对称，因此主视图和俯视图都可以画成半剖视图。

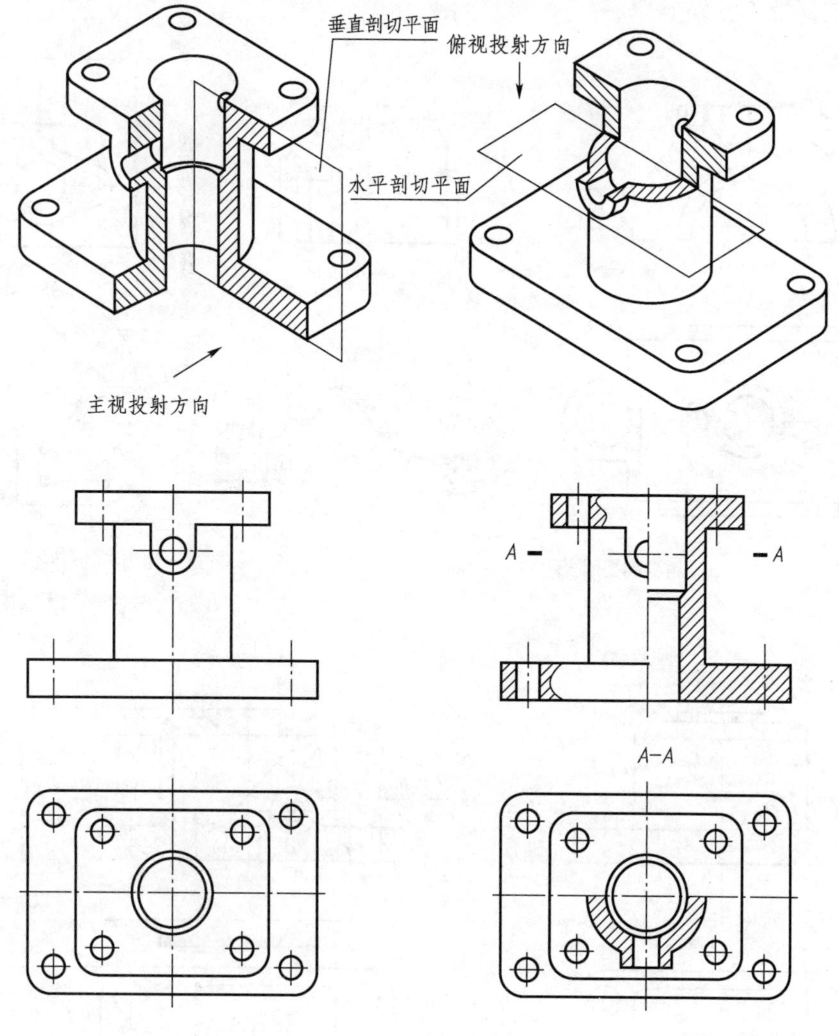

图6-20　半剖视图

画半剖视图时，应注意以下几点：

（1）只有当物体对称时，才能在与对称面垂直的投影面上作半剖视图。但当物体基本对称，而不对称的部分已在其他视图中表达清楚，这时也可以画成半剖视图。

如图6-21所示机件除顶部凸台外，其左右是对称的，而凸台的形状在俯视图中已表示清楚，所以主视图仍可画成半剖视图。

（2）在表示外形的半个视图中，一般不画虚线。

（3）半个剖视图和半个视图必须以细点画线分界。如果机件的轮廓线恰好与细点画线重合，则不能采用半剖视图。此时应采用局部剖视图，如图6-22所示。

3. 局部剖视图

用剖切平面局部剖开机件所得的视图，称为局部剖视图。

图 6-23 为箱体的二个视图。通过箱体的形状结构分析可以看出：顶部有一个矩形孔，底部是一块具有四个安装孔的底板，左下面有一个轴承孔。从箱体所表达的两个视图可以看出：上下、左右、前后都不对称。为了使箱体的内部和外部都能表达清楚，它的二视图也不宜用全剖视图表达，也不能用半剖视图表达，而局部地剖开这个箱体为好，既能表达清楚内部结构又能保留部分外形。

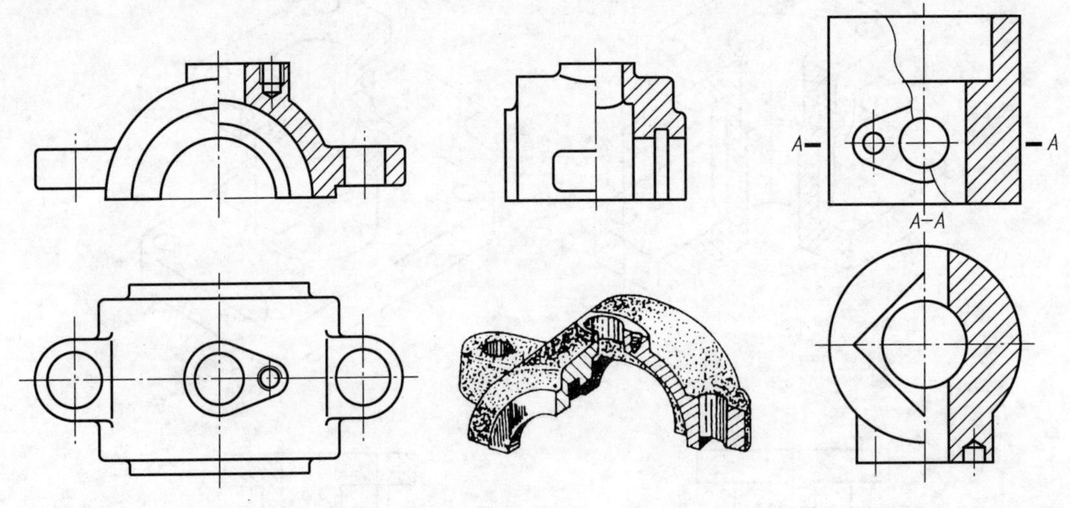

图 6-21　用半剖视图表示基本对称的机件

图 6-22　内轮廓线与中心线重合，不宜作半剖视图

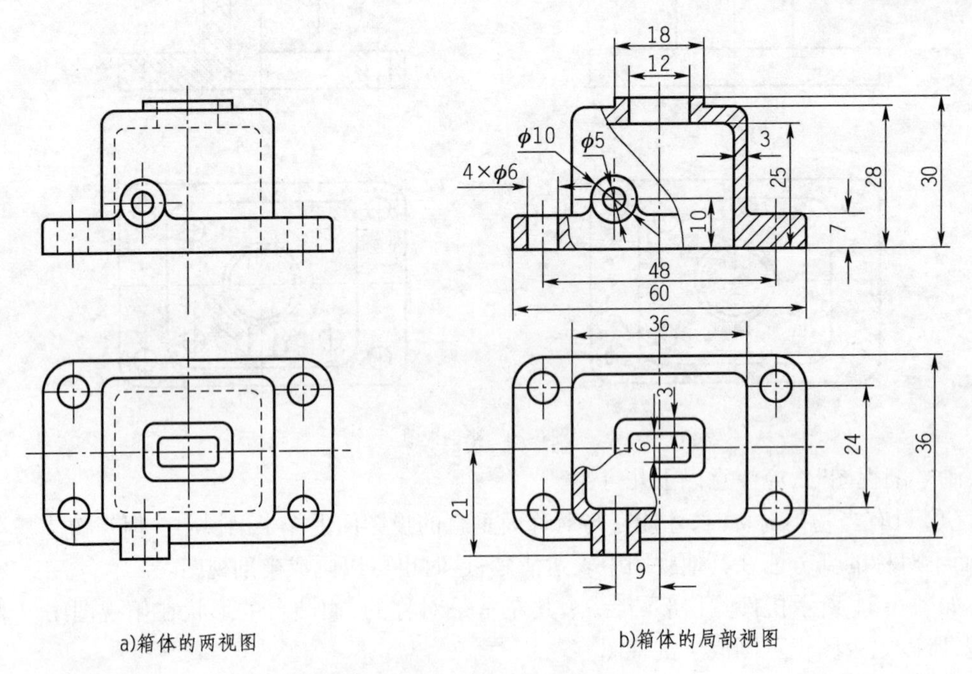

a)箱体的两视图

b)箱体的局部视图

图 6-23　局部剖视图的画法示例

画局部剖视图时，应注意以下几点：

(1)局部剖视图中，可用波浪线作为剖开部分和未剖部分的分界线。画波浪线时，不应与其他图线重合。若遇孔、槽等空洞结构，则不应使波浪线穿空而过，也不允许画到轮廓线之外，如图 6-24 所示。

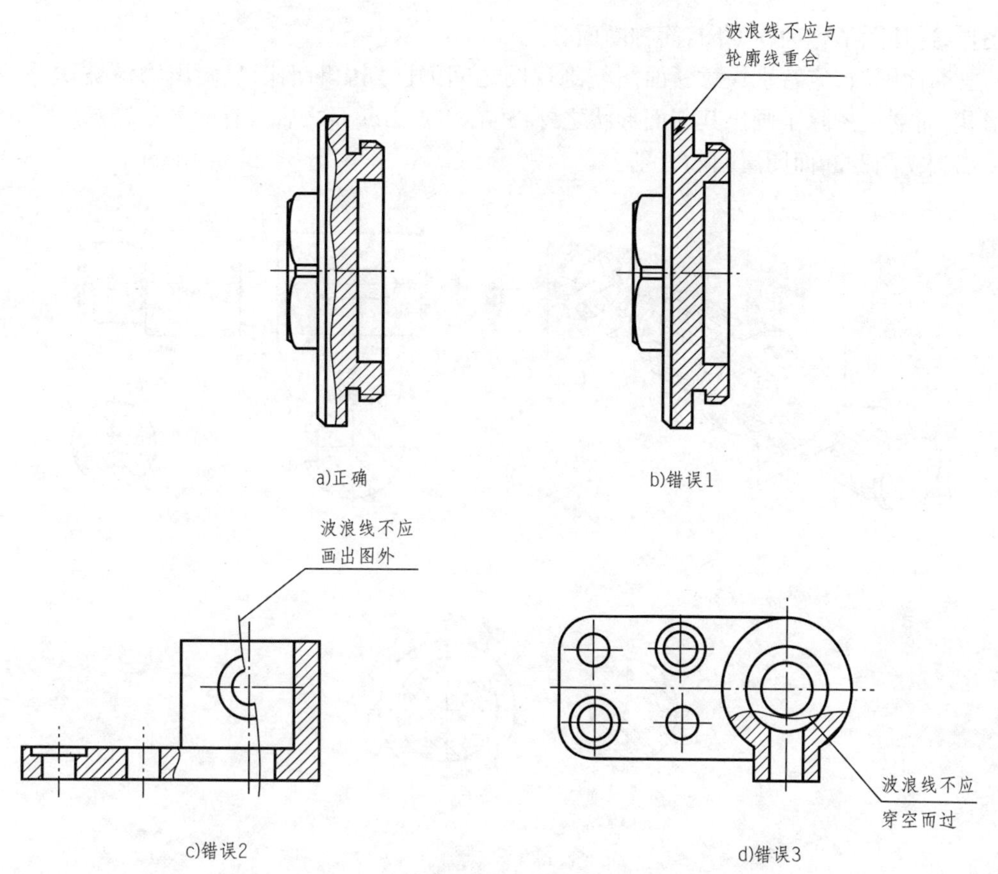

图 6-24　波浪线的错误画法

(2)当被剖切的结构为回转体时,允许将该结构的中心线作为局部剖视与视图的分界线,如图 6-25 所示。

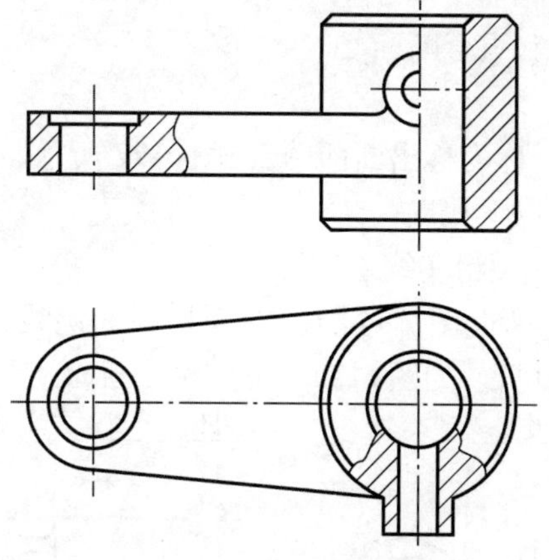
图 6-25　中心线作为局部剖视和视图的分界线

第三节　断　面　图

一、断面图的概念

如图 6-26 所示,用剖切面假想地将物体的某处断开,仅画出该剖切面与物体接触部分的图形，这种图形称为断面图，简称断面。

画断面图时，应特别注意断面图与剖视图之间的区别。断面图只画出物体被切处的断面形状，而剖视图除了画出其断面形状之外，还必须画出断面之后所有的可见轮廓。图 6-26 表示出剖视图和断面图之间的区别。

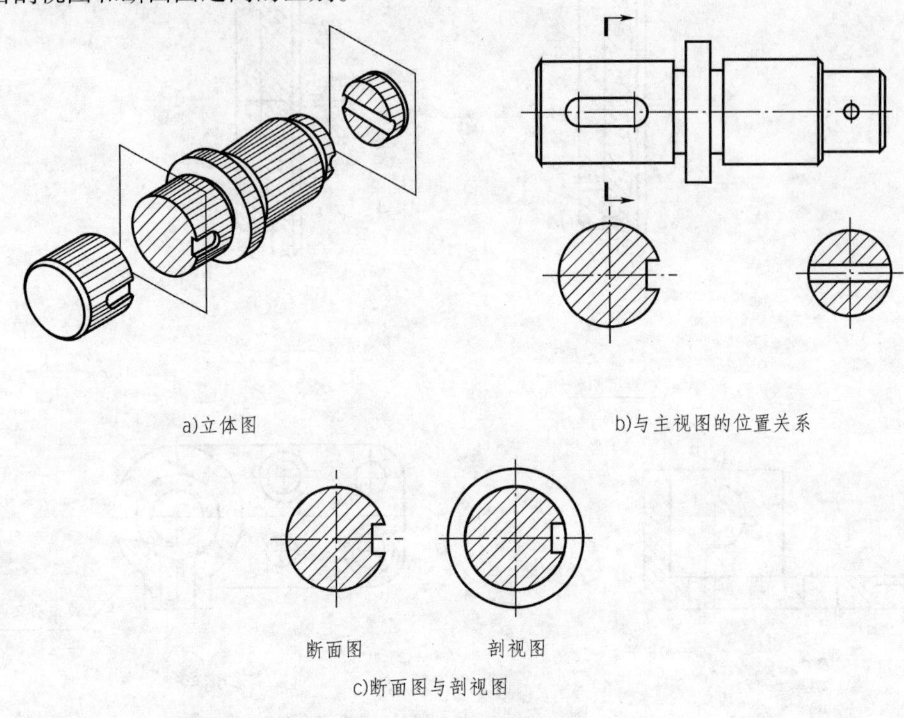

图 6-26　断面图与剖视图的区别

二、断面图的种类

断面图可分为移出断面和重合断面。

1. 移出断面图

画在视图之外的断面图，称为移出断面图，如图 6-27 所示。

画移出断面图时应注意以下几点：

(1)移出断面图的轮廓线用粗实线绘制。

(2)为了读图方便，移出断面图尽可能画在剖切平面迹线的延长线上，如图 6-26b)所示。必要时可画在其他适当位置，如图 6-27 中的 $A-A$ 断面。

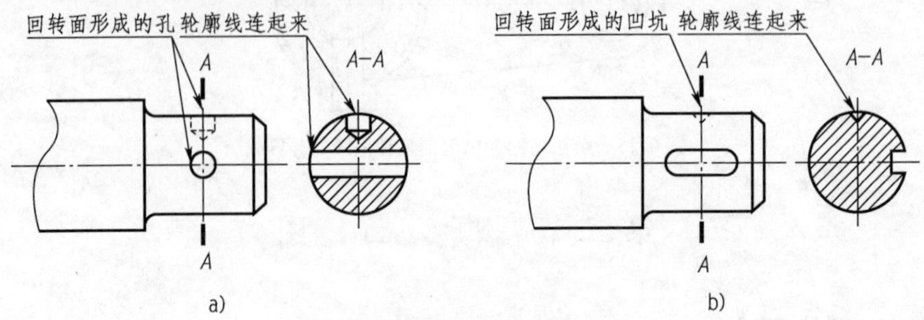

图 6-27　移出断面图的画法

(3)当剖切平面通过由回转面形成的孔或凹坑等结构的轴线时，这些结构应按剖视图画出，如图 6-27 所示的 $A-A$ 视图。

（4）剖切平面一般应垂直于被剖切部分的主要轮廓线。当遇到肋板结构时，可用两个相交的剖切平面，分别垂直于左右肋板进行剖切。这时所画的断面图，中间用波浪线断开，如图 6-28 所示。

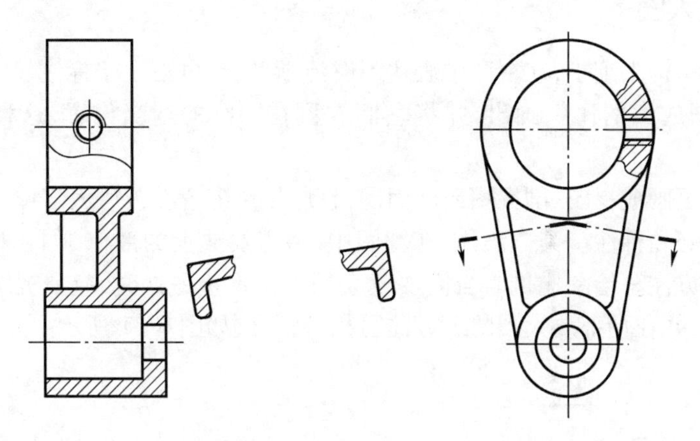

图 6-28　用两个相交且垂直于肋板的平面剖切出的断面图

（5）移出断面的标注应掌握以下几点：

①当断面图画在剖切线的延长线上时，如果断面图是对称图形，可完全省略标注；若断面图形不对称则须用剖切符号表示剖切位置的投射方向，如图 6-27b）所示。

②当断面图不是放置在剖切位置的延长线上时，不论断面图形是否对称，都应画出剖切符号，用大写字母标注断面图名称。

2. 重合断面

剖切后将断面图形重叠在视图上，这样得到的断面图，称为重合断面图。

重合断面图的轮廓线规定用细实线绘制。当视图中的轮廓线与重合断面图重叠时，视图中的轮廓线仍应画出，不可间断，如图 6-29 所示。重合断面图若为对称图形，可省略标注，如图 6-30 所示；若图形不对称，则应注出剖切符号和投射方向，如图 6-29b）所示。

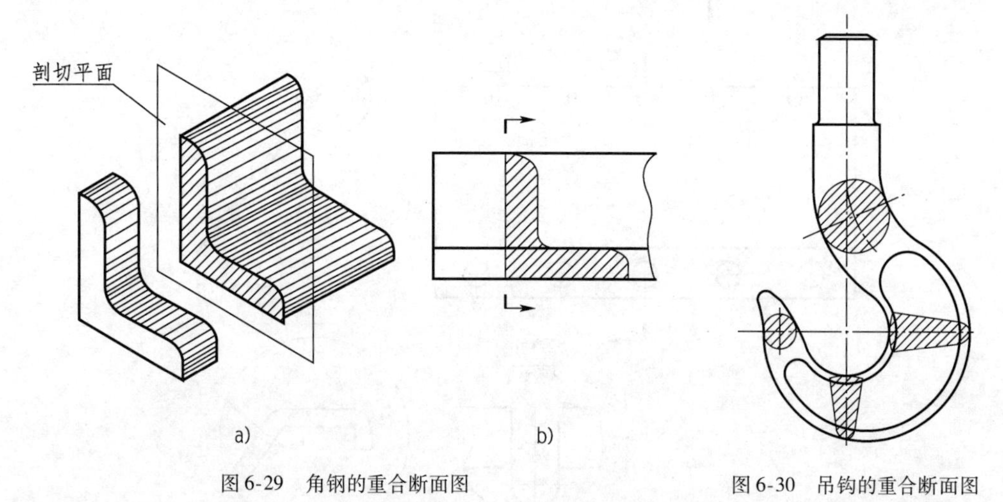

图 6-29　角钢的重合断面图　　图 6-30　吊钩的重合断面图

重合断面是重叠画在视图上，为了重叠后不至影响图形的清晰程度，一般多用于断面形状较简单的情况。

第四节 其他表达方法

一、局部放大图

机件上有些结构太细小，在视图中表达不够清晰，同时也不便于标注尺寸。对这种细小结构，可用比原图放大的比例画出，并将它们放置在图纸的适当位置，这种图称为局部放大图。

局部放大图可画成视图、剖视图或断面图，且应尽量配置在被放大部位的附近。

局部放大图必须标注。其方法是：在视图中，将需要放大的部位画上细实线圆，然后在局部放大图的上方注写绘图比例。当需要放大的部位不止一处时，应在视图中对这些部位用罗马数字编号，并在局部放大图的上方注写相应编号，如图 6-31 所示。

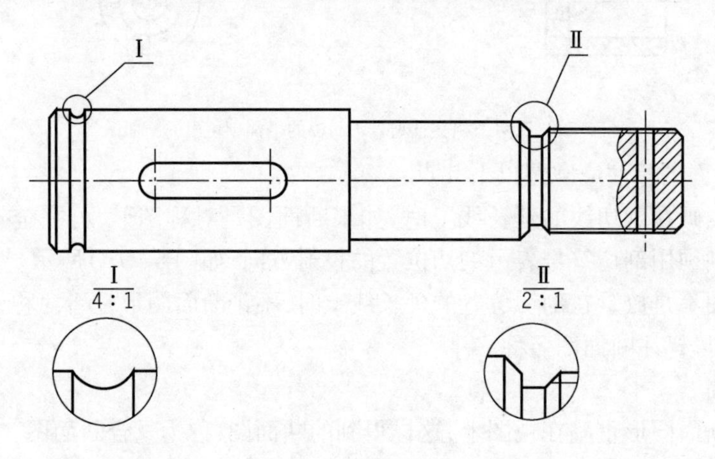

图 6-31 局部放大图

同一机件上不同部位的局部放大图，当图形相同或对称时只需画出一个，必要时可用几个图形表达同一被放大部分结构，如图 6-32 所示。

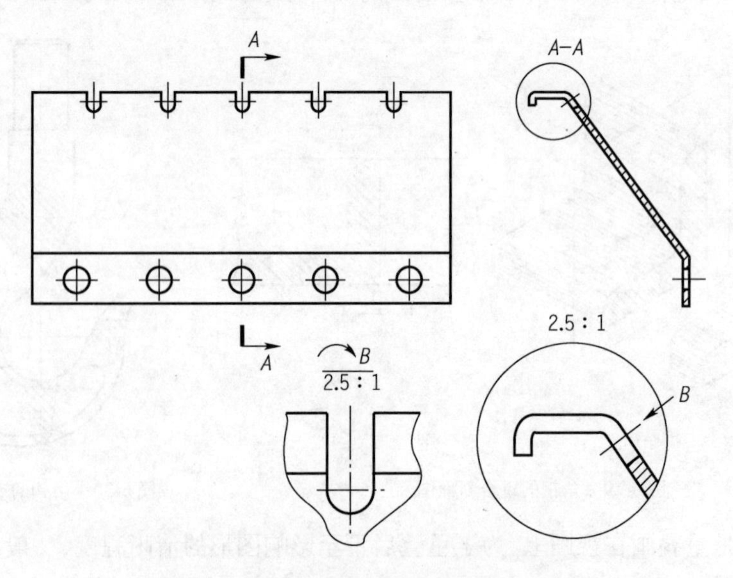

图 6-32 用几个局部放大图表达一个放大结构

二、简化画法与规定画法

(1)对于机件的肋、轮辐用薄壁等,如按纵向剖切,这些结构都不画剖面符号,而用粗实线将它与邻接部分分开。但剖切平面横向剖切这些结构时,则应画出剖面符号,如图6-33、图6-34所示。

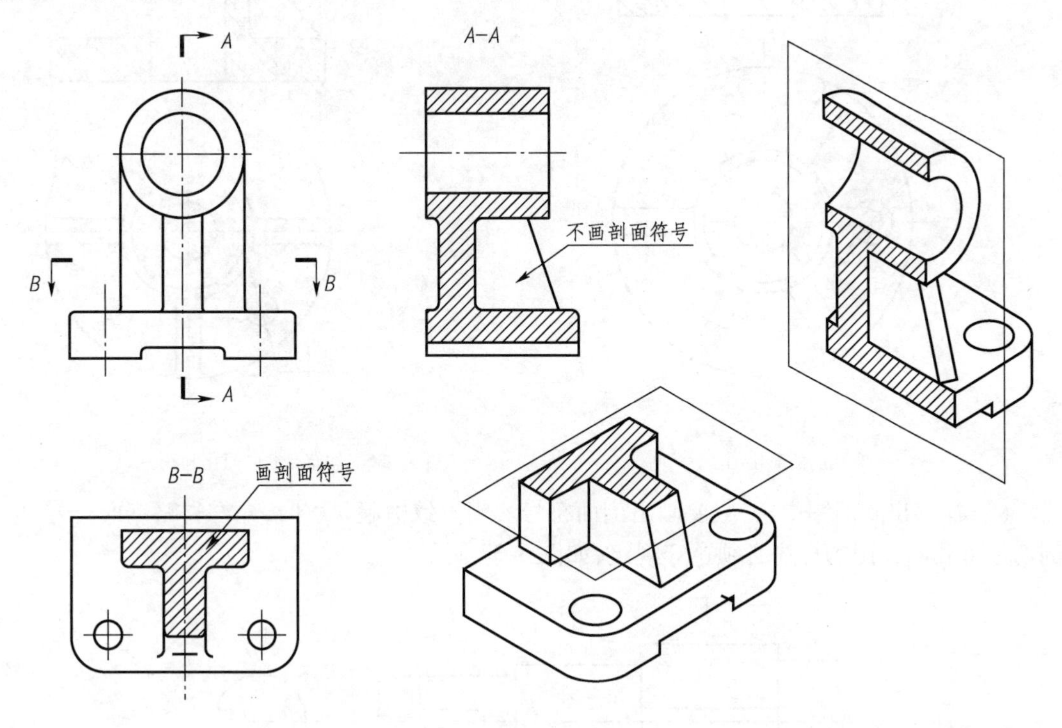

图6-33 肋的规定画法

(2)当回转体上均匀分布的肋、轮辐、孔等结构为处于剖切平面时,可将这些结构旋转到剖切平面上画出,如图6-34~图6-36所示。

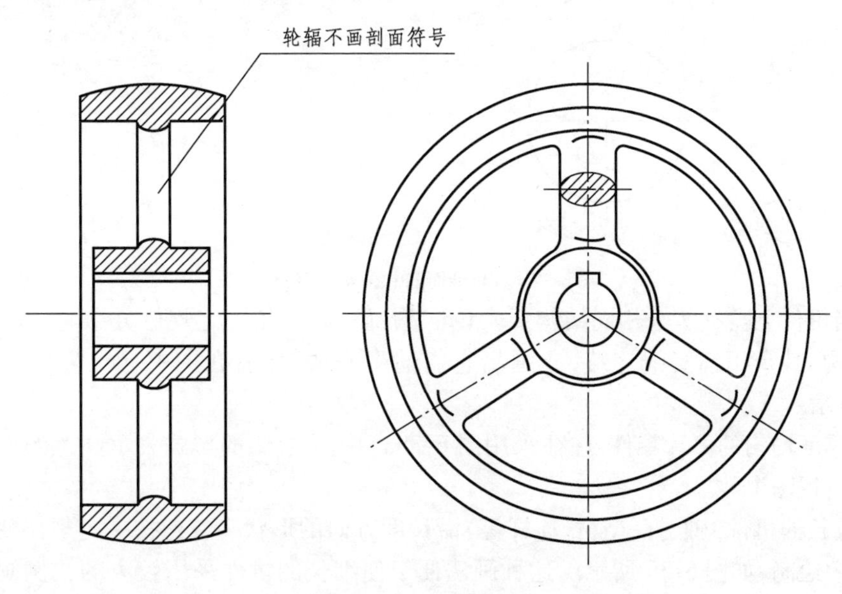

图6-34 轮辐的规定画法

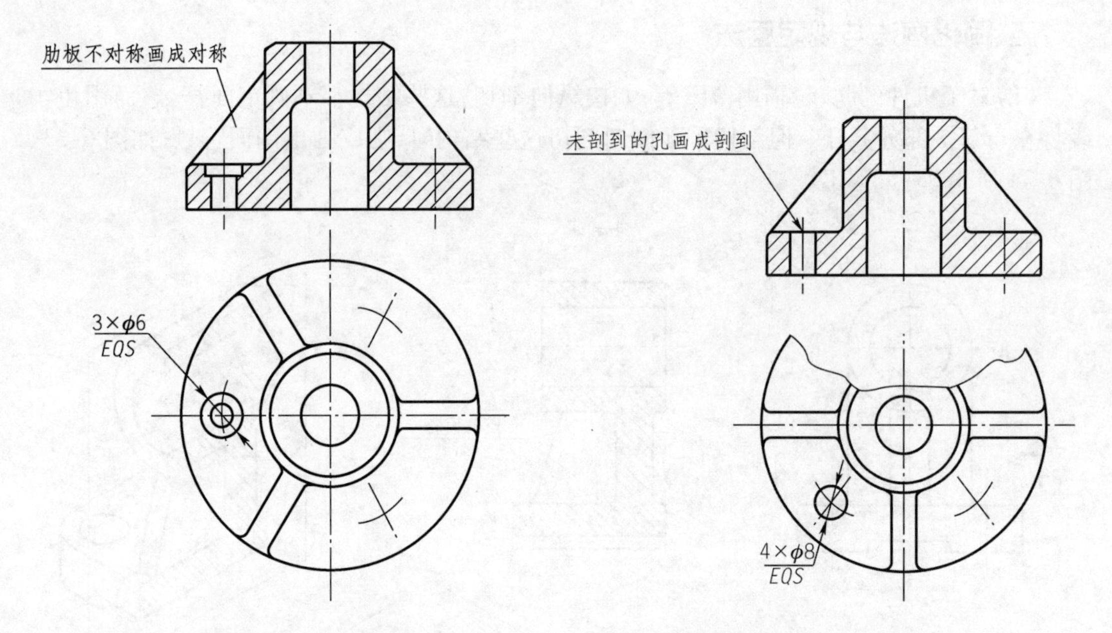

图 6-35　均布孔肋的简化画法(一)

图 6-36　均布孔肋的简化画法(二)

(3)在移出断面图中,一般要画出剖面符号。当不致引起误解时,允许省略剖面符号,但剖切位置和断面图的标注必须遵守规定,如图 6-37 所示。

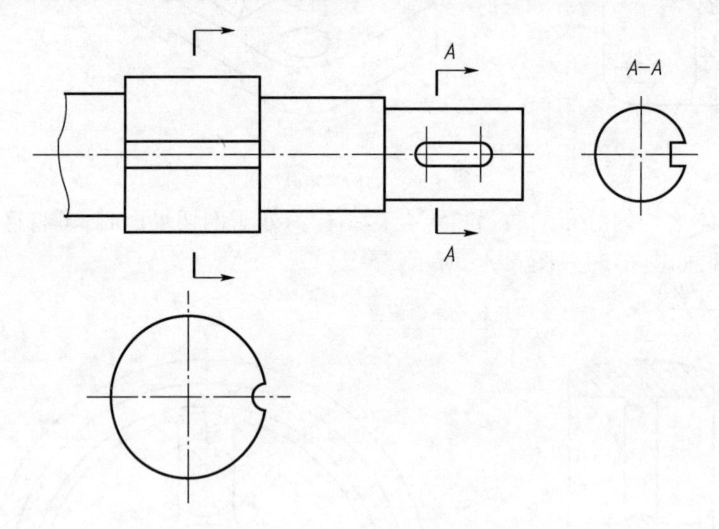

图 6-37　移出断面图中省略剖面符号

(4)当机件上具有多个相同结构要素(孔、槽、齿等)并按一定规律分布时,只需画出几个完整结构,其余用细实线连接,或画出它们的中心线,然后在图中标注它们的总数,如图 6-38 所示。

对于厚度均匀的薄片零件,往往采用图 6-38a)中所注 $t2$ 的形式表示圆片的厚度,这种标注可减少视图个数。

(5)较长的机件(轴、杆、型材、连杆等)沿长度方向的形状一致或按一定规律变化时,可断开后缩短绘制,如图 6-39 所示。这种画法便于使细长的机件采用较大的比例画图,同时图面紧凑。

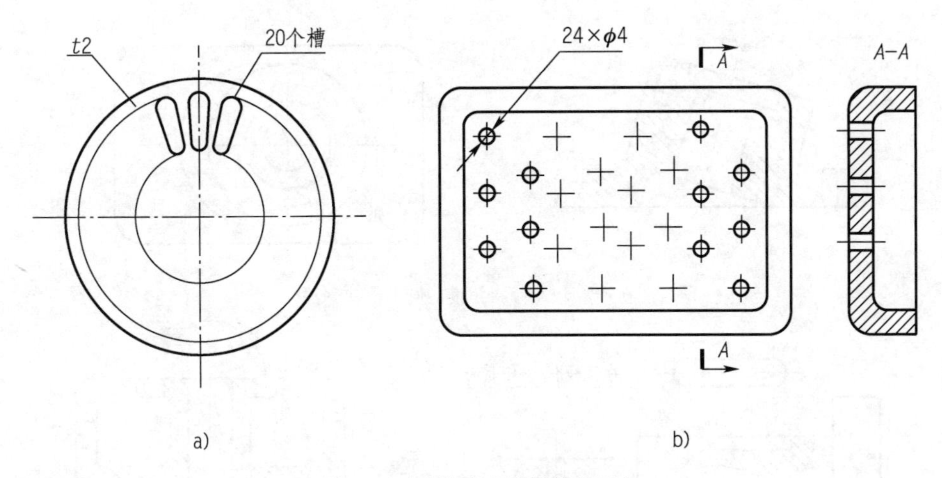

图 6-38 相同结构要素的简化画法

注意:机件采用断开画法后,尺寸仍应按机件的实际长度标注。

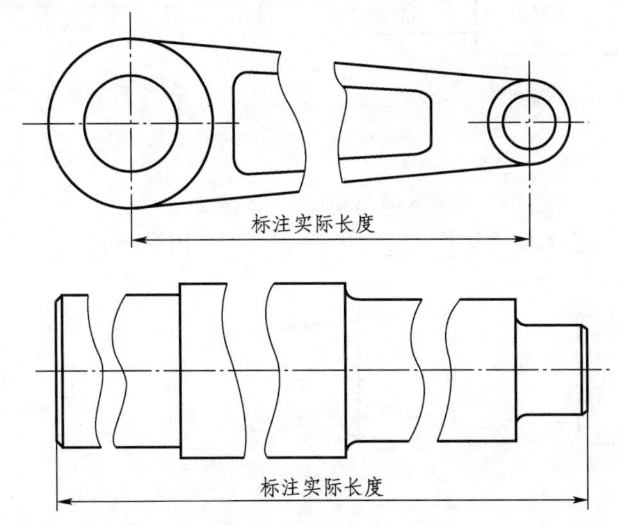

图 6-39 断开画法

(6)为了节省绘图时间和图幅,对称机件的视图可只画一半或四分之两端画出两条与其垂直的细实线,如图 6-40 所示。

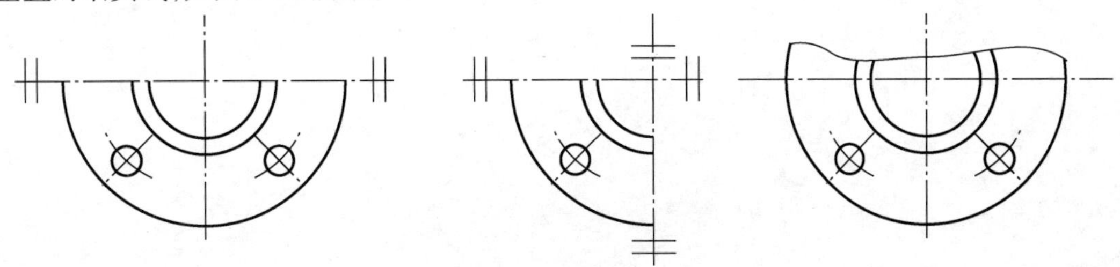

图 6-40 对称物体的简化画法

(7)与投影面倾斜角度小于或等于 30°的圆或圆弧,其投影可用圆或圆弧代替,而不必画成椭圆,如图 6-41 所示。

(8)在不致引起误解时,过渡线、相贯线允许简化,可用圆弧或直线代替非圆曲线,如图 6-42a)所示。

(9)圆柱形法兰和类似零件上均匀分布的孔,可按 6-42b)所示方法表示。

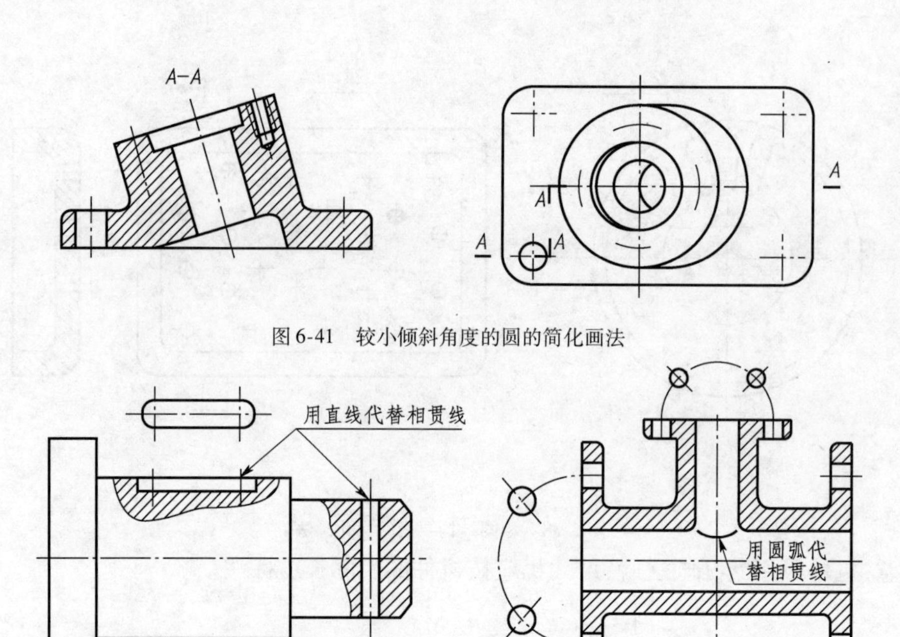

图6-41　较小倾斜角度的圆的简化画法

图6-42　相贯线的简化画法

(10)当图形不能充分表达平面时,可用平面符号(相交的两细实线)表示,如图6-43所示。

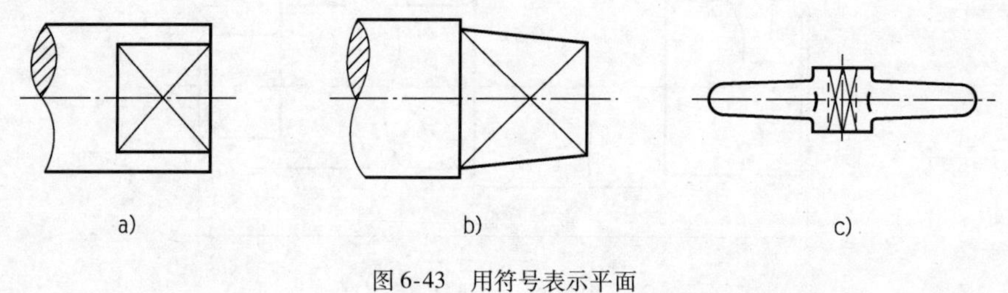

图6-43　用符号表示平面

第七章　标准件、常用件及其规定画法

在任何机器(或部件)中被广泛应用的螺栓、螺母、齿轮、弹簧、滚动轴承、键、销等机件称为常用件,其中有些常用件的结构,尺寸都已经标准化,如螺纹制件、键、销等称为标准件。有些常用件的结构尺寸也实行了部分标准化,如齿轮、蜗杆、蜗轮等。

下面将介绍这些零件的基础知识、国标规定的画法、代号、标注及有关查表及计算方法。

第一节　螺　　纹

螺纹是在圆柱或圆锥表面上沿螺旋线形成的具有相同剖面形状(如等边三角形、正方形、锯齿形等)的连续凸起(牙)和沟槽。加工在零件外表面上的螺纹称为外螺纹,加工在零件内表面(孔)上的螺纹称内螺纹。

一、螺纹的形成

各种螺纹都是根据螺旋线原理加工而成。图 7-1 所示为车床上车削外螺纹的示意图。车刀刀刃形状不同,可以得到各种不同的螺纹,如图 7-2 所示。内螺纹可以在车床上加工,也可以先在工件上钻孔,再用丝锥攻制而成,如图 7-3 所示。

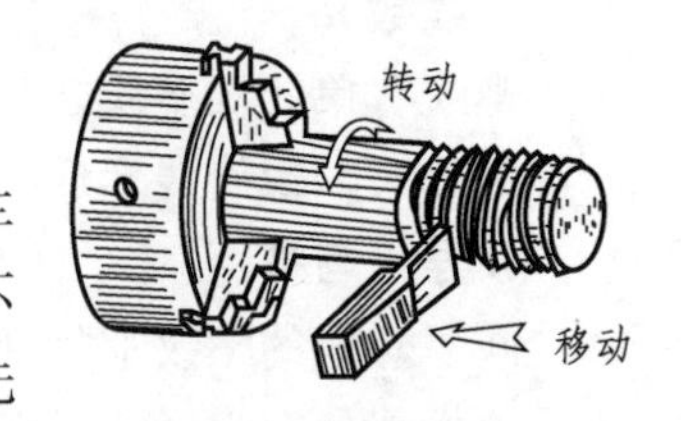

图 7-1　车削外螺纹

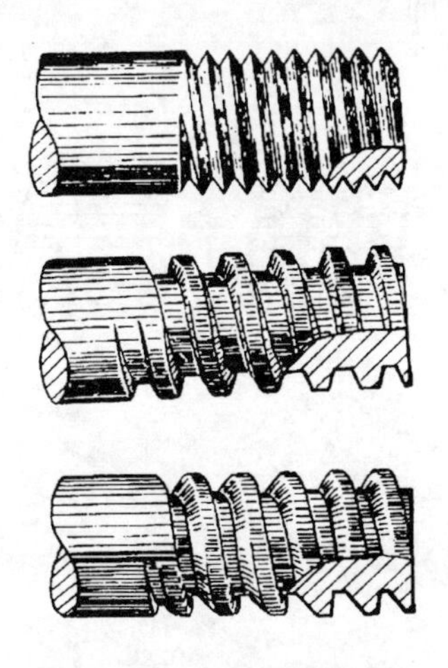

图 7-2　不同形状的螺纹

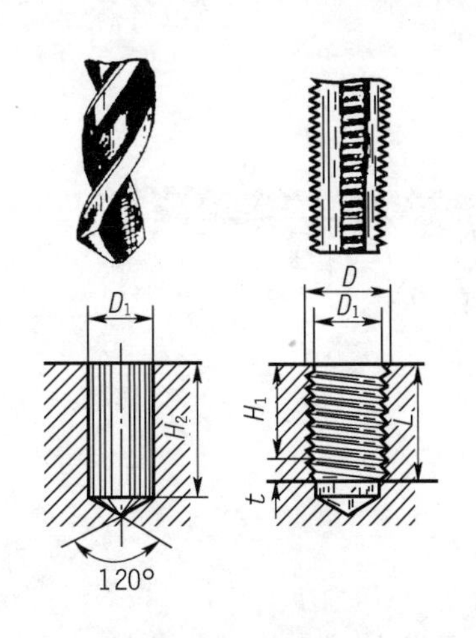

图 7-3　内螺纹加工

二、螺纹的基本要素

1. 螺纹牙型

通过螺纹轴线的剖面上,螺纹的轮廓形状称为螺纹牙型,有牙顶、牙底、牙侧等部分,如

图 7-4 所示。螺纹的牙型通常有三角形、梯形、锯齿形等。

2. 螺纹的直径(图 7-4)

(1)大径 d、D:与外螺纹牙顶或内螺纹牙底相重合的假想圆柱体的直径,是螺纹的最大直径。外螺纹大径为 d,内螺纹大径为 D。

(2)小径 d_1 或 D_1:与外螺纹牙底或内螺纹牙顶相重合的假想圆柱体的直径,是螺纹的最小直径。外螺纹小径为 d_1,内螺纹小径为 D_1。

(3)中径 d_2 或 D_2:一个假想圆柱的直径,圆柱母线通过牙型上沟槽和凸起宽度相等的地方。外螺纹中径为 d_2,内螺纹中径为 D_2。

(4)公称直径:代表螺纹尺寸的直径,指螺纹大径的基本尺寸。

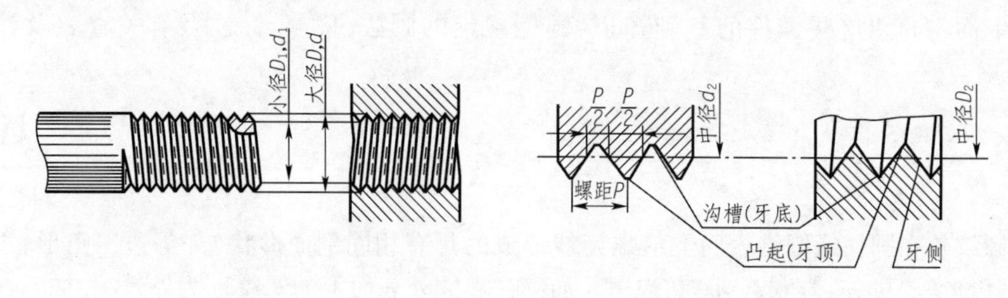

图 7-4　螺纹的直径

3. 线数 *n*

螺纹有单线及多线之分,沿一条螺旋线形成的螺纹称单线螺纹,沿两条或两条以上在轴向等距分布的螺旋线形成的螺纹称多线螺纹,如图 7-5a)所示。

4. 导程与螺距

同一螺线的螺纹上相邻两牙,在中径线上对应两点间的轴向距离,称为导程,如图 7-5b)所示。相邻牙在中径线上对应两点间的轴向距离,称为螺距。

$$螺纹导程 = 螺距 \times 线数,即\ S = P \cdot n$$

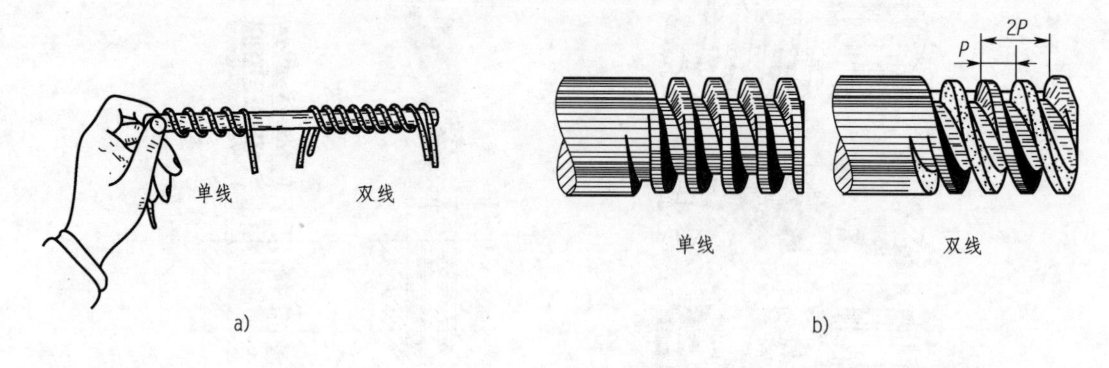

图 7-5　螺纹的线数

5. 旋向

根据右螺旋线加工、顺时针旋转时旋入的螺纹称右旋螺纹。根据左螺旋线加工、逆时针旋转时旋入的螺纹称左旋螺纹,如图 7-6 所示。

上述五项基本要素中改变其中任何一项,就会得到不同规格的螺纹,为了便于设计、制造与选用,国家标准对螺纹的牙型、大径、螺距等都作了规定,凡这三项符合标准规定的,称为标准螺纹。牙型符合标准规定,其他不符合标准规定的称为特殊螺纹。三项都不符合标准规定的称为非标准螺纹。

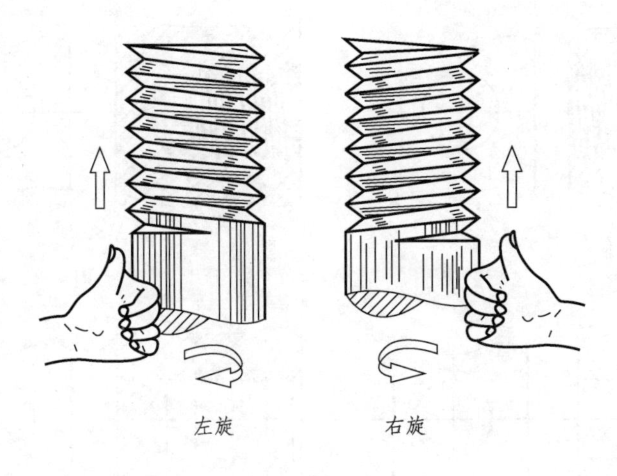

图 7-6　螺纹的旋向

三、螺纹的规定画法

螺纹一般不按真实投影作图，而按国家标准《机械制图 螺纹及螺纹紧固件表示法》(GB/T 4459.1—1995)中规定的螺纹画法绘制。

1. 外螺纹画法

不论牙型如何，外螺纹的牙顶(大径)用粗实线表示，牙底(小径)用细实线表示，完整螺纹的终止线用粗实线表示，需要表示螺纹收尾时，尾部的牙底用与轴线成30°的细实线绘制。在垂直于螺纹轴线的投影面的视图中，牙顶用粗实线圆，表示牙底的细实线圆只画约 3/4 圈，轴端倒角的圆省略不画(见图 7-7)，绘图时，小径可近似地取 0.85 大径($d_1 \approx 0.85d$)。

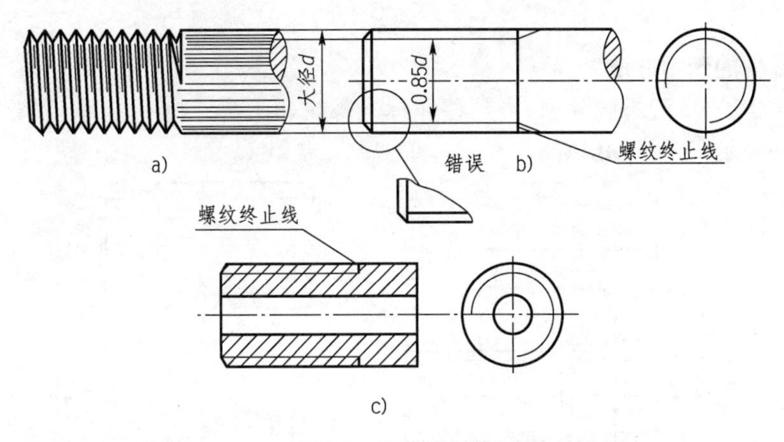

图 7-7　外螺纹的画法

2. 内螺纹的画法

画内螺纹通常采用剖视图，不论其牙型如何，牙顶(小径)用粗实线表示，牙底(大径)用细实线表示，完整螺纹终止线用粗实线表示，剖面线画到粗实线，如图 7-8 所示。表示牙底的细实线圆只画约 3/4 圈，孔口倒角圆省略不画。不可见螺纹的所有图线按虚线绘制，如图 7-8c)所示。

3. 螺纹连接画法

画螺纹连接部分时，一般采用剖视图，在图上，旋合部分按外螺纹绘制，未旋合部分各自按原规定绘制，此时应注意表示大小径的粗、细实线对齐，如图 7-9 所示。

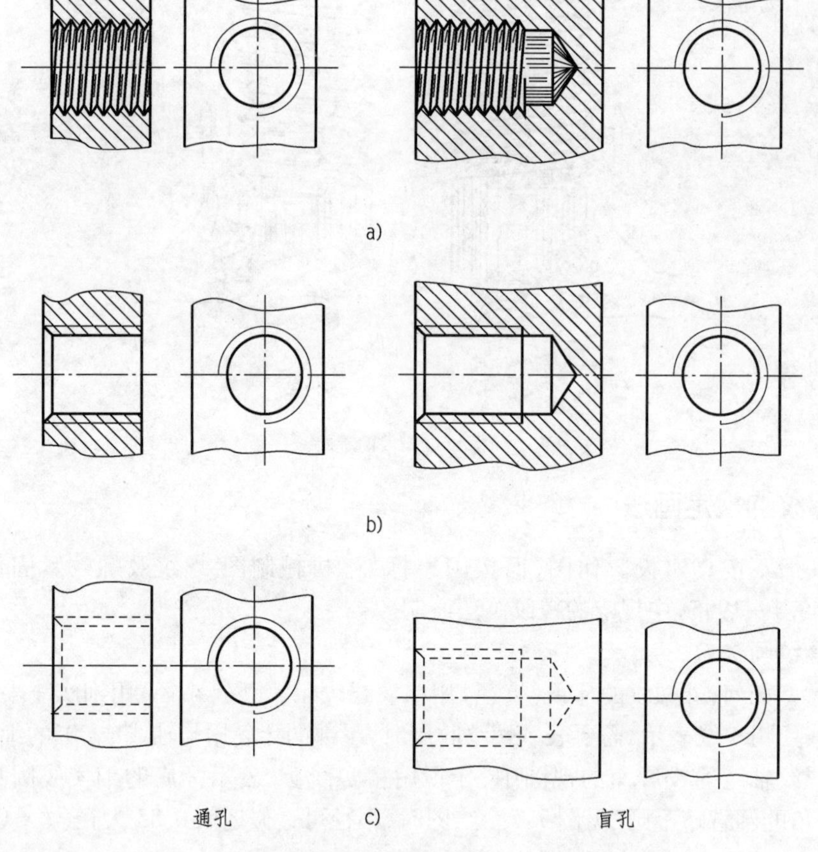

图 7-8　内螺纹画法

4. 螺纹牙型的表示方法

对于标准螺纹，一般不画牙型，当某些非标准螺纹非画出牙型不可时，可用局部剖视或局部　放大图表示，如图 7-10 所示。

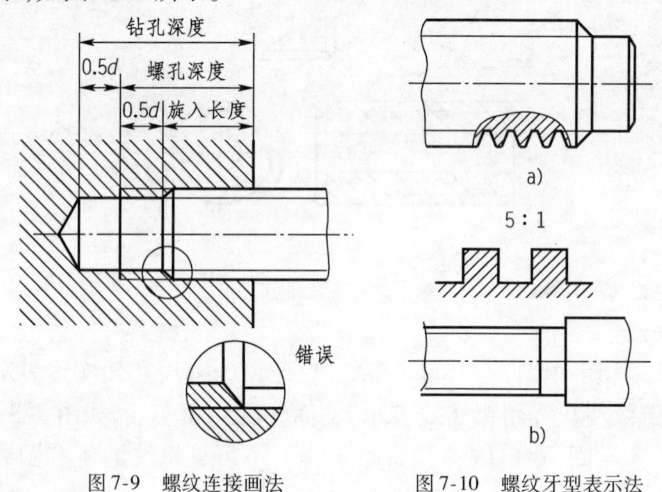

图 7-9　螺纹连接画法　　　图 7-10　螺纹牙型表示法

5. 圆锥螺纹的画法

具有圆锥螺纹的零件，其螺纹部分在投影为圆的视图中，只画出一端（大端或小端）如图 7-11 所示，左视图按大端绘制，右视图按小端绘制。

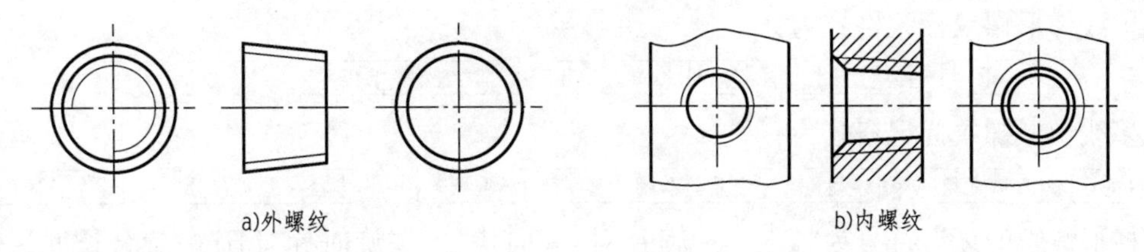

图7-11　圆锥螺纹的画法

四、常用螺纹的种类及标注

螺纹按用途不同可分连接螺纹和传动螺纹两大类。常用的又可分为如下几种，如图7-12所示

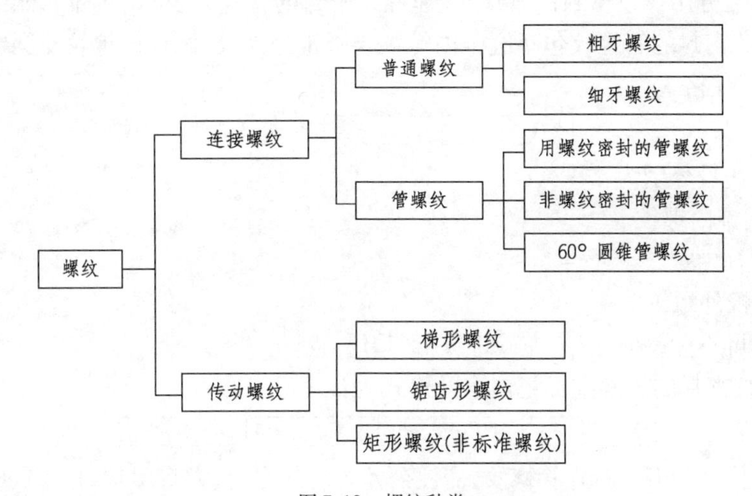

图7-12　螺纹种类

由于各种螺纹的画法都相同，因而国家标准规定，必须用规定的标记进行标注，以区别不同种类、特点及精度等。

1. 普通螺纹

普通螺纹是最常用的连接螺纹，有粗牙与细牙之分，在相同的大径下，细牙普通螺纹的螺距比粗牙普通螺纹小，多用于薄壁或紧密连接的零件上，普通螺纹的基本尺寸及直径与螺距系列见附表1、附表2。

普通螺纹尺寸标注在大径上，其完整的标记由螺纹代号、螺纹公差带代号和螺纹旋合长度代号三部分组成，其标记格式为：

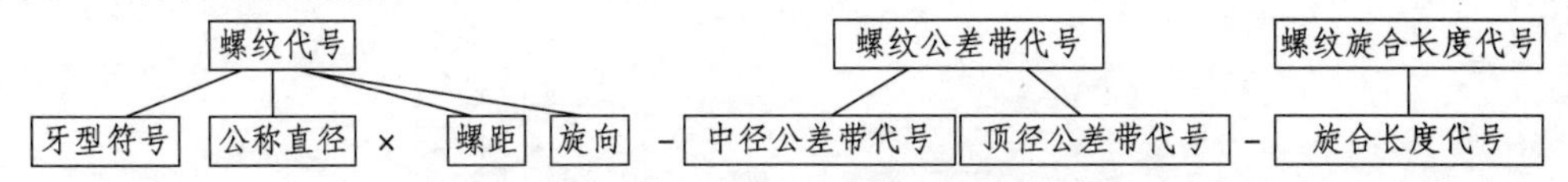

普通螺纹的牙型符号为M。普通粗牙螺纹不必注螺距，细牙螺纹应注出螺距数值。右旋螺纹不必注旋向，左旋螺纹应注“左”字。螺纹公差带代号应标注中径及顶径的公差等级及基本偏差，如两公差带代号相同时可注写一个代号。

普通螺纹的旋合长度规定了短、中、长三组，其代号分别为S、N、L。如按中等长度旋合时，图上可不注N。

2. 梯形螺纹

梯形螺纹的标注方法与普通螺纹基本一致，具体分下列两种标记格式：

单线梯形螺纹标记格式为：

牙型符号 公称直径 × 螺距 旋向代号 - 中径公差带代号 - 旋合长度代号

多线梯形螺纹标记格式为：

牙型符号 公称直径 × 导程（螺距代号P和螺距值） 旋向代号 - 中径公差带代号 - 旋合长度代号

梯形螺纹的牙型符号为“T”。右旋可不标旋向代号，左旋时标“LH”。旋合长度只分中(N)、长(L)两组，N可省略不注。

3. 锯齿形螺纹

锯齿形螺纹的标注方法同梯形螺纹，标注示例见表7-1。

4. 管螺纹

管螺纹标准分用螺纹密封的管螺纹、非螺纹密封的管螺纹及60°圆锥管螺纹三种。

(1)用螺纹密封的管螺纹包括圆锥内螺纹与圆锥外螺纹、圆柱内螺纹与圆锥外螺纹两种连接形式，其标注格式为：

螺纹特征代号 尺寸代号 - 旋向代号

螺纹特征代号分别为：

R_c 表示圆锥内螺纹。

R_p 表示圆柱内螺纹。

R 表示圆锥外螺纹。

右旋螺纹可不标旋向代号，左旋螺纹标“LH”。

(2)非螺纹密封的管螺纹标记内容及格式为：

螺纹特征代号 尺寸代号 公差等级代号 - 旋向代号

螺纹特征代号为G。对外管螺纹，需注公差等级代号，公差等级代号分A、B两个精度等级，内螺纹不标此项代号。

(3)60°圆锥管螺纹标注中，螺纹特征代号为NFl°，左旋螺纹标“LH”，右旋不标。

上述管螺纹标注中的“尺寸代号”并非大径数值，而是指管螺纹的管子通径尺寸，单位为英寸，因而这类螺纹需用指引线自大径圆柱（或圆锥）母线上引出标注，作图时可根据尺寸代号查出螺纹大径尺寸，如尺寸代号为“1”，则螺纹大径为33.249mm。

5. 特殊螺纹及非标准螺纹的标注

标注特殊螺纹时，应在牙型代号前加注“特”，必要时也可注出极限尺寸，如“特Tr50×5 - $d_2$47.445/46.935”。非标准牙型的螺纹应画出牙型并注出所需尺寸及有关要求，如图7-13所示。

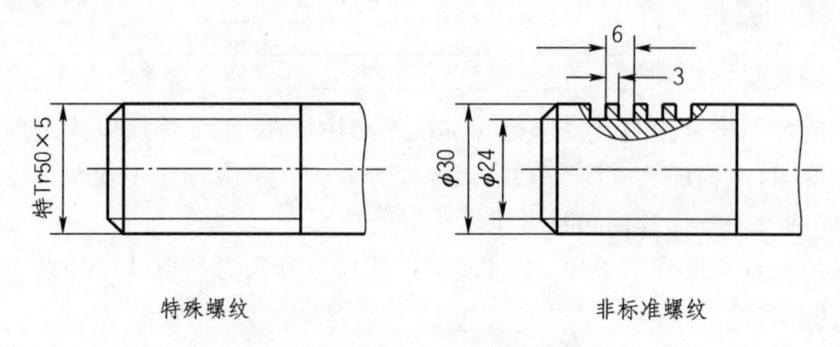

图7-13 特殊螺纹及非标准螺纹的标注

常用标准螺纹的标注示例见表7-1。

常用标准螺纹的标注　　表 7-1

螺纹类别		标准编号	特征代号	牙　型	标注示例	说　明
普通螺纹	粗牙	GB/T 197—2003	M	60°	M24-5g6g-S	表示公称直径为24mm的右旋粗牙普通外螺纹，中径公差带代号为5g，顶径公差带代号为6g，短旋合长度
	细牙				M24×2-6H	表示公称直径为24mm，螺距为2mm的细牙普通内螺纹，中径、顶径公差带代号为6H，中等旋合长度
梯形螺纹		GB 5796.4—2005	Tr	30°	Tr40×14(P7)LH-7e	表示公称直径为40mm，导程为14mm，螺距为7mm的双线、左旋梯形外螺纹，中径公差带为7e
锯齿形螺纹		GB/T 13576—2008	B	3° 30°	B32×7-7c	表示公称直径为32mm，螺距为7mm的右旋锯齿形外螺纹，中径公差带代号为7c，中等旋合长度
用螺纹密封的管螺纹		GB/T 7306.1—2000、GB/T 7306.2—2000	R	55°	R1/2-LH	表示尺寸代号为1/2，用螺纹密封，左旋的圆锥外螺纹
			Rp		Rp3/4	表示尺寸代号为3/4，用螺纹密封的圆柱内螺纹
			Rc		Rc3/4	表示尺寸代号为3/4，用螺纹密封的圆锥内螺纹
非螺纹密封的管螺纹		GB/T 7307—2001	G	55°	G3/4　G3/4B	表示尺寸代号为3/4，非螺纹密封的圆柱内螺纹及B级圆柱外螺纹
60°圆锥管螺纹		GB/T 12716—2011	NPT	60°	NPT3/4　NPT3/4	表示尺寸代号为3/4，牙型为60°的圆锥管螺纹

第二节　螺纹紧固件

螺纹紧固件的种类很多，常用的紧固件有螺栓、双头螺柱、螺钉、螺母、垫圈等，如图7-14所示。常用的六角螺母规格尺寸见附表3。

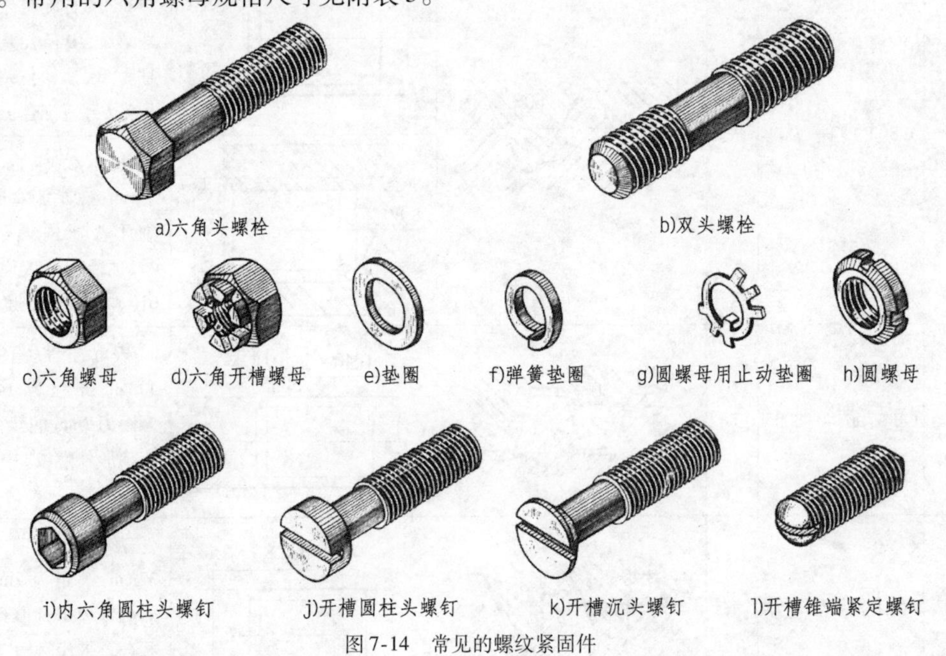

图7-14　常见的螺纹紧固件

一、螺纹紧固件的标记规定

螺纹紧固件的结构形式及尺寸都已标准化，属于标准件，一般由专门的工厂生产。各种标准件都有规定标记，需用时，根据其标记即可从相应的国家标准中查出它们的结构形式、尺寸及技术要求等内容。表7-2中列出了常用螺纹紧固件的图例、简化标记及其解释。

常用螺纹紧固件图例、标记及解释　　表7-2

名称及国标号	图　例	标记及解释
六角头螺栓 GB/T 5782—2016		螺栓　GB/T 5782　M10×50 表示螺纹规格 d＝M10，公称长度 l＝50、性能等级为8.8级、表面氧化，杆身半螺纹、A级的六角头螺栓
双头螺柱 GB/T 897—1988 （$b_m=1d$）		螺柱　GB/T 897　M10×50 表示两端均为粗牙普通螺纹，螺纹规格 d＝M10，公称长度 l＝50、性能等级为4.8级、不经表面处理、B型、$b_m=1d$ 的双头螺柱
开槽圆柱头螺钉 GB/T 65—2016		螺钉　GB/T 65　M10×50 表示螺纹规格 d＝M10，公称长度 l＝50、性能等级为4.8级、不经表面处理的A级开槽圆柱头螺钉
开槽盘头螺钉 GB/T 67—2016		螺钉　GB/T 67　M10×50 表示螺纹规格 d＝M10，公称长度 l＝50、性能等级为4.8级、不经表面处理的A级开槽盘头螺钉

续上表

名称及国标号	图　　例	标记及解释
内六角圆柱头螺钉 GB/T 70.1—2008	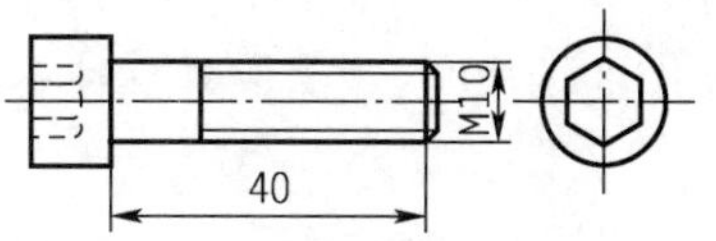 40　M10	螺钉　GB/T 70.1　M10×40 表示螺纹规格 d = M10,公称长度 l = 40、性能等级为8.8级、表面氧化的A级内六角圆柱头螺钉
开槽沉头螺钉 GB/T 68—2016	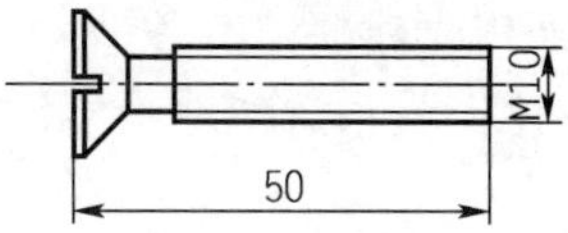 50　M10	螺钉　GB/T 68　M10×50 表示螺纹规格 d = M10、公称长度 l = 50、性能等级为4.8级、不经表面处理的A级开槽沉头螺钉
十字槽沉头螺钉 GB/T 819.1—2016	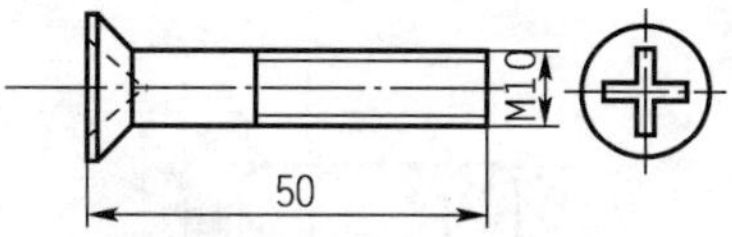 50　M10	螺钉　GB/T 819.1　M10×50 表示螺纹规格 d = M10、公称弧长度 l = 50、性能等级为4.8级、不经表面处理的H型十字槽沉头螺钉
开槽锥端紧定螺钉 GB/T 71—1985	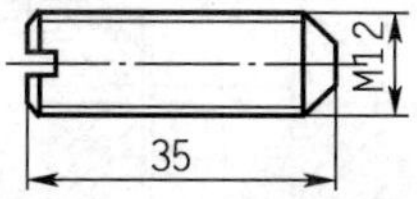 35　M12	螺钉　GB/T 71　M12×35 表示螺纹规格 d = M12、公称长度 l = 35、性能等级为14H级、表面氧化的开槽锥端紧定螺钉
开槽长圆柱端紧定螺钉 GB/T 75—1985	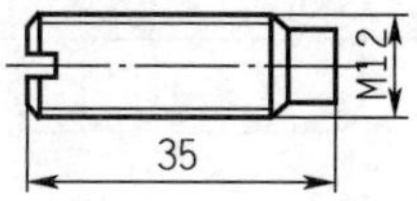 35　M12	螺钉　GB/T 75　M12×35 表示螺纹规格 d = M12、公称长度 l = 35、性能等级为14H级、表面氧化的开槽长圆柱端紧定螺钉
1型六角螺母 GB/T 6170—2015	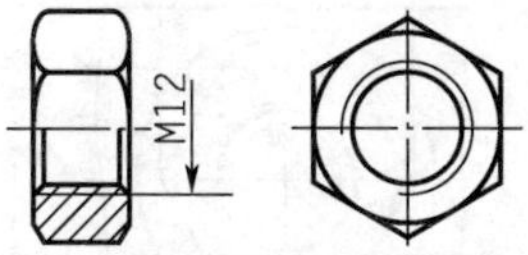 M12	螺母　GB/T 6170　M12 表示螺纹规格 D = M12、性能等级为8级、不经表面处理、A级的1型六角螺母
1型六角开槽螺母 GB/T 6178—1986	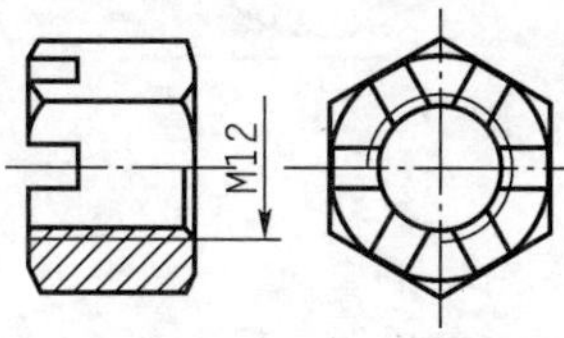 M12	螺母　GB/T 6178　M12 表示螺纹规格 D = M12,性能等级为8级、表面氧化、A级1型的六角开槽螺母
平垫圈 GB/T 97.1—2002	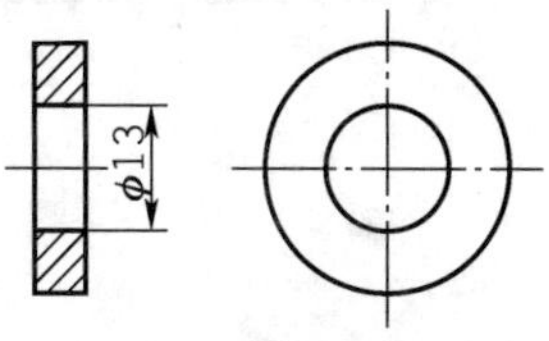 φ13	垫圈　GB/T 97.1　12 表示标准系列、公称规格12mm、由钢制造的硬度等级为200HV级,不经表面处理、产品等级为A级的平垫圈
标准型弹簧垫圈 GB/T 97.1—2002	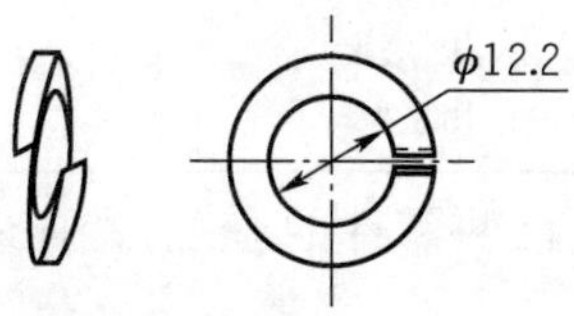 φ12.2	垫圈　GB/T 93　12 表示规格12mm,材料为65Mn、表面氧化处理的标准型弹簧垫圈

二、螺纹紧固件的连接画法

螺纹紧固件连接的基本形式有:螺栓连接、双头螺柱连接和螺钉连接。采用哪种连接按需要选定。但无论采用哪种连接,其画法(装配画法)都应遵守下列规定:

(1)两零件的接触面只画一条线,不接触面必画两条线。

(2)在剖视图中,相互接触的两个零件的剖面线方向应相反。但同一个零件在各剖视图中,剖面线的倾斜角度、方向和间隔都应相同。

(3)在剖视图中,当剖切平面通过紧固件的轴线时,则紧固件均按不剖绘制。

1. 螺栓连接

螺栓用来连接不太厚并钻成通孔的零件,如图 7-15a)所示。

画螺栓连接图,应根据紧固件的标记,按其相应标准中的各部分尺寸绘制。但为了方便作图,通常可按其各部分尺寸与螺栓大径 d 的比例关系近似地画出,如图 7-15b)所示。其比例关系见表 7-3。

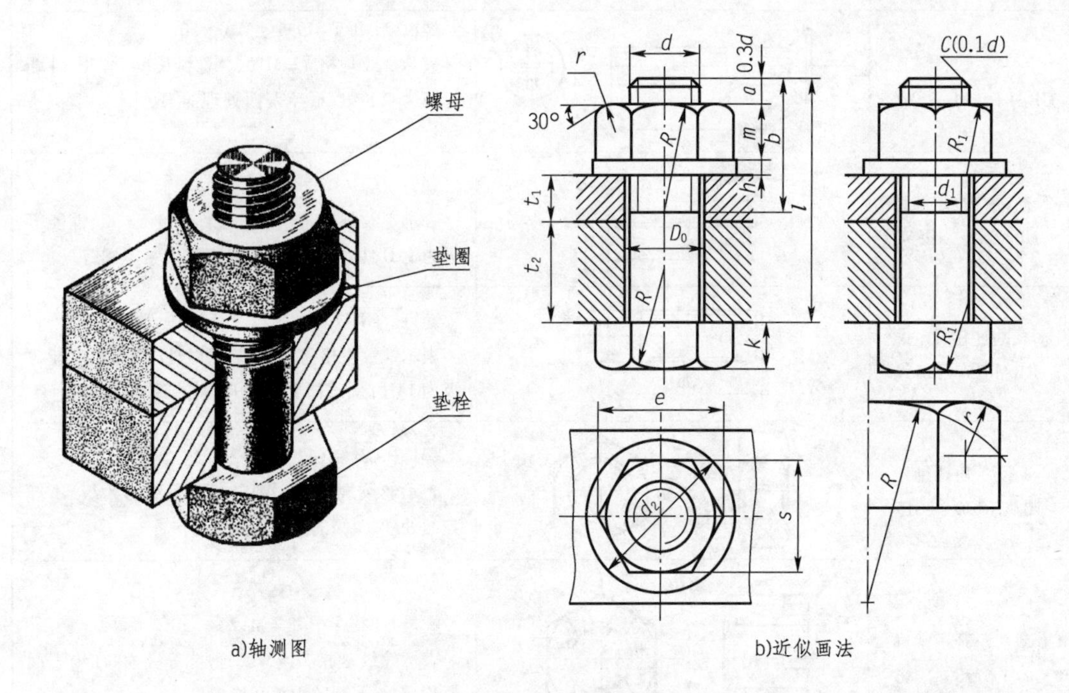

图 7-15　螺栓连接图画法

螺栓紧固件近似画法的比例关系　　表 7-3

部位	尺寸比例	部位	尺寸比例	部位	尺寸比例
螺栓	$b=2d$;$e=2d$; $R=1.5d$;$c=0.1d$; $k=0.7d$;$d_1=0.85d$; $R_1=d$;s 由作图决定	螺母	$e=2d$; $R=1.5d$; $R_1=d$; $m=0.8d$; r 由作图决定; s 由作图决定	垫圈	$h=0.15d$; $d_2=2.2d$
				被连接件	$D_0=1.1d$

画图时,需知道螺栓的形式、大径和被连接两零件的厚度,螺栓的长度 l,由图 7-14b)可知:

螺栓长度　　$$l=t_1+t_2+h+m+a$$

式中:a——螺栓伸出螺母的长度,一般取$(0.2\sim0.3)d$。

计算出 l 后,还需从螺栓的标准长度系列中选取与 l 相近的标准值。

2. 双头螺柱连接

当两个被连接的零件中,有一个较厚、不宜加工成通孔时,可采用双头螺柱连接,如图 7-16a)所示。双头螺柱连接和螺栓连接一样,通常采用近似画法,其连接图的画法如图 7-16b)所示[其俯视图及各部分的画法比例,与图 7-15b)相同]。

画双头螺柱连接图时,应注意以下两点:

(1)为了保证连接牢固,旋入端应全部旋入螺孔[见图 7-16c)],即旋入端的螺纹终止线在图上应与螺纹孔口的端面平齐[见图 7-16d)]。垫圈的尺寸参见附表 4、附表 5。

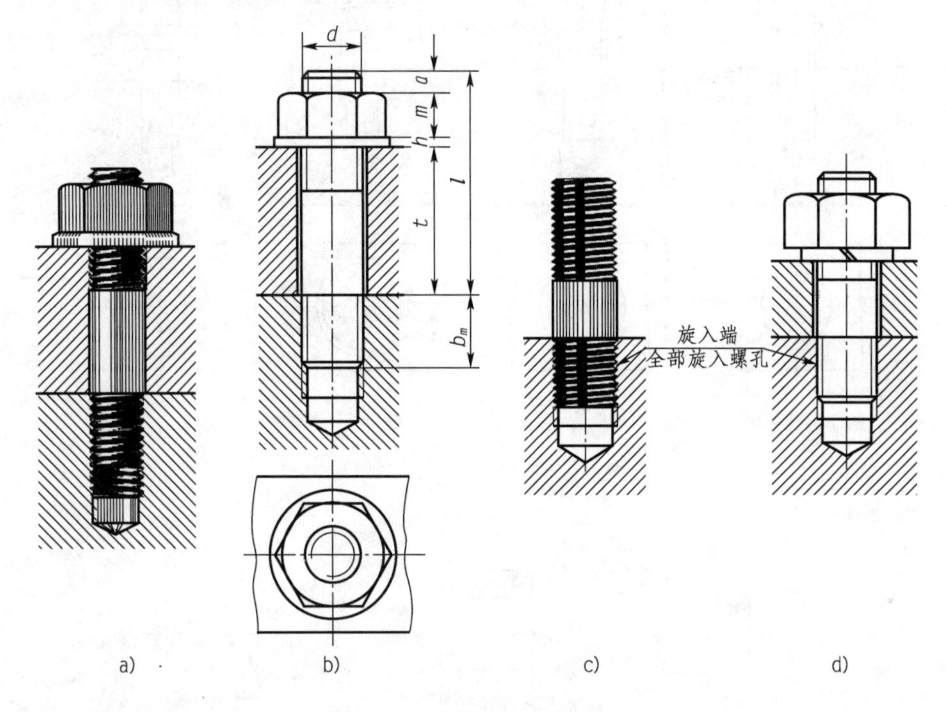

图 7-16　双头螺柱连接图画法

(2)旋入端的螺纹长度 b_m,根据被旋入零件材料的不同而不同(钢与青铜:$b_m = d$;铸铁:$b_m = 1.25d$;铸铁:$b_m = 1.5d$;铝合金:$b_m = 2d$)。

3. 螺钉连接

螺钉用以连接一个较薄、另一个较厚的两个零件,常用在受力不大和不需经常拆卸的场合。螺钉的种类很多(其尺寸参见附表 6 ~ 附表 8),图 7-17a)、b)、c)分别为常用的开槽盘头螺钉、内六角圆柱头螺钉、开槽沉头螺钉连接图的直观图及主、俯视图的简化画法,图 7-17d)为双头螺柱连接图的直观图及简化画法。各种螺栓、螺钉的头部及螺母在装配图中的简化画法可查阅相应的国家标准。

紧定螺钉也是在机器上经常使用的一种螺钉。它常用来防止两个相配零件产生相对运动。如图 7-18 所示为用开槽锥端紧定螺钉限定轮和轴的相对位置,使它们不能产生轴向相对移动的图例,图 7-18a)表示零件图上螺孔和锥坑的画法,图 7-18b)为装配图上的画法。

在螺纹连接中,螺母虽然可以拧得很紧,但由于长期振动,往往也会松动甚至脱落。因此,为了防止螺母松脱现象的发生,常常采用弹簧垫圈[图 7-16d)]或两个重叠的螺母防松,或采用开口销和槽形螺母予以锁紧,如图 7-19 所示。

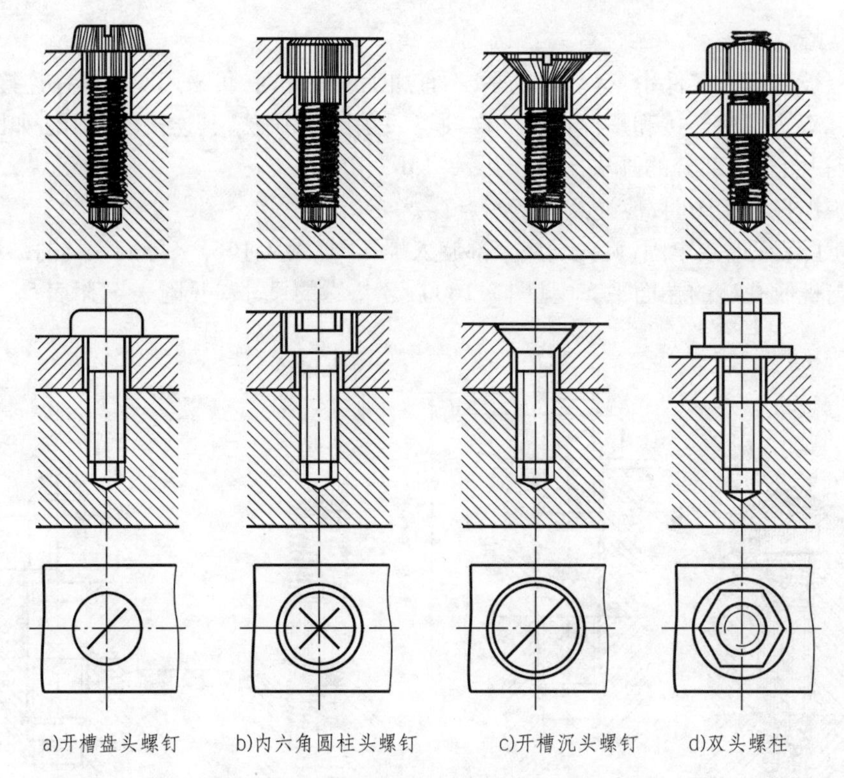

a)开槽盘头螺钉　b)内六角圆柱头螺钉　c)开槽沉头螺钉　d)双头螺柱

图 7-17　螺钉与双头螺柱连接的直观图及简化画法

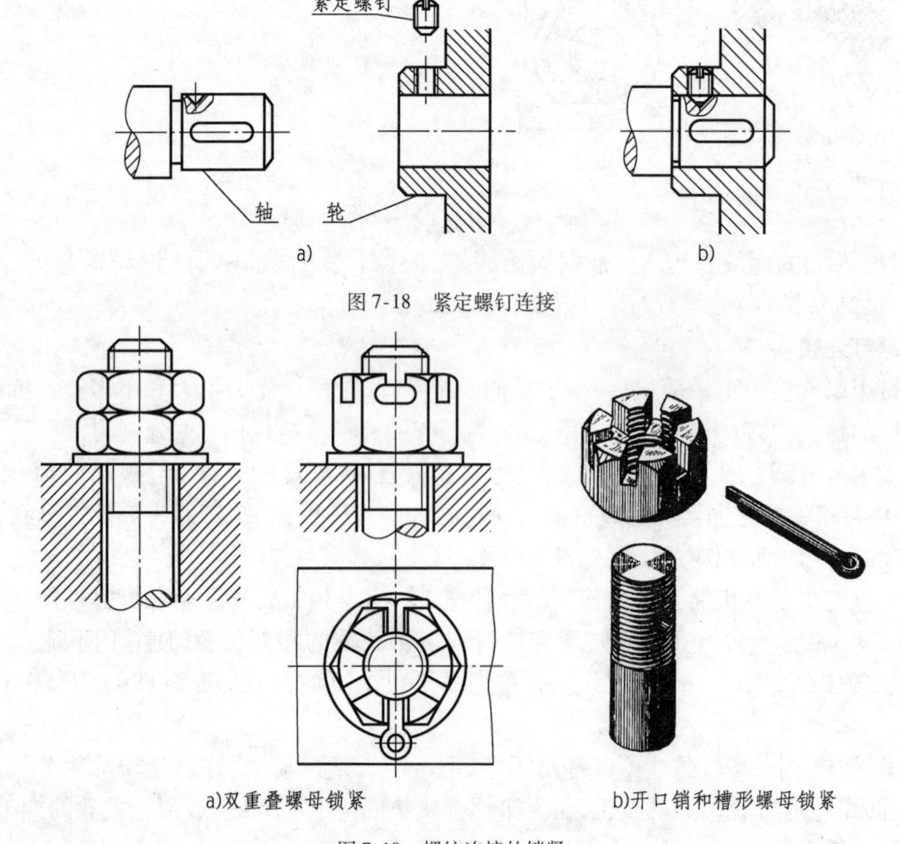

图 7-18　紧定螺钉连接

a)双重叠螺母锁紧　b)开口销和槽形螺母锁紧

图 7-19　螺纹连接的锁紧

第三节　键和销连接

一、键连接

1. 键与键槽

键主要用于轴和轴上零件(如齿轮、带轮等)之间的周向连接,以传递扭矩,如图7-20所示。在被连接的轴上和轴孔中均加工出键槽,先将键嵌入轴槽内,再对准轮孔中的键槽推入即成连接。

常用的键有普通平键、半圆键及钩头楔键等,如图7-21所示。它们都是标准件,根据连接处的轴径 d 在有关标准中可查得相应的尺寸、结构及标记(见附表9)。

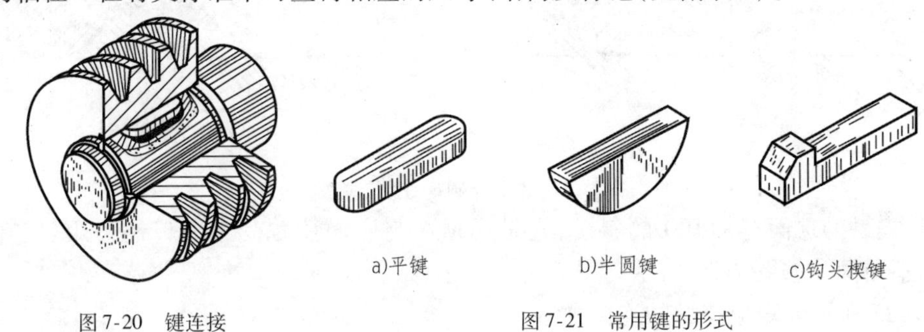

a)平键　b)半圆键　c)钩头楔键

图7-20　键连接　　图7-21　常用键的形式

2. 花键连接

在机器制造业中被广泛地应用,它能传递较大的力矩,连接可靠,被连接零件之间的同轴度和导向性好,常见的有矩形花键、三角形花键及渐开线花键等,其中以矩形花键应用最普遍,它们的尺寸已标准化,设计、画图时可根据有关标准选用。

(1)矩形外花键如图7-22a)所示,其画法如图7-22b)所示,图中应注明齿数及工作长度,工作长度的终止端和尾部长度末端均用细实线绘制,花键代号应注在大径上。

矩形内花键的画法如图7-22c)所示,用局部视图画出全部齿形或一部分齿形,注明齿数。

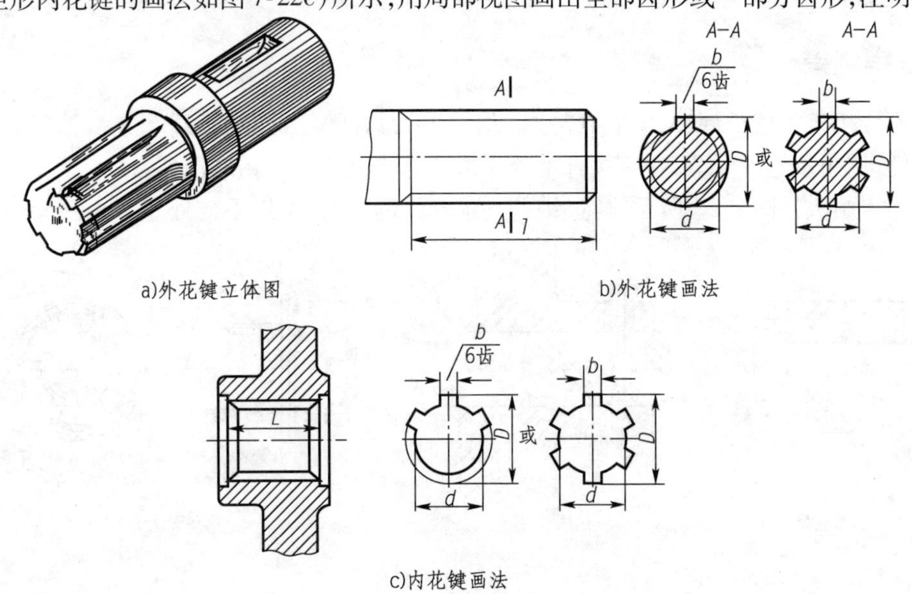

a)外花键立体图　b)外花键画法

c)内花键画法

图7-22　花键的画法

（2）矩形花键的标注：可以在图中注出大径 D、小径 d、宽度 b 和齿数 z，也可用指引线注出花键代号，代号的形式为：$z-D\times d\times b$

如：$6-50\times45\times12$，表示六齿、大径为50、小径为45、宽为12的矩形花键。

3. 键连接的画法

键及键槽的尺寸可根据轴的直径、键的形式、键的长度从相应的标准中查得。平键与半圆键的连接画法相似，如图7-23所示，它们的侧面与被连接零件接触、顶面留有间隙。

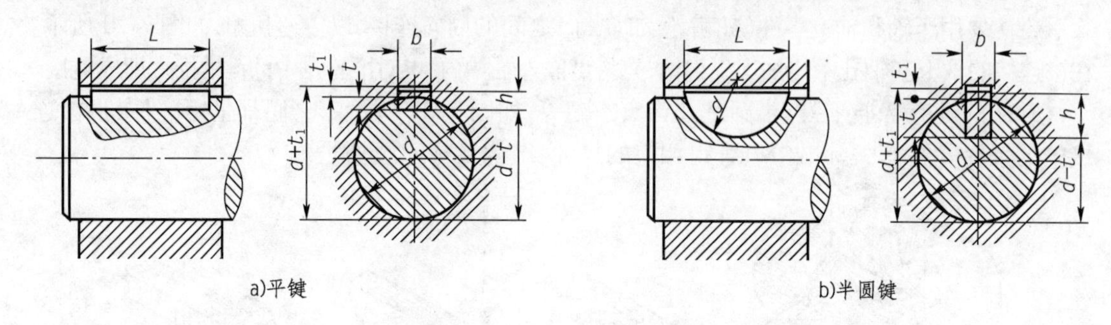

图7-23　平键、半圆键的连接画法

钩头楔键的顶面有1∶100的斜度，它是靠顶面与底面接触受力而传递力矩，但在绘图时，侧面不留间隙如图7-24所示。

图7-25所示为矩形花键的连接画法。

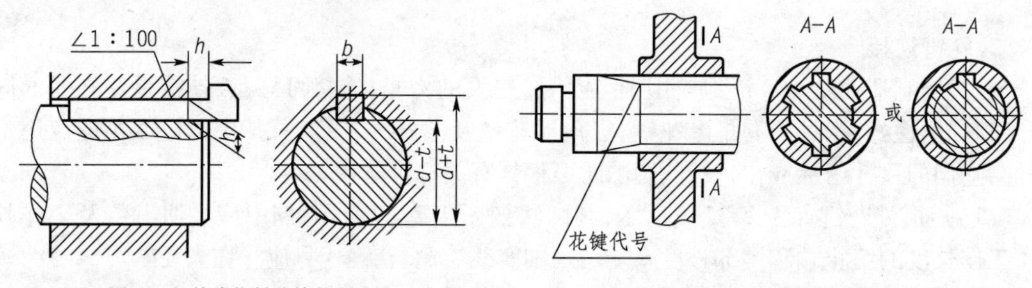

图7-24　钩头楔键连接的画法　　图7-25　矩形花键连接的画法

二、销连接

销连接用于机器零件之间的连接或定位，常见的有圆柱销、圆锥销和开口销等，它们都是标准件，使用及绘图时，可在有关标准或手册中查得其规、尺寸及标记。

销连接画法如图7-26所示，通过销的基本轴线剖切时，销以不剖处理。

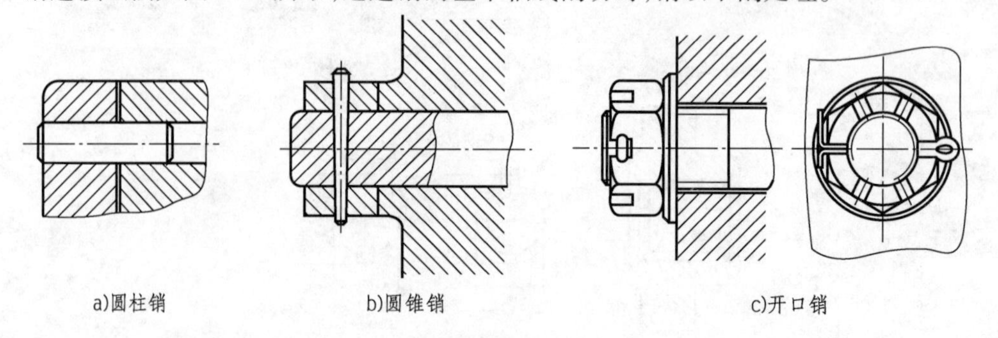

图7-26　销连接画法

圆柱销或圆锥销的装配要求较高，销孔一般要在被连接件装配后一起加工。这一要求，需用“装配时作”或“与××件配作”字样在零件图的销孔尺寸标注时写明。锥销孔的直径 i;指小端直径,标注时可采用旁注法,如图 7-27 所示。

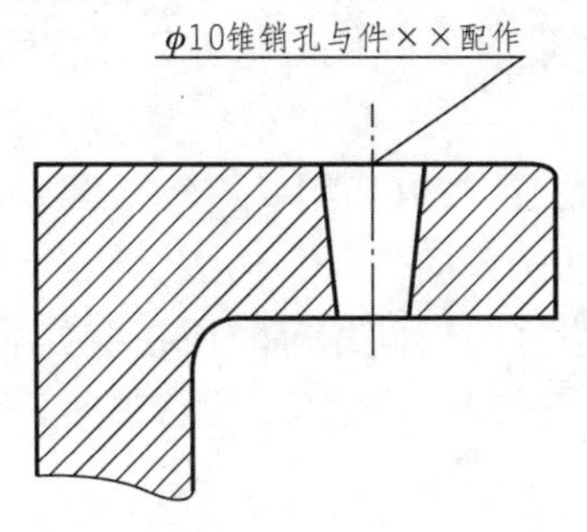

图 7-27　锥销孔的标注

第四节　齿　　轮

齿轮用来传递动力,改变速度和旋转方向。齿轮的种类很多,按其传动情况可分为圆柱齿轮、锥齿轮、蜗轮蜗杆等三类,如图 7-28 所示。圆柱齿轮用于两轴平行时的传动,锥齿轮用于两轴相交时的传动,蜗轮、蜗杆用于两轴交叉时的传动。

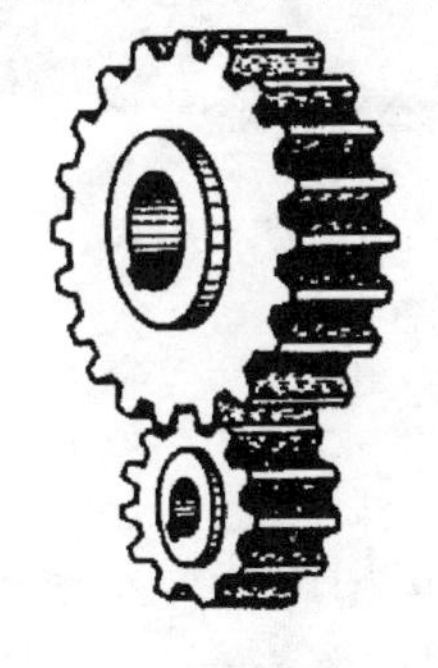

a)圆柱齿轮

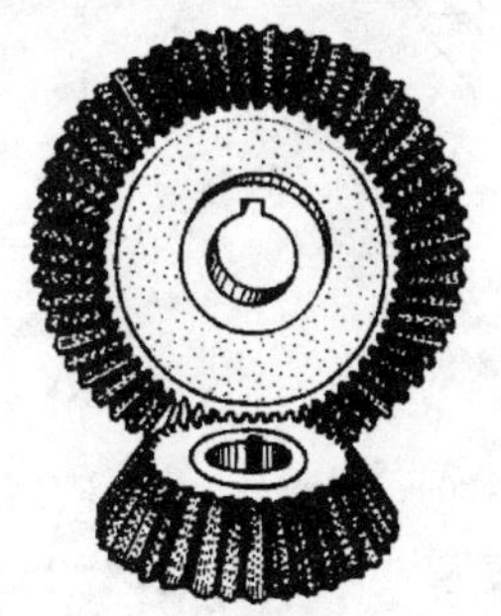

b)圆锥齿轮

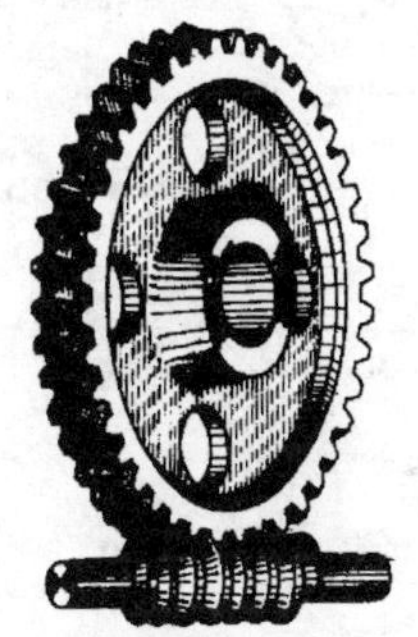

c)蜗轮、蜗杆

图 7-28　齿轮传动

一、圆柱齿轮的种类

常用的圆柱齿轮有直齿圆柱齿轮、斜齿圆柱齿轮和人字齿圆柱齿轮三种,如图 7-28a)、图 7-29 所示。

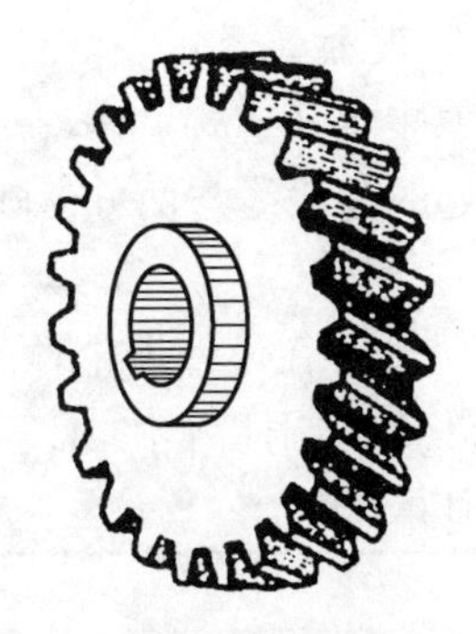

a)圆柱斜齿齿轮

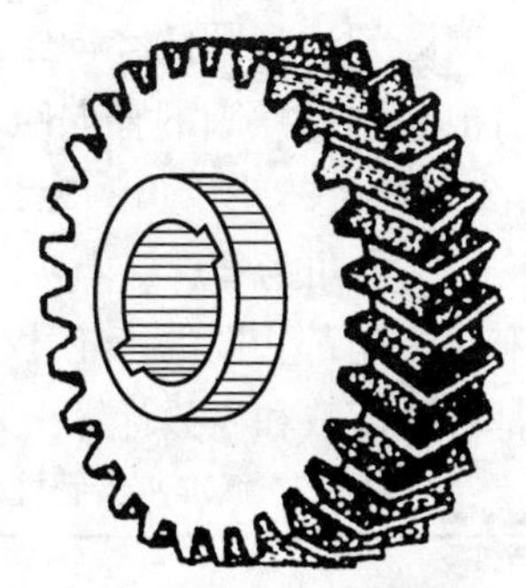

b)圆柱人字齿齿轮

图 7-29　斜齿、人字齿圆柱齿轮

二、圆柱齿轮的参数

现以标准直齿圆柱齿轮来说明直齿圆柱齿轮各部分名称及术语,如图7-30所示。

(1)齿数:用 z 表示。

(2)齿顶圆:通过轮齿顶部的圆,其直径用 d_a 表示。

(3)齿根圆:通过轮齿根部的圆,其直径用 d_f,表示。

(4)分度圆:当标准齿轮的齿厚与齿间相等时所在位置的圆,其直径用 d 表示。

(5)齿距:分度圆上相邻两齿的对应点之间的距离,用 p 表示。

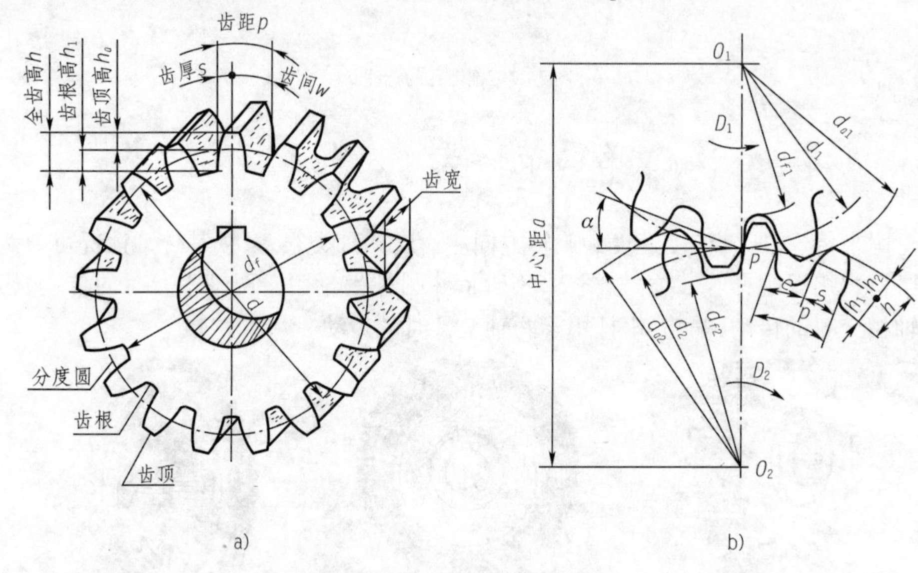

图7-30 直齿圆柱齿轮各部分名称

(6)模数:p 与 π 之比,用 m 表示。《通用机械和重型机械用圆柱齿轮模数》(GB/T 1357—2008)规定了齿轮的标准模数,见表7-4。

标准模数 表7-4

第一系列	1、1.25、3、4、5、6、8、10、12、16、20、25、32、40、50
第二系列	1.75、2.25、(3.25)、3.5、(3.75)、4.5、5.5、(6.5)、7、9、(11)、14、18、22、28、36、45

注:选用模数时,应优先选用第一系列,其次选用第二系列,括号内模数尽可能不选用。

(7)齿顶高:从分度圆到齿顶圆的径向距离,用 h_a 表示。

(8)齿根高:从分度圆到齿根圆的径向距离,用 h_f 表示。

(9)全齿高:从齿根圆到齿顶圆的径向距离,用 h 表示,$h = h_a + h_f$。

(10)压力角:两个相啮合的轮齿齿廓在接触点处的公法线与两分度圆的公切线的夹角,用 α 表示。我国齿轮的压力角为20°。

只有齿形、模数和压力角都相同的齿轮才能相互啮合。在设计齿轮时,要先确定模数和齿数,其他各部分尺寸都可由模数和齿数计算出来。标准直齿圆柱齿轮的计算公式见表7-5。

标准直齿圆柱齿轮的计算公式 表7-5

名　称	代　号	公　式
分度圆直径	d	$d = mz$
齿顶高	h_a	$h_a = m$

续上表

名　称	代　号	公　式
齿根高	h_f	$h_f=1.25m$
全齿高	h	$h=h_a+h_f=2.25m$
齿顶圆直径	d_a	$d_a=m(z+2)$
齿根圆直径	d_f	$d_f=m(z-2.5)$
齿距	p	$p=\pi m$
齿厚	s	$s=1/2\pi m$
中心距	a	$a=1/2(d_1+d_2)=1/2m(z_1+z_2)$

三、圆柱齿轮的画法

1. 单个圆柱齿轮的画法

在视图中，齿顶圆和齿顶线用粗实线表示，分度圆和分度线用点画线表示；齿根圆和齿根线用细实线表示，也可省略不画，如图7-31所示。

在剖视图中，当剖切平面通过齿轮的轴线时，轮齿一律按不剖处理，这时齿根线用粗实线表示，如图7-31a)所示。

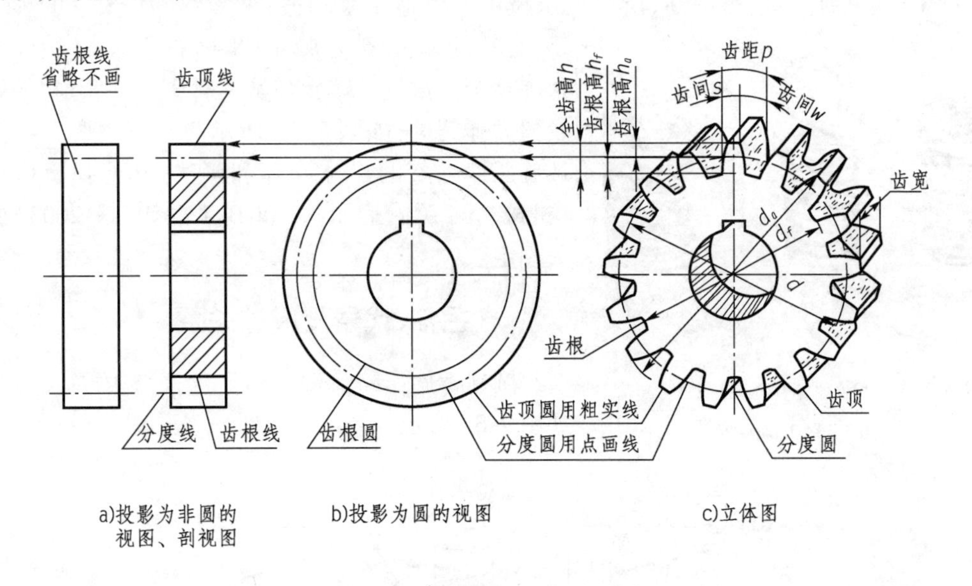

图7-31　单个直齿圆柱齿轮的画法

对于斜齿轮、人字齿，可在非圆的外形图上用3条平行的细实线表示轮齿方向。

2. 圆柱齿轮的啮合画法

两标准齿轮啮合时，它们的分度圆处于相切位置，此时分度圆与节圆重合，啮合部分的规定画法如下：

①在投影为圆的视图中，齿顶圆用粗实线表示，分度圆用点画线表示，当啮合区图线较密时，齿顶圆可省略不画，如图7-32b)所示。

②在投影为非圆的外形视图中，不画出啮合处的齿顶线，分度线用粗实线表示，非啮合区的分度线用点画线表示，如图7-32c)所示。

③在剖视图中，当剖切平面通过两啮合齿轮的轴线时，在啮合区内，一个齿轮的轮廓用粗实线绘制，另一个轮齿的被遮部分用虚线绘制，如图 7-32a）所示。

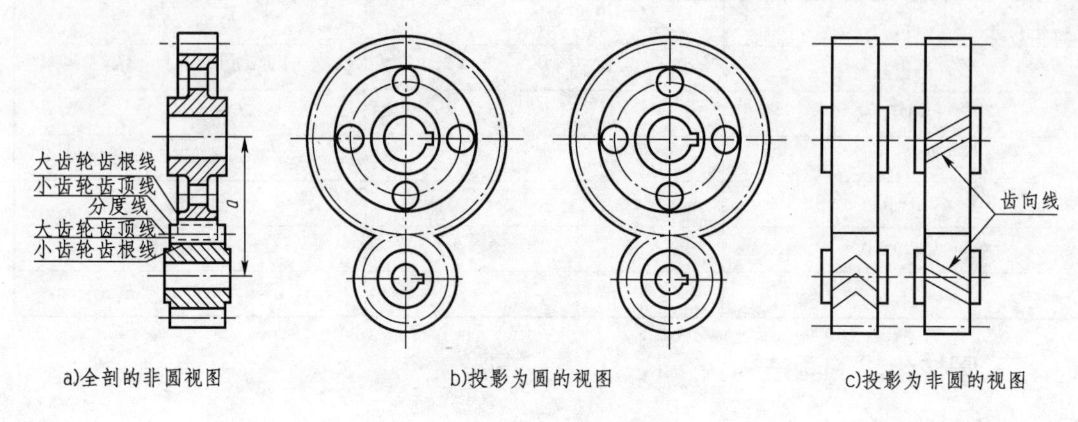

图 7-32　圆柱齿轮的啮合画法

第五节　弹　　簧

弹簧具有储存能量的特性，所以在机械中广泛地用来减振、夹紧、测力等，它的种类很多，有螺旋弹簧、碟形弹簧、平面涡卷弹簧、板弹簧及片弹簧等。常见的螺旋弹簧又有压缩弹簧、拉伸弹簧及扭力弹簧等，如图 7-33 所示。本节主要介绍圆柱螺旋压缩弹簧的尺寸计算和画法，其他弹簧可参阅《机械制图 弹簧表示法》(GB/T 4459. 4—2003）的有关规定。

图 7-33　螺旋弹簧

一、名称、代号及尺寸关系

圆柱螺旋压缩弹簧各部分名称、术语及尺寸关系如图 7-34 所示。

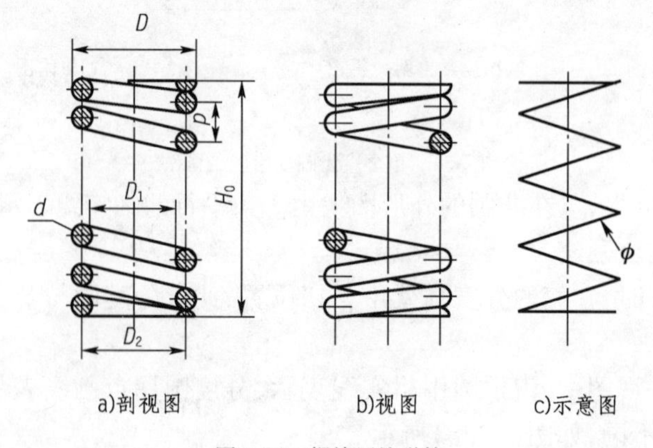

图 7-34　螺旋压缩弹簧

（1）簧丝直径：用 d 表示。

（2）弹簧直径：

外径 D:弹簧最大直径 $D = D_2 + d$;

内径 D_1:弹簧最小直径 $D_1 = D_2 - d = D - 2d$;

中径 D_2:弹簧的平均直径 $D_2 = (D + D_1) \div 2 = D_1 + d = D - d$。

(3)节距 p:除磨平压紧的支承圈外,相邻两圈间的轴向距离。

(4)有效圈数 n,支承圈数 n_0 和总圈数 n_1:

支承圈数 n_0:为了保证弹簧在被压缩时,受力均匀,使中心轴线垂直于支承面,将弹簧两端磨平并压紧 1.5 ~2.5 圈,这部分被磨平压紧的圈数称支承圈,弹簧两端各并紧 1/2 圈,磨平 3/4 圈,所以 $n_0 = 2.5$ 圈。

有效圈数 n:保持节距相等的圈数。

总圈数 n_1:有效圈数加支承圈,$n_1 = n + n_0$

(5)弹簧自由高度(长度)H_0,即弹簧在不受任何外力时的高度。

$$H_0 = n_p + (n_0 - 0.5)d$$

当支承圈 $n_0 = 1.5$ 时:

$$H_0 = np + d$$

当 $n_0 = 2$ 时:

$$H_0 = np + 1.5d$$

当 $n_0 = 2.5$ 时:

$$H_0 = np + 2d。$$

(6)簧丝伸开长度 L。制造弹簧前,簧丝的落料长度,即螺旋线的展开长度。

$$L = \sqrt{(n_1 \cdot \pi D_2)^2 + (n_1 p)^2} = n_1\sqrt{(\pi D_2)^2 + P^2}$$

二、圆柱螺旋压缩弹簧的画法及画图步骤

螺旋弹簧通常用倾斜直线近似地代替螺旋线画出,均可画成右旋,但左旋弹簧不论画成左旋或右旋,一律要注出旋向“左”字;有效圈数在 4 圈以上者,可画出 1 ~2 圈(支承圈不计在内),中间部分可以省略,但应画出簧丝中心线;簧丝直径小于 2 圈时,簧丝剖面可全部涂黑。

画图步骤如图 7-35 所示。

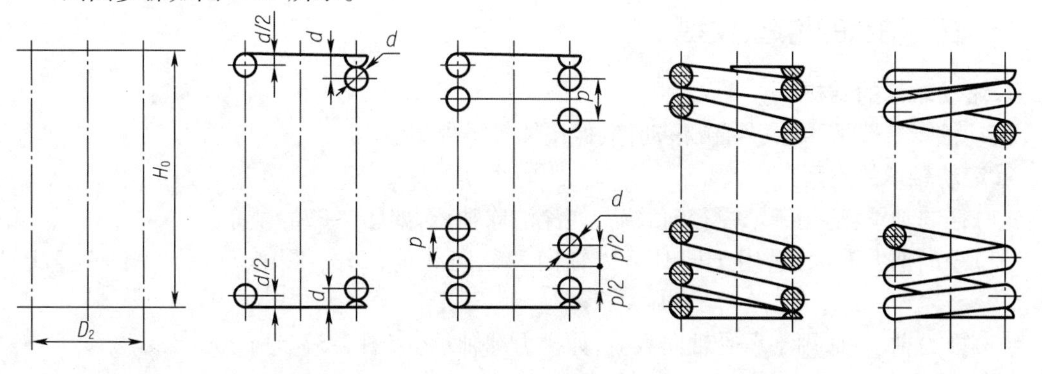

图 7-35　螺旋压缩弹簧画图步骤

图 7-36 为螺旋压缩弹簧零件图。

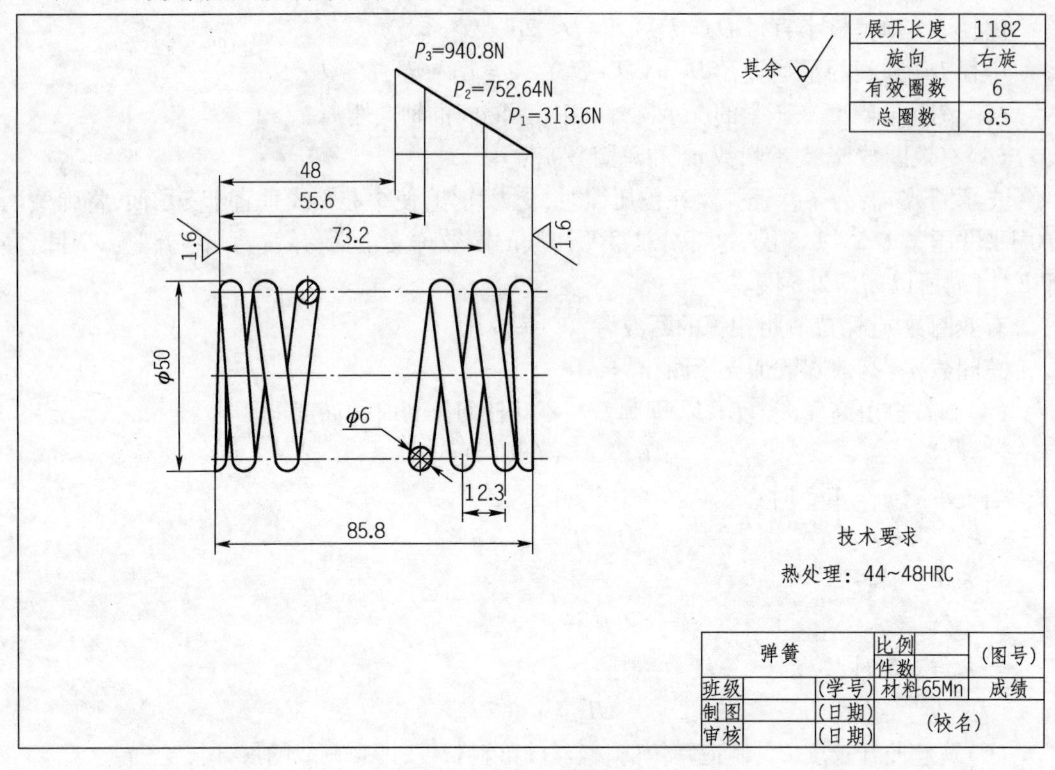

图 7-36　螺旋压缩弹簧零件图

第六节　滚动轴承

滚动轴承的作用是支撑轴旋转及承受轴上的载荷。由于其结构紧凑、摩擦力小,所以得到广泛使用。

滚动轴承是一种标准组件,由专门的标准件工厂生产,需用时可根据要求确定型号选购即可。在设计机器时,滚动轴承不必画出零件图,只需在装配图中按规定画法画出。

一、滚动轴承的构造、类型

1. 滚动轴承的结构

滚动轴承一般由内圈、外圈、滚动体、保持架等零件组成。

2. 滚动轴承的类型

(1)径向轴承:适用于承受径向载荷,如深沟球轴承,如图 7-37a)所示。

(2)径向推力轴承:适用于同时承受轴向和径向载荷,如圆锥滚子轴承,如图 7-37b)所示。

(3)推力轴承:适用于承受轴向载荷,如推力球轴承,如图 7-37c)所示。

二、滚动轴承的代号

滚动轴承的种类很多,为了便于选用,国家标准规定用代号来表示滚动轴承。代号能表示出滚动轴承的结构、尺寸、公差等级和技术性能等特性。

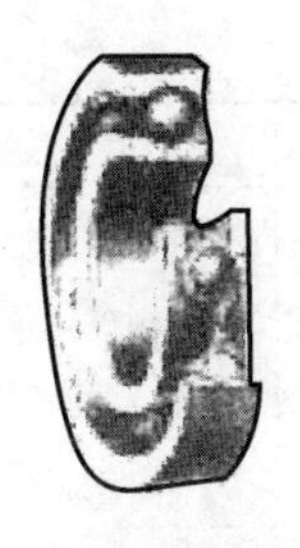

a)深沟球轴承

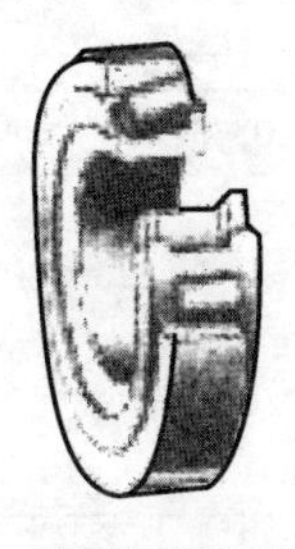

b)圆锥滚子轴承

c)推力球轴承

图7-37　滚动轴承

滚动轴承代号由字母和数字组成。完整的代号包括前置代号、基本代号和后置代号三部分，其排列方式如下：

1. 基本代号

基本代号表示轴承的基本类型、结构和尺寸，是轴承代号的基础。它由轴承类型代号、尺寸系列代号、内径代号构成。

(1)轴承类型代号用数字或字母来表示，见表7-6。

轴承类型代号　　表7-6

代号	0	1	2		3	4	5	6	7	8	N	U	QJ
轴承类型	双列角接触球轴承	调心球轴承	调心滚子轴承	推力调心滚子轴承	圆锥滚子轴承	双列深沟球轴承	推力球轴承	深沟球轴承	角接触球轴承	推力圆柱滚子轴承	圆柱滚子轴承	外球面球轴承	四点接触球轴承

(2)类型代号有的可以省略，如双列角接触球轴承的代号"0"可不写。区分类型的另一重要标志是标准号，每一类轴承都有一个标准编号，例如，双列角接触球轴承标准编号为GB/T 296—2015；调心球轴承标准编号为GB/T 281—2013。

(3)尺寸系列代号由轴承的宽(高)度系列代号(一位数字)和直径系列代号(一位数字)左右排列组成。它反映了同种轴承在内圈孔径相同时，而宽度和外径及滚动体大小不同的轴承。尺寸系列代号不同的轴承其外廓尺寸不同，承载能力也不同。

(4)尺寸系列代号有时可以省略。除圆锥滚子轴承外，其余各类轴承宽度系列代号"0"均可省略；深沟球轴承和角接触球轴承的10尺寸系列代号中的"1"可以省略；双列深沟球轴承的宽度系列代号"2"可以省略。

(5)内径代号表示轴承的公称内径，表示滚动轴承内圈孔径，因其与轴产生配合，是一个重要参数。轴承内径代号见表7-7。

轴承内径代号　　表7-7

轴承内径(mm)	内径代号	示　例
0.6~10(非整数)	用公称内径毫米数值直接表示，在其与尺寸系列号之间用"/"分开	深沟球轴承618/2.5：$d=2.5$mm
1~9(整数)	用公称内径毫米数值直接表示，对深沟及角接触球轴承7、8、9直径系列，内径与尺寸系列代号之间用"/"分开	深沟球轴承625，深沟球轴承618/5：$d=5$mm

续上表

轴承内径(mm)		内径代号	示例
10 ~ 17	10	00	深沟球轴承 6200: $d = 10$mm
	12	01	
	15	02	
	17	03	
20 ~ 480(22、28、32 除外)		公称内径除以 5 的商数,商数为个位数,需在商数左边加“0”,如 08	深沟球轴承 6208: $d = 40$mm
≥500 以及 22、28、32		用公称内径毫米数值直接表示,但在与尺寸系列之间用“/”分开	深沟球轴承 62/500: $d = 500$mm 深沟球轴承 62/22: $d = 22$mm

轴承基本代号举例:

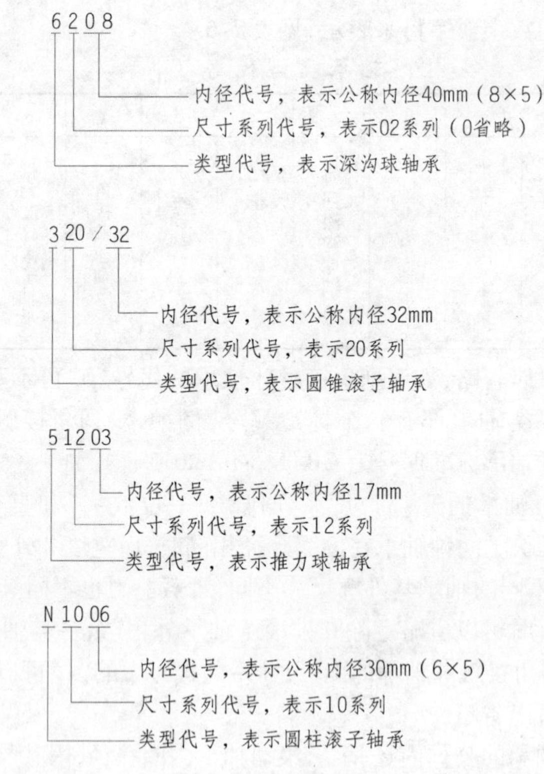

当只需表示类别时,常将右边的几位数字用 0 表示,如 6000 就表示深沟球轴承,3000 表示圆锥滚子轴承。

2. 前置、后置代号

前置代号用字母表示;后置代号用字母(或字母和数字)表示。前置、后置代号是轴承在结构形状、尺寸、公差、技术要求等有改变时,在基本代号左右添加的代号。

三、滚动轴承的画法

在装配图中,滚动轴承的轮廓按外径 D、内径 d 和宽度 B 等实际尺寸绘制,其余部分用规定画法或简化画法绘制，在同一图样中一般只采用一种画法。

1. 规定画法

在装配图中，规定画法一般采用剖视图绘制在轴的一侧，另一侧按通用画法绘制，具体画法见表 7-8。

2. 简化画法

（1）通用画法在剖视图中，当不需要确切地表示滚动轴承的外形轮廓、载荷特征、结构特征时，可用矩形线框及位于线框中央正立的十字形符号表示滚动轴承，如图 7-38 所示。

（2）特征画法在剖视图中，如需要比较形象地表示滚动轴承的结构特征时，可采用在矩形线框内画出其结构要素符号的方法表示，具体画法见表 7-8。

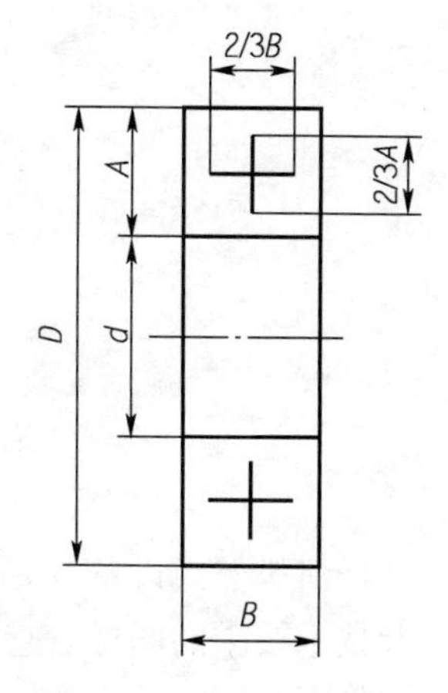

图 7-38　滚动轴承的通用画法

常用滚动轴承的画法　　表 7-8

名　称	深沟球轴承	圆锥滚子轴承	推力球轴承
规定画法	A A/2 60° d 2/3B D 2/3A B	C A/2 A A/4 A/2 15° D d B T	60° T/2 A d D T
特征画法	2/3B A B/6 d D B	2/3B B/6 30° A d D B	A/6 A 2/3A d D T

第八章 零 件 图

第一节 零件图的作用和内容

任何机器或设备,都是由若干零件按一定要求装配而成的。零件图是表示零件结构、大小及技术要求的图样。它是制造、检验零件的依据,是设计和生产部门的重要技术文件。

如图 8-1 所示为一齿轮轴的零件图。

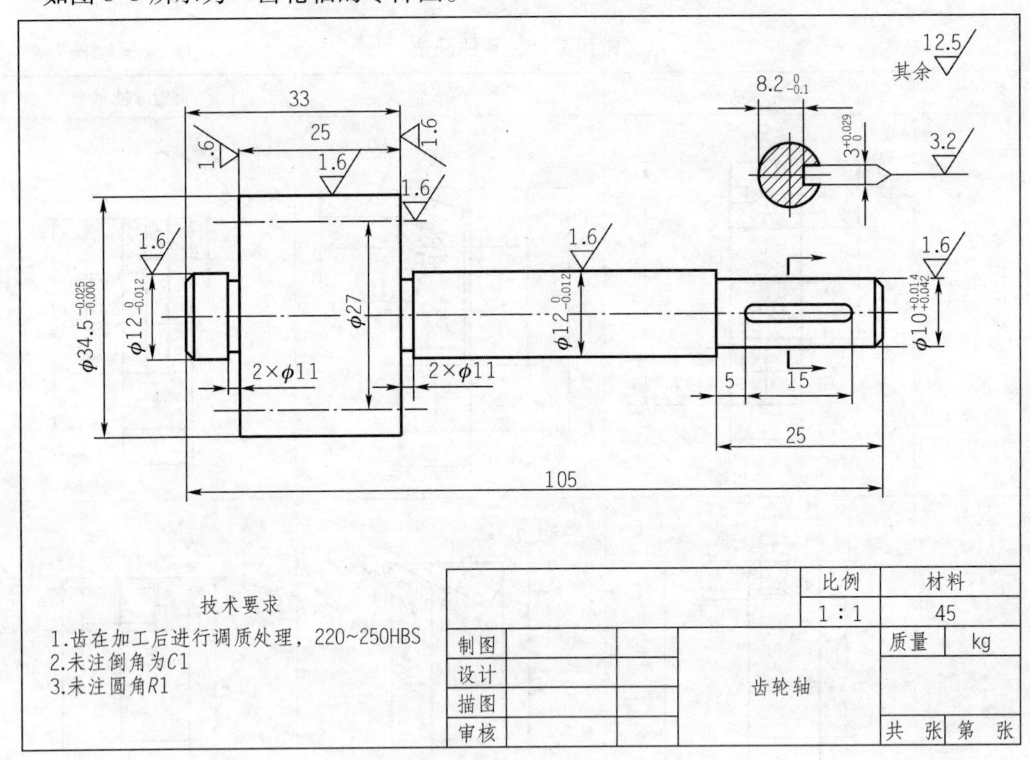

图 8-1 齿轮轴零件图

一张完整的零件图应包含如下的内容:

(1)一组视图。用适当的视图、剖视图、断面图等各种表达方法,正确、完整、清晰、简便地表示出零件的内外结构及形状。

(2)完整的尺寸。应正确、完整、清晰、合理地标注出制造和检验零件所需的全部尺寸。

(3)技术要求。用国家标准中规定的符号、数字或文字(字母)等,准确、简明地表示出零件在制造、检验、材质处理等过程中应达到的各项质量指标和技术要求。

(4)标题栏。应填写零件的名称、数量、材料、图样代号、绘图比例以及责任人员签名和日期等。

第二节　零件图的视图选择

零件图的视图选择，就是选用适当的表达方法将零件的内外结构形状正确、完整、清晰地表达出来，并力求画图简单、看图方便。因此，必须通过对零件的了解，合理地选择主视图和其他视图，以确定恰当的表达方案。

一、主视图的选择

主视图应比较清楚和完整地表达出该零件的结构形状，它是零件表达方案的核心，选择主视图应从以下两个方面来考虑：

1. 合理位置原则

(1)加工位置原则。主视图上零件的安放位置应尽量与该零件在加工时的位置一致，以便于加工时看图。例如轴、套、轮、盘等由回转体形成的零件，其主要加工工序是在车床上加工的，所以主视图通常都按加工位置(轴线横放)画出，如图8-2所示。

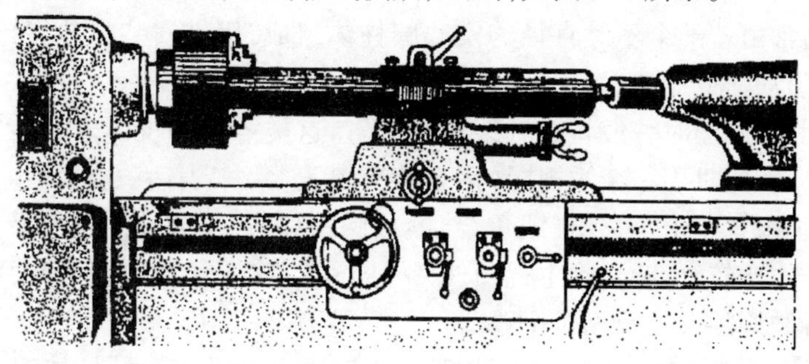

图8-2　加工位置原则

(2)工作位置原则。主视图上零件的安放位置与该零件在机器中的工作位置一致，以便于将零件和整台机器联系起来，想象其工作情况。例如支座、底座、支架等零件的主视图通常按工作位置画出，如图8-3、图8-4所示。

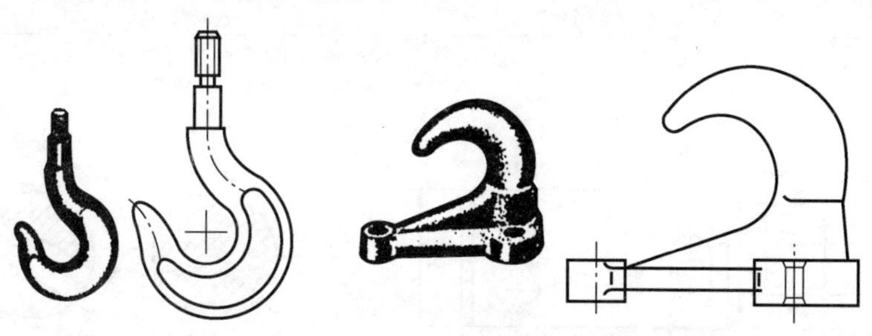

图8-3　工作位置原则　　　图8-4　工作位置原则

当零件加工位置多变、工作位置不固定或斜放时，可按零件安放时平稳的位置画出其主视图。确定零件的安放位置首先要考虑加工位置，其次选择工作位置，并应注意安放平稳及便于画图。

2. 形状特征原则

应把最能反映零件结构形状特征的方向作为主视图的投射方向(视向)，使主视图较完整地表达出零件主要结构和各部分之间的相对位置。

二、其他视图的选择

主视图确定之后，应根据零件中尚未表达清楚的结构形状，有针对性地选择其他视图以及相应的表达方法。注意使所选择的每个视图都有明确的表达目的。

三、典型零件的视图表达特点

根据零件的形状、结构特点和视图表达的共同特性，可分为以下五类具有代表性的零件，即轴套类、盘盖类、叉架类、箱体类和其他类。下面分别结合典型实例，介绍这几类零件的视图表达特点。

1. 轴套类零件

汽车上的半轴、变速器第一、二轴、钢板销、连杆衬套、凸轮轴承等，均属轴套类零件。它们的形状特点是：基本形体都是圆柱体，结构特点为圆柱面上常开有特殊用途的槽或孔，以及加工工艺结构如退刀槽、砂轮越程槽、倒角、圆角等。这类零件还分为轴类和套类零件。

1）轴类零件

轴类零件通常由若干个不等直径的实心圆柱体组成，用来安装齿轮、带轮、滚动轴承等轴上零件，以传递动力或运动。

为了便于读图，画图时一般将其轴线水平放置，这类零件的视图表达特点是：当其端面形状特别简单时，一般只用一个主视图（用 ϕ 表示其直径）来表达；当柱面上有槽或孔时，通常根据需要，增加配置若干个移出（或重合）断面图，以表达槽或孔的形状及其相对位置；当其端面的形状结构比较复杂时，除主视图外，常增设有左视图（或右视图），用以表达端面的形状和端面上各结构的形状及相对位置。

如图 8-5 所示的偏心轴，是由 $\phi20$、$\phi28$、$\phi38$ 三个不等径实心圆柱体组成，中间 $\phi28$ 圆柱体轴线偏离左、右两端的圆柱体的轴线 4*mm*，且在 $\phi38$ 圆柱体上有一长圆形的槽和一倾斜的圆通孔。因为偏心轴两端面形状特别简单，所以只用一个基本视图——主视图来表达。但因轴上有孔和槽，它们的形状在主视图上不能完整地表达出来，所以又配以 *A* - *A*、*B* - *B* 两个移出断面图来表达。

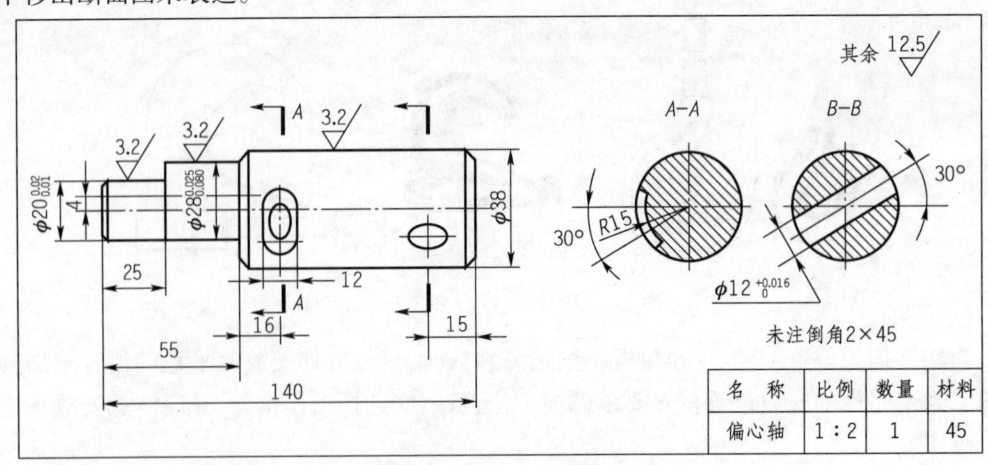

名　称	比例	数量	材料
偏心轴	1：2	1	45

图 8-5　偏心轴零件图

如图 8-6 所示的半轴，由于左端的形状比较复杂，其上分布有许多螺孔、光孔和锥形沉孔，仅用主视图不能把这些孔的分布情况表达出来，因此增加了左视图。对于增加左视图后仍不能表达清楚的锥形沉孔，又采用了 $A-A$ 移出断面来加以补充。

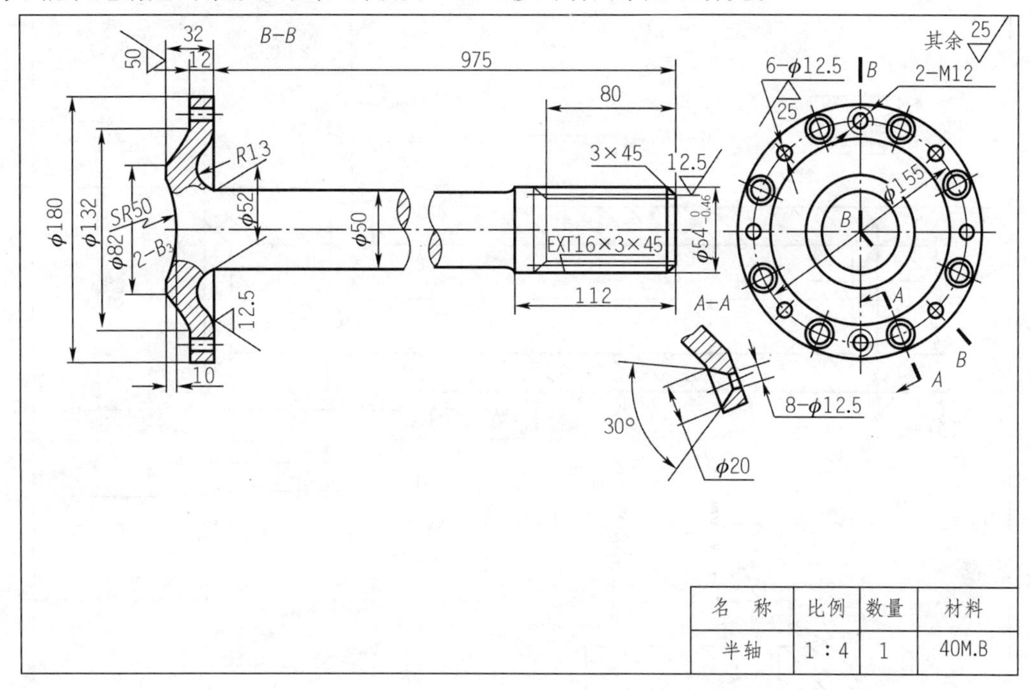

图 8-6　半轴零件图

2）套类零件

套类零件主要用来包容轴类零件，因此，一般由若干个直径不等的空心圆柱体组成，并常有径向的孔或槽。

表达这类零件时，一般将其轴线水平放置，用全剖视的主视图表达其内部形状和结构，用移出断面图表达直径为 I 的孔或槽的形状。如图 8-7 所示的柱塞套，是由两个外径不同的空心圆柱体组成，较粗的一端上部有一宽 5mm 的半圆槽，槽中间有一径向通孔，下部也有一径向通孔，但上、下两孔不同轴。由于柱塞套外形和端面形状都比较简单，因此基本视图只用一个主视图。为把柱塞的内部形状及右端的槽、两个径向孔的形状表达清楚，主视图采用单一全剖，对于尚未表达清楚的半圆槽，用 $A-A$ 移出断面图补充表达。

2. 盘盖类零件

汽车上离合器中压盘、法兰盘、气泵带轮、气泵盖均属盘盖类零件。这类零件还可细分为盘类、轮类和盖类零件。它们的形状特征均为短而粗的圆柱体。从总体上看，轴向尺寸小于径向尺寸。盘类零件主要起连接作用，因此端面上都有连接用孔；盘类零件用以传递动力或运动，内孔有键槽，外圆柱面上常有槽等结构；盖类零件用于密封，因此都有一个端面比较光滑、平整，该端面且都有用于紧固的孔。

就视图表达特点而言，盘、盖类零件常用主视图和左视图（或右视图、俯视图）两个基本视图，并将主视图作全剖视，以表达内部的形状和结构，用左视图（或右视图、俯视图）表达端面形状和端面上各结构的形状及其相对位置。如图 8-8 所示为皮带轮零件。图中，主视图采用全剖视图，主要表达三角皮带轮轮缘上三角皮带槽的形状和轮缘的形状，左视图主要表达轮辐上减轻孔、肋的形状和相对位置，以及轮毂上键槽的形状。如图 8-9 所示为泵盖零件。图中，泵盖的内外形状采用主、俯两个基本视图来表达。单一全剖的主视图主要表达盖上三种孔的内部形状，俯视图主要表达泵盖外形及两个直径为 $\phi12$ 的孔和六个沉孔的相对位置。

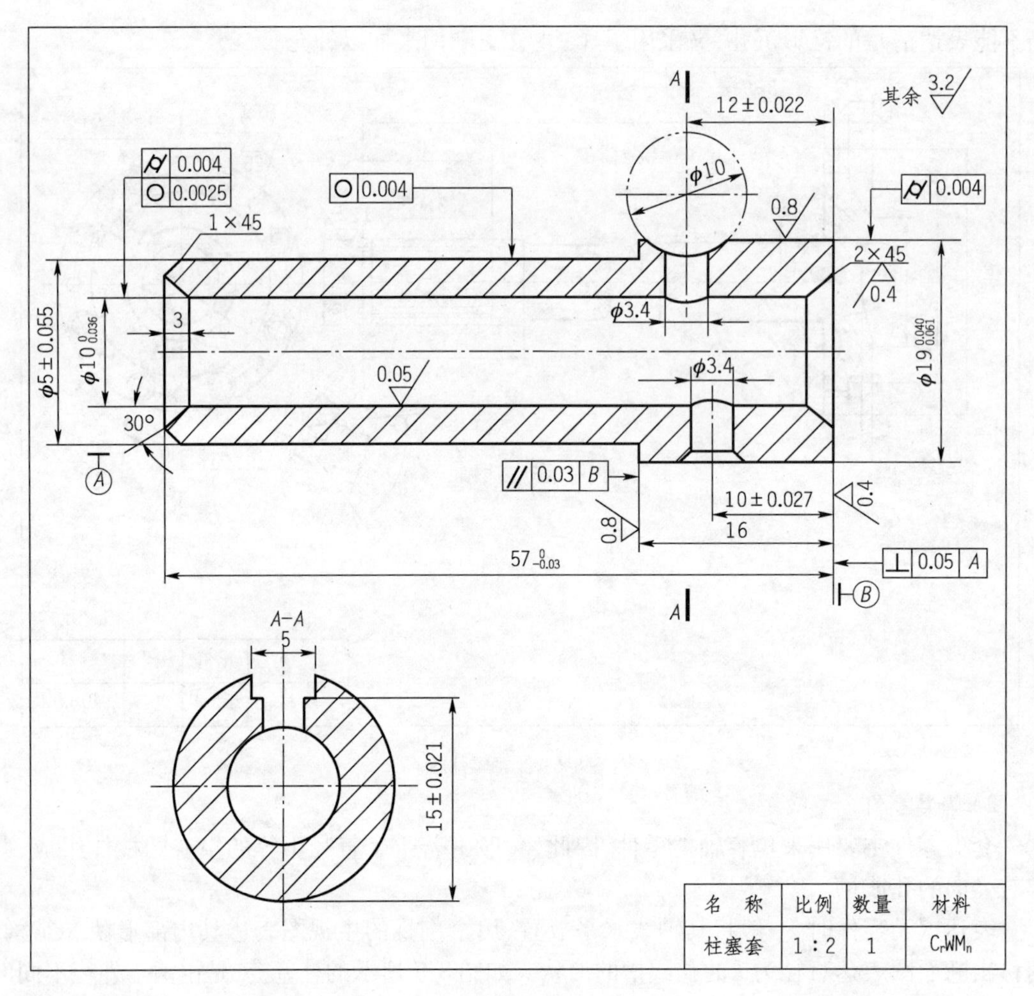

名　称	比例	数量	材料
柱塞套	1∶2	1	CrWMn

图 8-7　柱塞套零件图

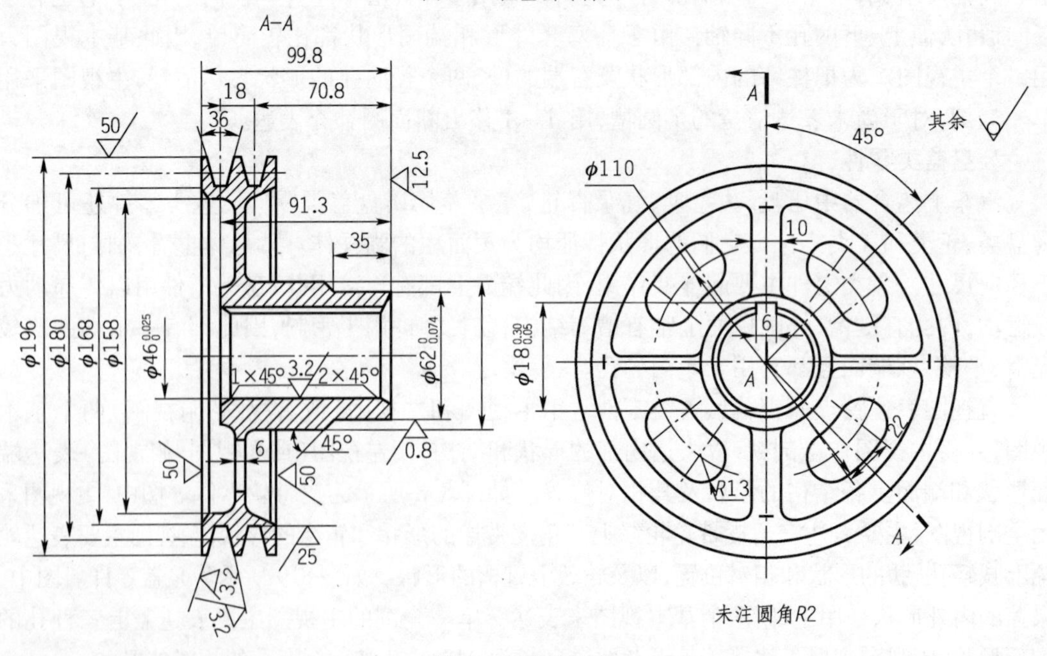

图 8-8　皮带轮零件图

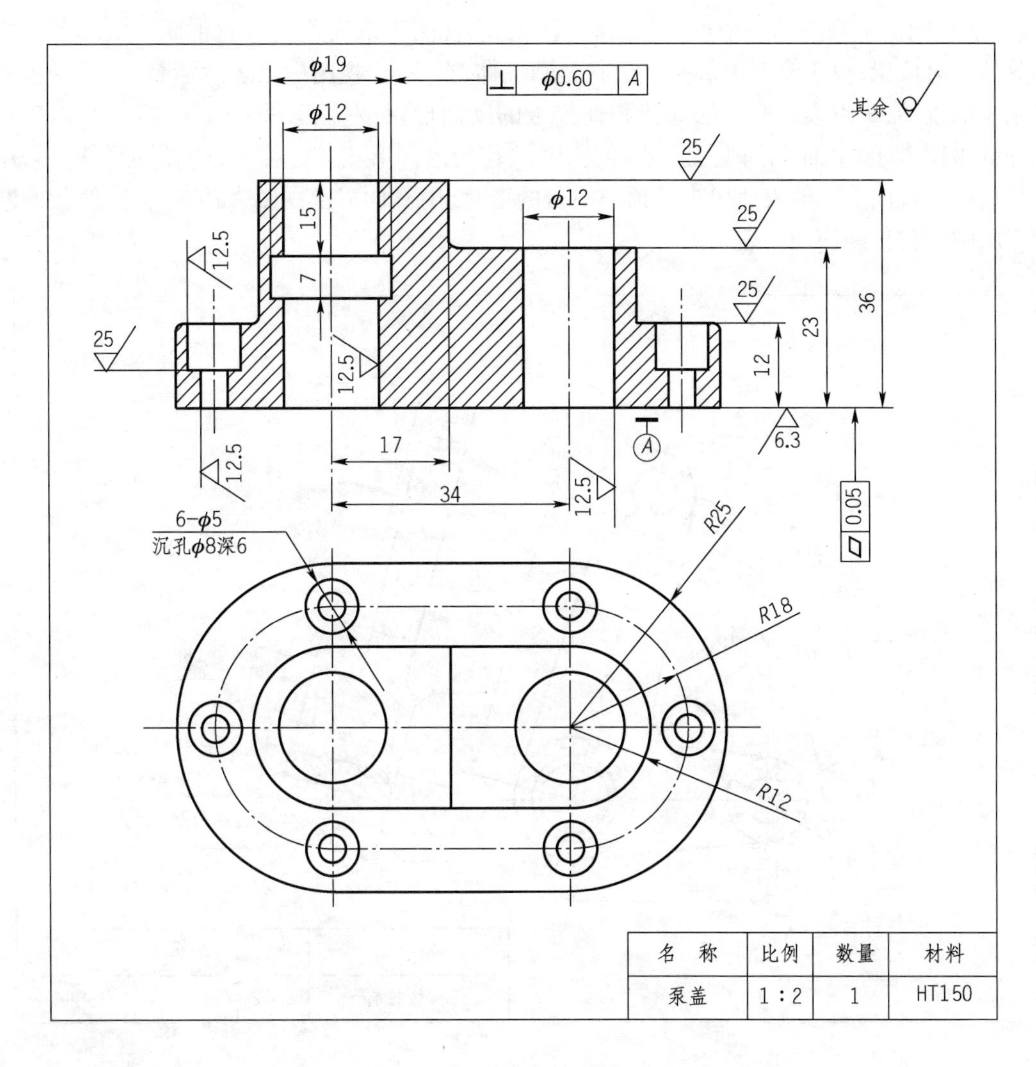

图 8-9 泵盖零件图

3. 叉架类零件

汽车上变速器中的拨挡叉、制动杠杆、轴承支架等，均属叉架类零件。叉架类零件还可细分为叉类零件和支架类零件。

1) 叉类零件

叉类零件又称叉杆类零件，形状不规则，主要由带有叉和支承孔的杆组成。在机器中起操纵作用。表达这类零件时，常采用主视图和斜视图或局部视图，主视图主要表达整体外形，斜视图主要表达倾斜杆的形状。为表达孔等结构，常采用局部剖视。如图 8-10 所示的制动杠杆零件图，制动杠杆的形状就是采用主视图和一个 *A* 向斜视图来表达的。主视图重点表达制动杠杆的外形，*A* 向斜视图主要表达倾斜杆的形状，斜视图上的局部剖视表达支承孔的形状。

2) 支架类零件

支架类零件在机器中起支承作用，一般由支承部分、安装部分和连接部分组成。

表达这类零件时，以基本视图为主，并作适当的剖切，必要时配置局部视图或断面图。如图 8-11 所示的支架零件图，支架由支承部分、底板和连接部分组成，其形状用三个基本视图、一个 C 向局部视图和一个移出断面图表达。主视图用来表达支架的正面形状和各组成部分的相对位置；由于支架上部基本形状是圆柱体，在主、左视图中已表达清楚，所以俯视图采用全剖视图，重点表达底板的形状和连接板的断面形状；左视图采用阶梯全剖视，以表达顶部的 $M10$ 螺孔、正面圆周上三个直径为 7mm 孔的内部形状及连接板、肋板的形状。采用剖视后在俯视图上不能表达出来的顶部凸台的形状，用 C 向局部视图来补充表达，肋板的断面形状则用移出断面图来表达。

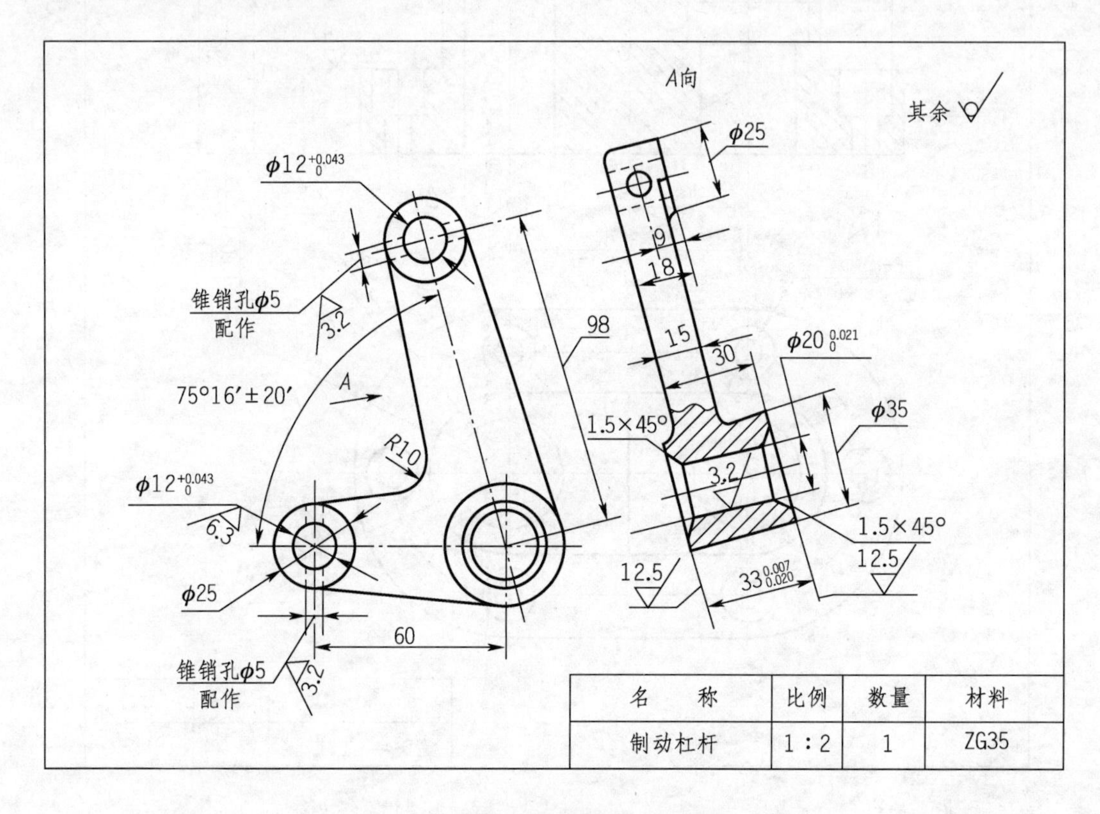

图 8-10　制动杠杆零件图

4. 箱体类零件

汽车上的变速器壳体、汽缸体、气泵缸体、后桥壳等均属箱体类零件。这类零件在机器中主要起支承和包容传动零件及其他零件的作用，结构形状均比上述三类零件复杂。

表达这类零件时，一般取工作位置画主视图，常采用数量较多的基本视图，为同时表达内部结构形状，通常画剖视图和局部视图，如采用剖视图，其剖切平面一般通过主要支承孔的轴线或对称平面，局部视图主要表达基本视图中没有表达完整的部分的形状。如图 8-12 所示的齿轮油泵泵体箱体类零件，从立体图上看，该零件内、外形状都比较复杂，但其上下对称，前后也基本对称。因此，该泵体的形状就采用了主、俯、左三个基本视图和 T 向、K 向两个局部视图来表达，并且将主、左两个视图画半剖视图，将俯视图画全剖视图（见图 8-13）。

半剖视的主视图既表达了泵体正面的外部形状，又表达了泵体内部形及左端面上的螺孔形状；半剖视的左视图重点表达左端面的外形、左端面上 8 个螺孔的分布情况以及正面的进油孔（直径为 $\phi30$ 的圆孔）、内部 14 × 6 的槽形状；全剖视的俯视图表达进、出油孔（背面的长圆孔）与中间空腔的关系和 14 × 6 槽断面形状以及泵体外形俯视方向的轮廓；T 向局部视图主要表达背面出油孔处凸台外形和上面的 4 个螺孔的相对位置;K 向局部视图用来表达右端面的形状。

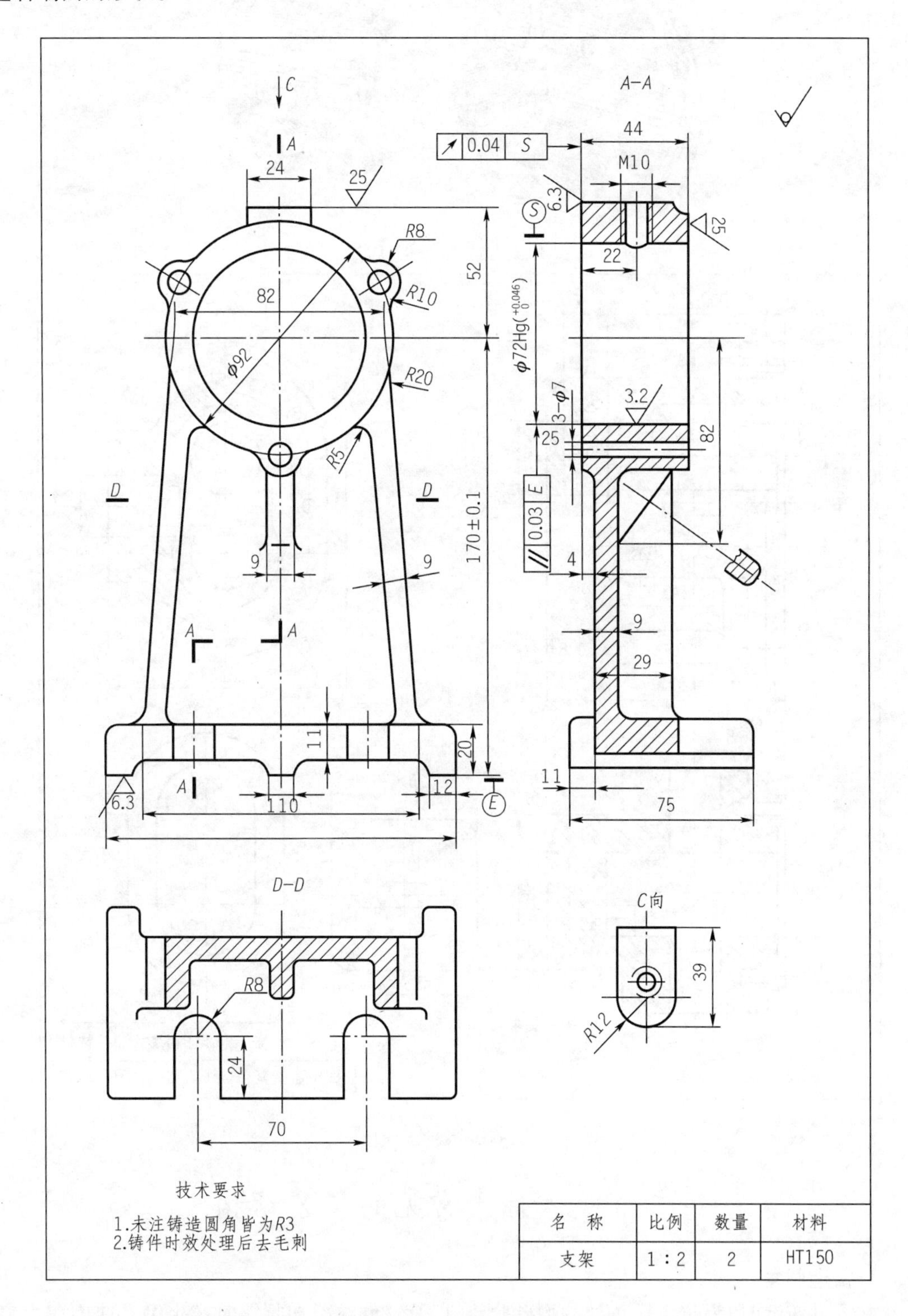

名　称	比例	数量	材料
支架	1:2	2	HT150

图 8-11　支架零件图

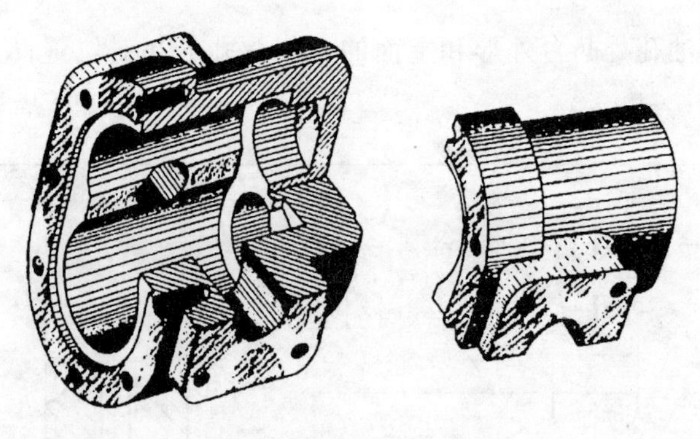

图 8-12　齿轮油泵体立体图

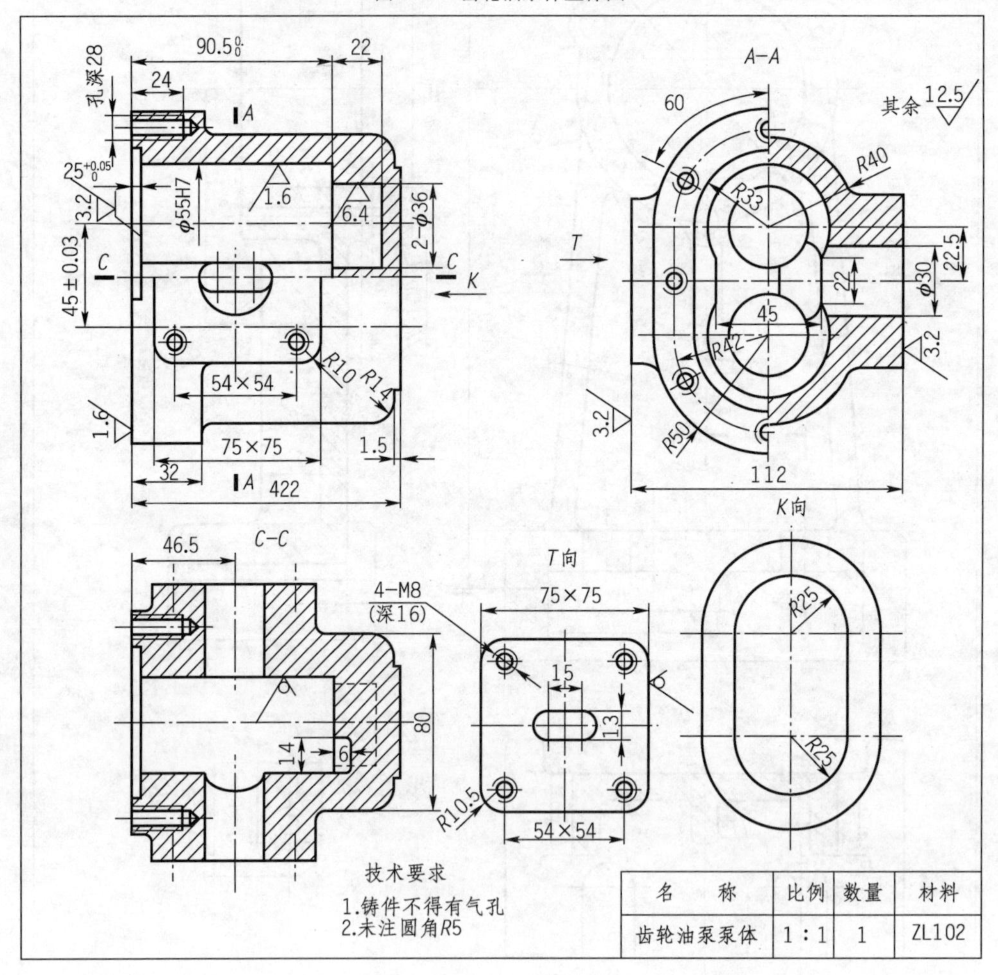

图 8-13　齿轮油泵泵体零件图

第三节　零件上常见的工艺结构

1. 铸造圆角

在零件铸造时，为防止转角处的型砂脱落，以及铸件在冷却收缩时产生缩孔或因应力集中而开裂，故在铸倒角表面转角处设计成圆角过渡，称为铸造圆角，铸造圆角的存在，还可使零件的强度增加，如图 8-14 所示。

圆角半径一般取 3 ~ 5mm，或取壁厚的 0.2 ~ 0.4 倍，铸件经机械加工后，铸造圆角被切除，如图 8-15 所示。因此只有两个不加工的铸造表面相交处才有铸造圆角，当其中一个是加工面时，不应画圆角。

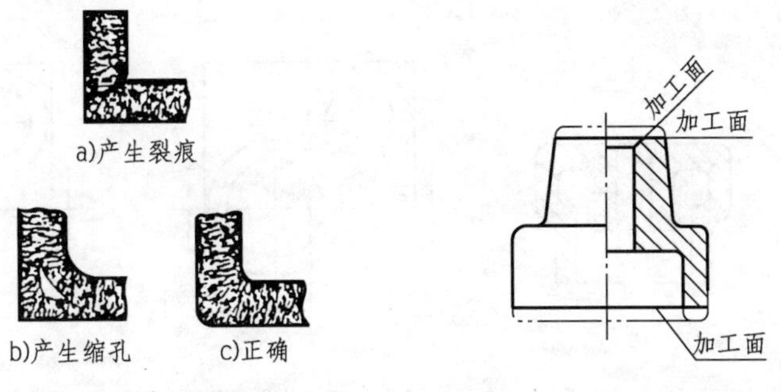

图 8-14　铸造圆角的必要性　　图 8-15　铸件的铸造圆角

2. 起模斜度

铸件在造型时，为使金属模样或木模样从铸型中取出，平行于起模方向在模样上的斜度，称为起模斜度。起模斜度的大小一般为 1° ~ 3°，如图 8-16 所示。

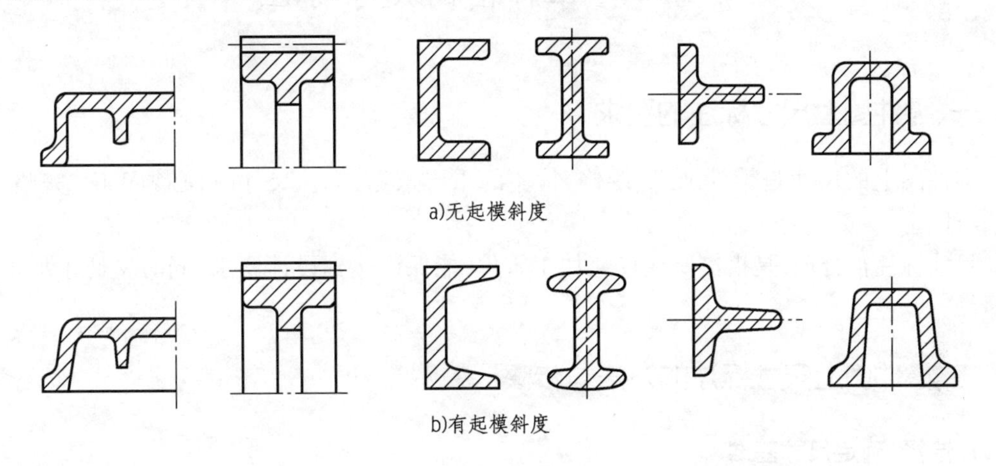

图 8-16　起模斜度

3. 铸件壁厚应均匀

铸件壁的厚、薄转折处，要逐渐过渡，防止由于壁厚不均匀致使金属冷却速度不同而产生裂纹或缩孔，如图 8-17 所示。

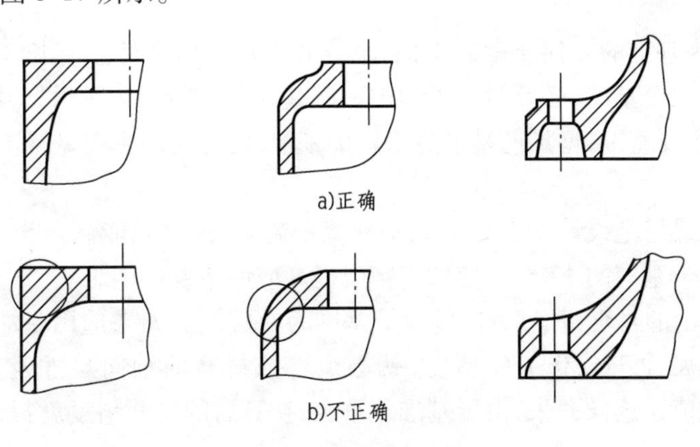

图 8-17　铸件壁厚应均匀

4. 铸件形状设计要合理

铸件各部分形状应尽量简单，内外壁尽可能平直，凸台等安放位置应合理，以便于制造模样、造型、清砂及机械加工，如图 8-18 所示。

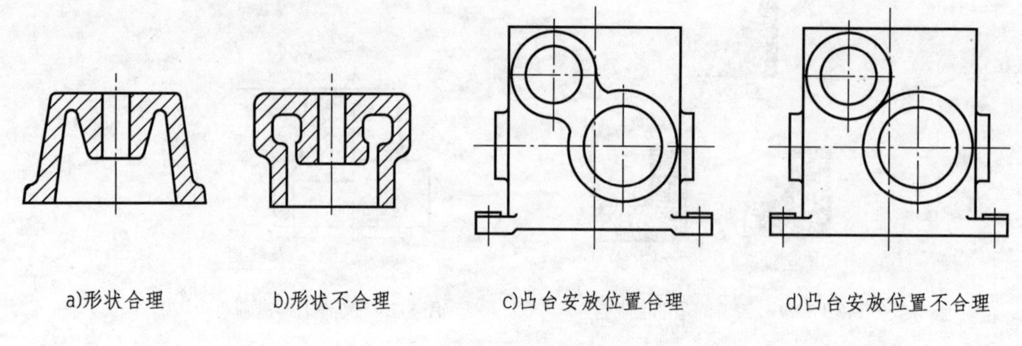

a)形状合理　　b)形状不合理　　c)凸台安放位置合理　　d)凸台安放位置不合理

图 8-18　形状设计应合理

第四节　零件图的尺寸标注

一、零件图上尺寸标注的要求

零件图上的尺寸是零件加工、维修、检验的重要依据，标注尺寸时，必须正确、完整、清晰、合理。

尺寸标注得合理，是指按所注尺寸加工零件，能保证达到设计要求，同时又便于加工和测量。

二、零件图上尺寸标注的方法与步骤

1. 选择、确定尺寸基准

尺寸基准是指图样中标注尺寸的起点。标注尺寸时，应先确定尺寸基准。尺寸基准一般有设计基准和工艺基准两类：设计基准是在设计过程中，根据零件在机器中的位置、作用，为保证使用性能而确定的基准；工艺基准是根据零件的加工工艺过程，为方便装卡定位和测量而确定的基准。

在图上可作为基准的几何要素有平面、轴线和点。任何零件总有长、宽、高三个方向的尺寸，因此至少有三个基准，必要时还可增加一些基准，如图 8-19 所示。其中决定零件主要尺寸的基准称为主要基准，增加的基准称为辅助基准，同方向的主要基准与辅助基准之间一定要有尺寸联系。

标注尺寸时，最好把设计基准和工艺基准统一起来，这样既能满足设计要求，又能满足工艺要求，有时由于基准的不统一，使加工精度提高或制造发生困难。

如图 8-20 所示的衬套，长度方向的设计基准为右端面。如果选用左端面作为加工的工艺基准，则为保证尺寸 24 ± 0. 1 的精度，就必须将该衬套的轴向尺寸及其公差换算成如图 8-21 所示的数值。这样一来，由于基准不重合，换算后的尺寸精度就提高了，势必给加工带来困难。

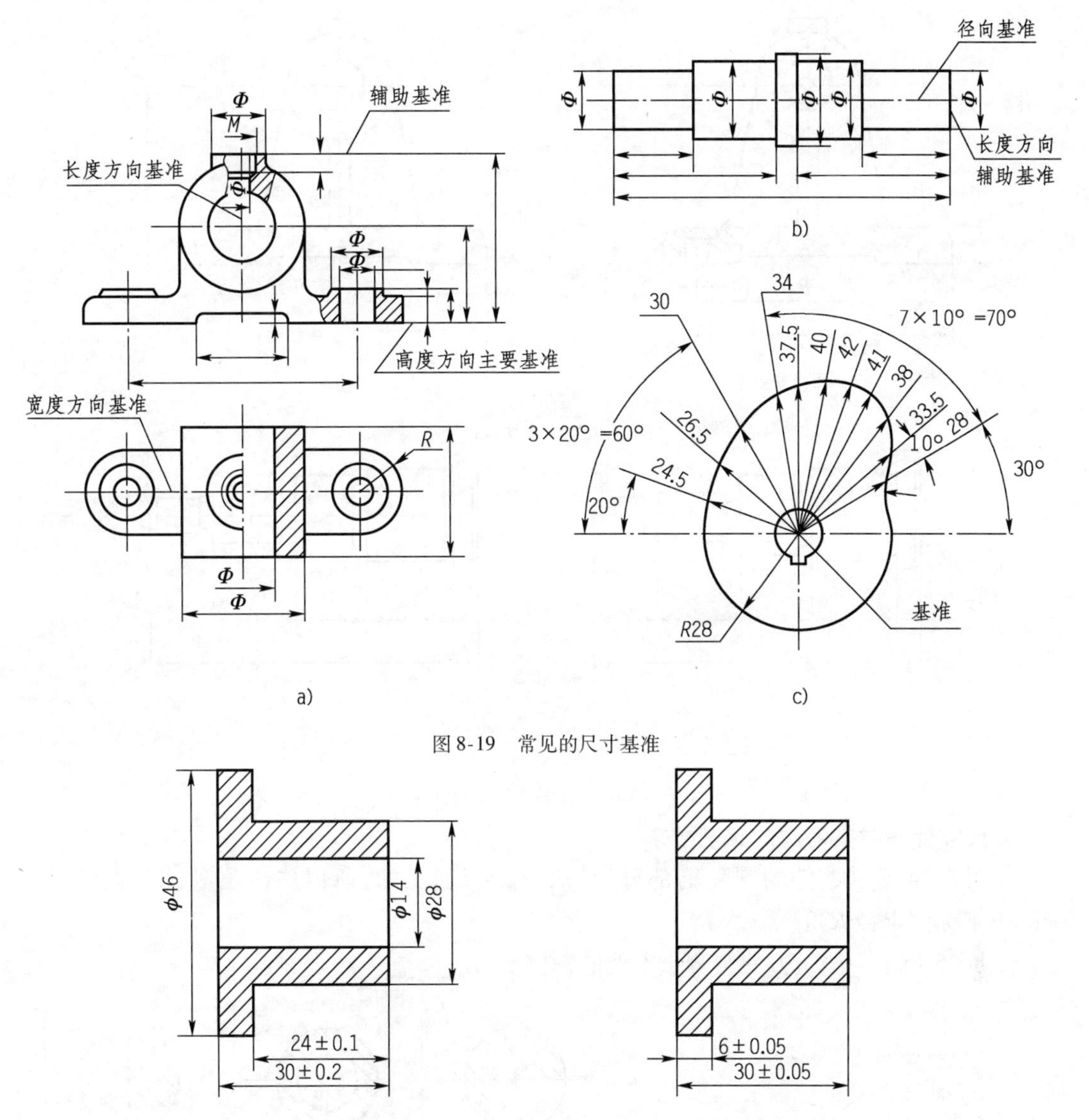

图 8-19 常见的尺寸基准

图 8-20 衬套右端面选作设计基准

图 8-21 衬套工艺基准与设计基准不重合

尺寸基准的选择是个十分重要的问题。因为基准选择是否正确,关系到整个零件尺寸标注的合理性。如果尺寸基准选择不当,零件的设计要求将无法保证,并给零件的加工、测量带来困难。

2. 标注定位尺寸和定形尺寸

由基准出发,注出零件上各部分形体的定位尺寸及定形尺寸(见图 8-19)。

3. 尺寸标注时需考虑的设计要求

零件的重要尺寸应从基准直接注出。以保证加工时达到尺寸要求,避免造成换算尺寸,如图 8-22 所示。

标注尺寸时,不允许出现封闭的尺寸链。一组首尾相连的链状尺寸称为尺寸链,如图 8-23a)所示;组成尺寸链的各尺寸称为尺寸链的组成环,在尺寸链中,任何一环的尺寸误差都同其他各环的加工误差有关,为避免封闭尺寸链,可选择其中不太重要的一环不注尺寸如图 8-23b)所示。

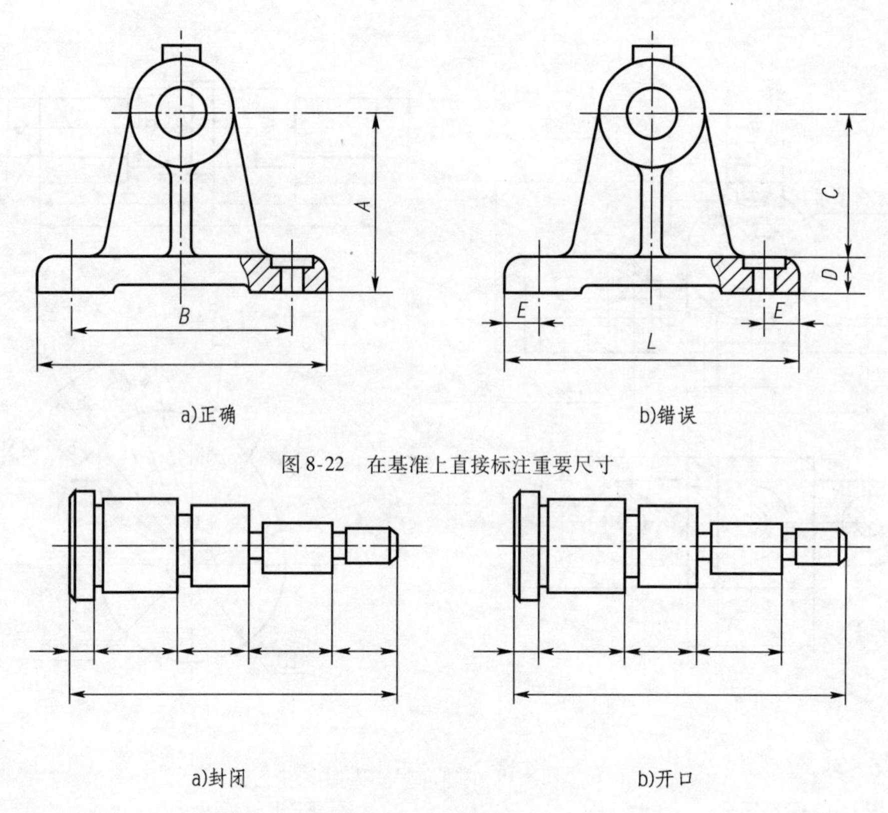

a)正确　　b)错误

图 8-22　在基准上直接标注重要尺寸

a)封闭　　b)开口

图 8-23　尺寸链的封闭与开口

4. 尺寸标注时需考虑的工艺要求

如图 8-24 所示零件的圆弧槽部分,是用盘铣刀加工的,所以应注出盘铣刀直径尺寸 $\phi60$,不是标注半径 $R30$。

图 8-25 所示为测量方便与测量不便的图例。

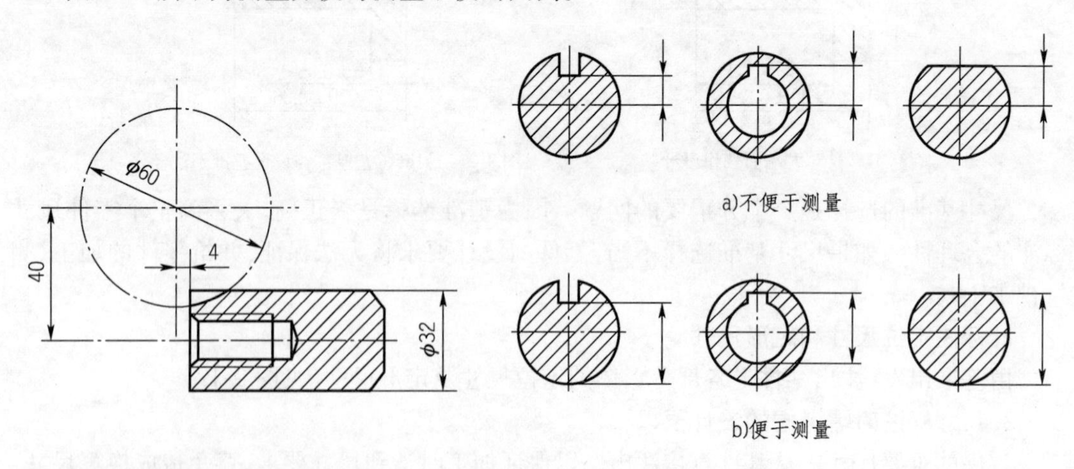

a)不便于测量　　b)便于测量

图 8-24　尺寸标注符合加工方法要求　　图 8-25　尺寸标注要便于测量

三、零件图上常见结构的尺寸注法

对零件图上常见的螺孔、销孔、沉孔、倒角、退刀槽等结构的尺寸注法,《机械制图 尺寸注法》(GB 4458.4—2003)均有具体规定,零件图上常见孔的标注见表 8-1。

零件图上常见孔的尺寸标注　　表8-1

零件结构类型		简化标注	一般标注	说明
光孔	一般孔	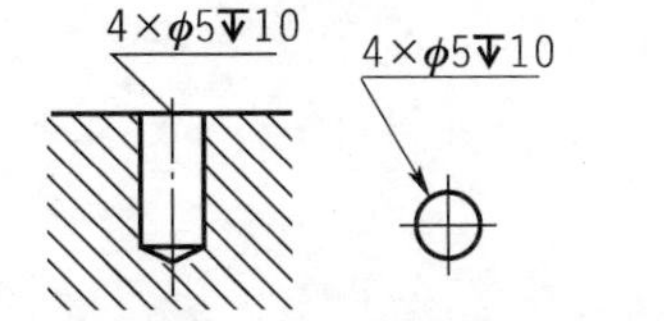 4×ϕ5↧10　4×ϕ5↧10	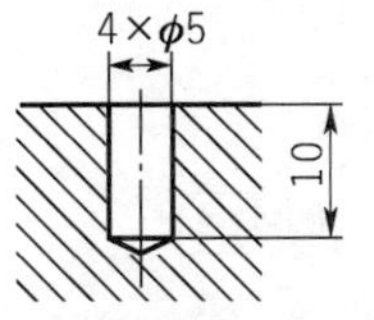 4×ϕ5　10	↧深度符号 4×5表示直径为5mm均布的4个光孔。孔深可与孔径连注，也可分别注出
	精加工孔	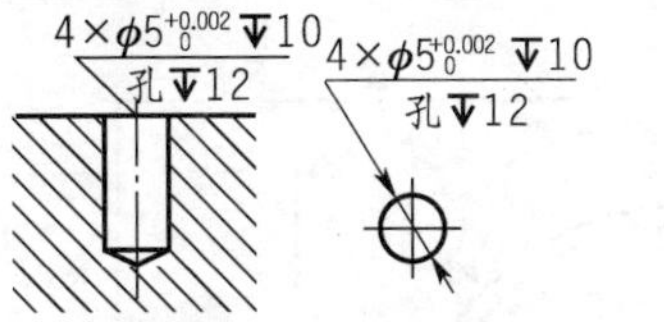 $4\times\phi5^{+0.002}_{0}$↧10 孔↧12　$4\times\phi5^{+0.002}_{0}$↧10 孔↧12	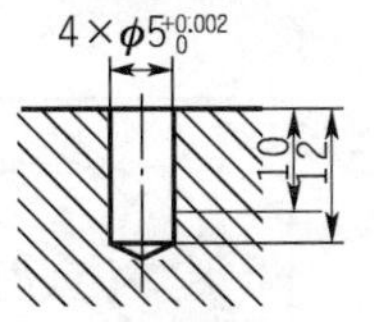 $4\times\phi5^{+0.002}_{0}$　10　12	光孔深为12mm，钻孔后需精加工，精加工深度为10mm
	锥孔	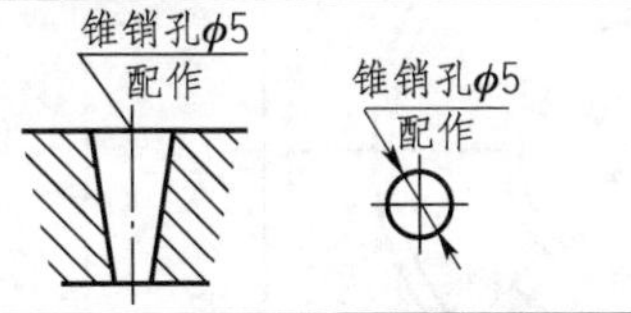 锥销孔ϕ5 配作　锥销孔ϕ5 配作	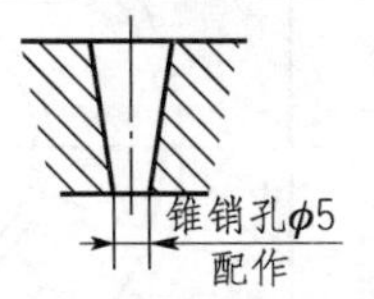 锥销孔ϕ5 配作	与锥销相配的锥销孔，小端直径为ϕ5。锥销孔通常是两零件装在一起后加工的
沉孔	锥形沉孔	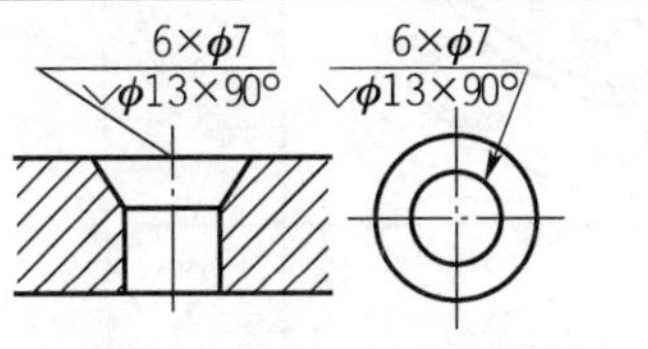 6×ϕ7 ⌵ϕ13×90°　6×ϕ7 ⌵ϕ13×90°	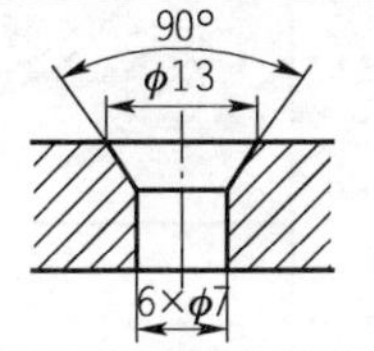 90°　ϕ13　6×ϕ7	⌵埋头孔符号 6×7表示直径为7mm均匀分布的6个孔。锥形沉孔可以旁注，也可直接注出
	柱形沉注	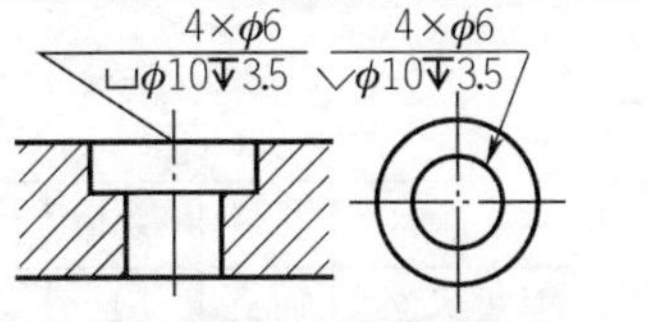 4×ϕ6 ⌴ϕ10↧3.5　4×ϕ6 ⌴ϕ10↧3.5	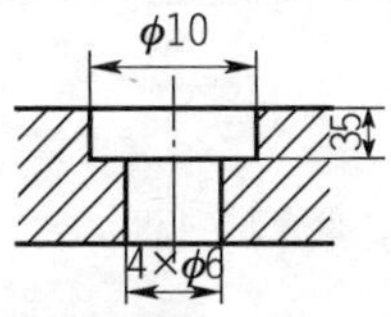 ϕ10　3.5　4×ϕ6	⌴沉孔及锪平孔符号 柱形沉孔的直径ϕ10mm，深度为3.5mm，均需标注
	锪平沉孔	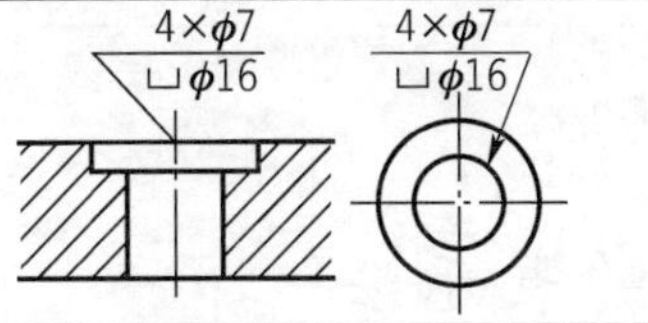 4×ϕ7 ⌴ϕ16　4×ϕ7 ⌴ϕ16	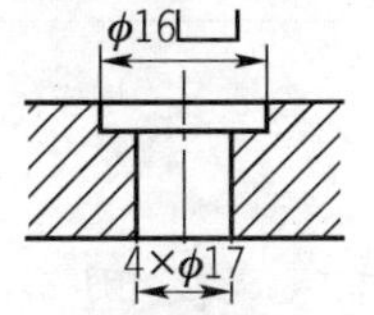 ϕ16⌴　4×ϕ17	锪平面ϕ16mm的深度不必标注，一般锪平到不出现毛面为止
螺孔	通孔	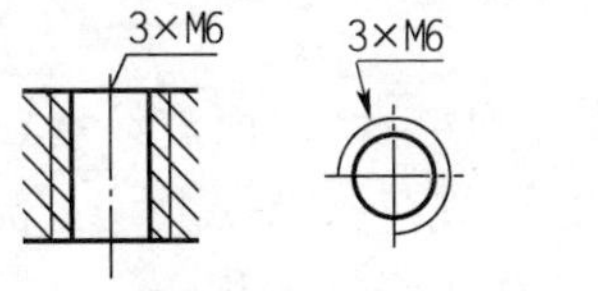 3×M6　3×M6	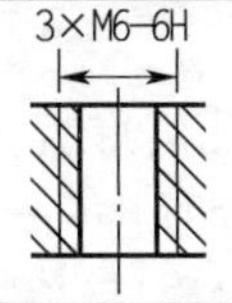 3×M6-6H	3×M6表示公称直径为6mm的两螺孔(中径和顶径的公差带代号6H不注)，可以旁注，也可直接注出
	不通孔	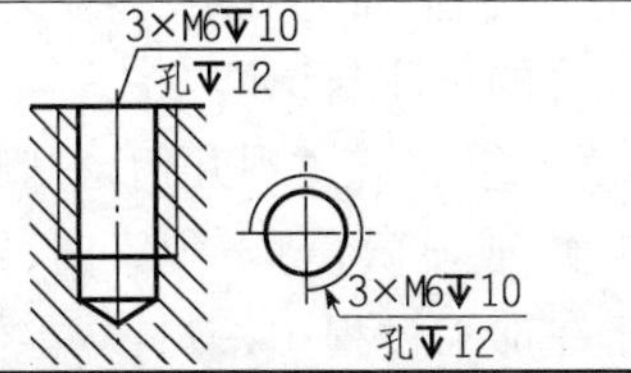 3×M6↧10 孔↧12　3×M6↧10 孔↧12	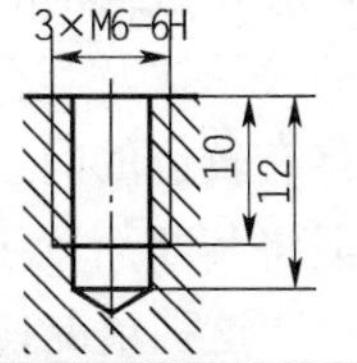 3×M6-6H　10　12	一般应分别注出螺纹和钻孔的深度尺寸(中径和顶径的公差带代号6H不注)

画图时，常见结构的尺寸应按规定进行标注。看图时，应根据尺寸标注，正确理解这些结构的形状和大小。如图8-26尾座体盖零件图中的标注。表示的是4个相同圆柱形带沉孔的小孔直径为9mm、沉孔直径为14mm、深度为10mm。联系左视图可进一步知道该4个沉孔的定位尺寸是ϕ75±0.2°和45°，定位尺寸的基准是由ϕ25孔的轴线和尾座体盖的前后对称面。又如图上标注的尺寸2×0.5，是表示尾座体盖上退刀槽的宽度为2mm、深度为

0.5mm；图样右上角标注的“未注倒角 1×45°”，则表示 $\phi55$ 圆柱左端及 $\phi25$ 孔两端的倒角为 45°、宽度为 1mm。

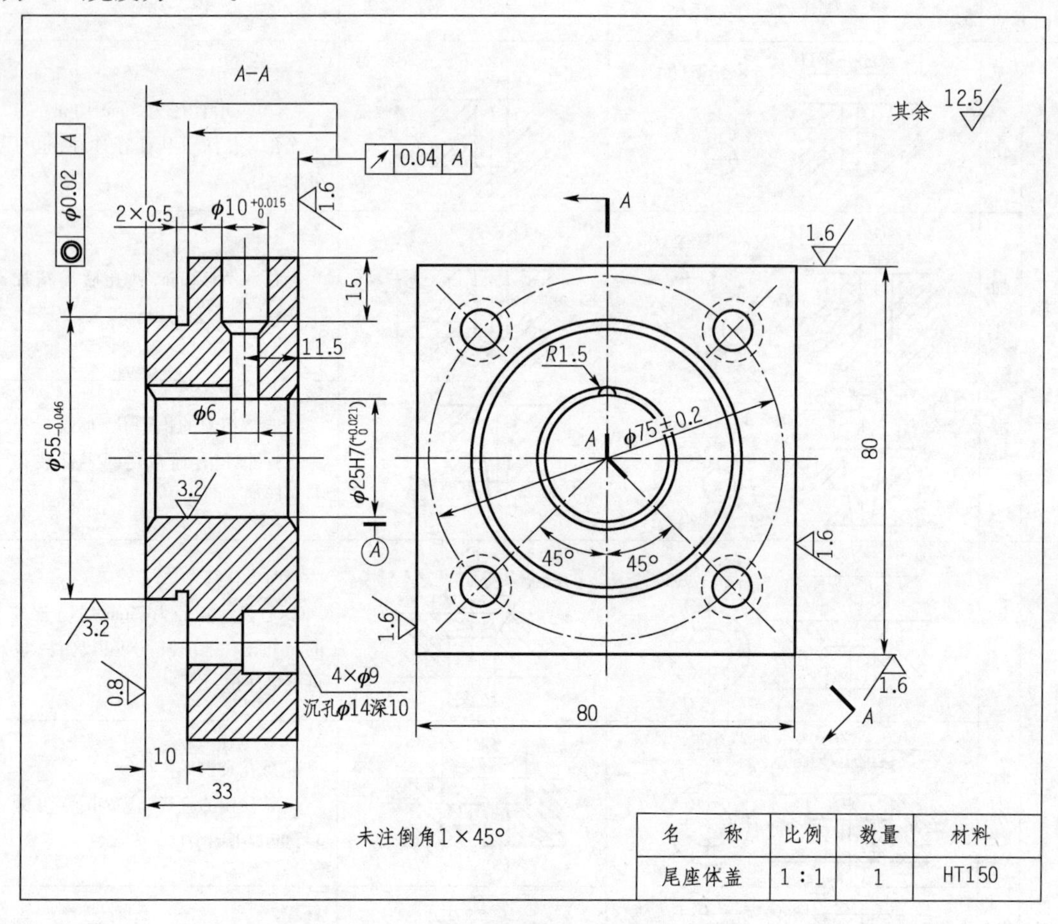

图 8-26　尾座体盖零件图

第五节　表面结构的表示法

所谓表面结构是指零件表面的几何形貌。它是表面粗糙度、表面波纹度、表面纹理、表面缺陷和表面几何形状的总称。国家标准《产品几何技术 规范(GPS) 技术产品文件中表面结构的表示法》(GB/T 131—2006)对表面结构的表示法作了全面的规定。本节只介绍其中应用最广的表面粗糙度在图样上的表示法及其符号、代号的标注与识读方法。

表面粗糙度是指加工表面上具有较小的间距和峰谷所组成的微观几何形状特征。经过加工的零件表面，看起来很光滑，但将其断面置于放大镜（或显微镜）下观察时，则可见其表面具有微小的峰谷，如图 8-27 所示。这种情况，是由于在加工过程中，刀具从零件表面上分离材料时的塑性变形、机械振动及刀具与被加工表面的摩擦而产生的。表面粗糙度对零件摩擦、磨损、抗疲劳、抗腐蚀，以及零件间的配合性能等有很大影响。粗糙度值越高，零件的表面性能越差；粗糙度值越低，则表面性能越好，但加工费用也必将随之增加。因此，国家标准规定了零件表面粗糙度的评定参数，以便在保证使用功能的前提下，选用较为经济的评定参数值。

一、表面结构的评定参数及数值

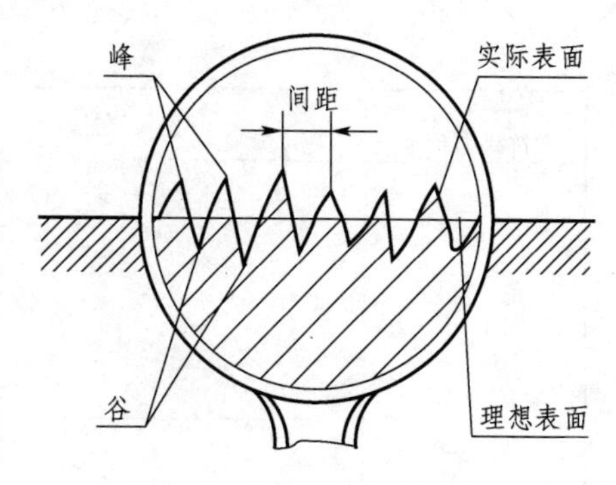

图 8-27　表面粗糙度示意图

评定表面结构要求有三类参数——轮廓参数、图形参数、支承率曲线参数。其中，常用的是轮廓参数。本节将重点介绍粗糙度轮廓（及轮廓）中的两个高度参数 R_a 和 R_z。

1. 轮廓算术平均偏差值

在一个取样长度内，纵坐标值 $Z(x)$ 绝对值的算术平均值，如图 8-28 所示。其值的计算公式如下：

$$R_a = \frac{|Z_1| + |Z_2| + |Z_3| + ... + |Z_n|}{n}$$

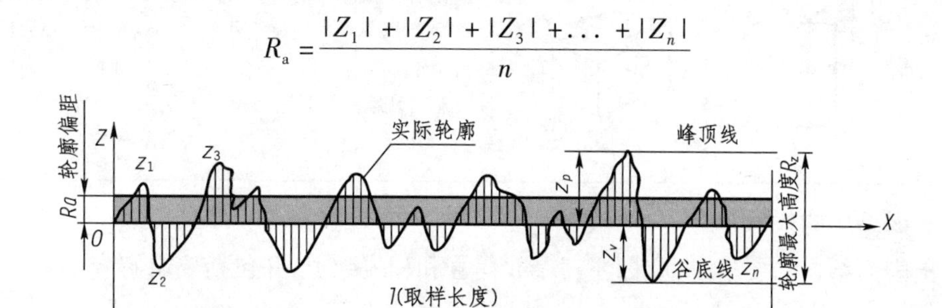

图 8-28　轮廓算术平均偏差（R）

2. 轮廓最大高度 R_z

在一个取样长度内，最大轮廓峰高 Z_p 和最大轮廓谷深 Z_v 之和的高度（即轮廓峰顶线与轮廓谷底线之间的距离），为轮廓最大高度 R_z，如图 8-28 所示。

R_a、R_z 的常用参数值为 0.4μm、0.8μm、1.6μm、3.2μm、6.3μm、12.5μm、25μm。数值越小，表面越平滑；数值越大，表面越粗糙。其数值的选用，应根据零件的功能要求而定。

二、表面结构符号、代号

1. 表面结构的图形符号

在图样中，对表面结构的要求可用几种不同的图形符号（以下简称符号）表示。

各种符号及其含义见表 8-2。

表面结构的符号及其含义（GB/T 131—2006）　　表 8-2

符号名称	符　　号	含 义 及 说 明
基本符号	√	基本符号 表示对表面结构有要求的符号。基本符号仅用于简化代号的标注，当通过一个注释解释时可单独使用，没有补充说明时不能单独使用
扩展符号		要求去除材料的符号 在基本符号上加一短横，表示指定表面是用去除材料的方法获得，如通过机械加工（车、铣、钻、磨、剪切、抛光、腐蚀、电火花加工、气割等）的表面
		不允许去除材料的符号 在基本符号上加一个圆圈，表示指定表面是用不去除材料的方法获得，如铸、锻等

续上表

符号名称	符　　号	含义及说明
完整符号		完整符号 在上述所示的符号的长边上加一横线，用于对表面结构有补充要求的标注。左、中、右符号分别用于"允许任何工艺"、"去除材料"、"不去除材料"方法获得的表面的标注
工作轮廓各表面的符号	1 2 3 4 5 6	工作轮廓各表面的符号 当在图样某个视图上构成封闭轮廓的各表面有相同的表面粗糙度要求时，应在完整符号上加一圆圈，标注在图样中工件的封闭轮廓线上。如果标注会引起歧义时，各表面应分别标注。左图符号是指对图形中封闭轮廓的六个面的共同要求（不包括前后面）

2. 表面结构的代号

给出表面结构的要求时，应标注其参数代号和相应数值，并包括要求解释的以下各项重要信息：

1）取样长度和评定长度

（1）取样长度（l_r）。用于判别被评定轮廓不规则特征的一段基准线长度。在通常情况下，所选取的取样长度，一定要包含5个以上的峰谷。

（2）评定长度（l_n）。用于判别被评定轮廓所必需的一段长度。标准中规定，粗糙度参数的默认评定长度 l_n，由5个取样长度 l_r 构成：$l_n = 5 \times l_r$。

若不存在默认的评定长度时，参数代号后应标注取样长度的个数，如 R_{a3}、R_{z1}（要求评定长度分别为3个取样长度和1个取样长度）。

2）极限值及其判断规则

极限值是指图样上给定的粗糙度参数值（单向上限值、下限值、最大值或双向上限值和下限值）。极限值的判断规则是指在完工零件表面上测出实测值后，如何与给定值比较，以判断其是否合格的规则。极限值的判断规则有两种：

（1）16%规则。当所注参数为上限值时，用同一评定长度测得的全部实测值中，大于图样上规定值的个数不超过测得值总个数的16%时，则该表面是合格的。

对于给定表面参数下限值的场合，如果用在同一评定长度测得的全部实测值中，小于图样上规定值的个数不超过总数的16%时，该表面也是合格的。

（2）最大规则。是指在被检的整个表面上测得的参数值中，一个也不应超过图样上的规定值。为了指明参数的最大值，应在参数代号后面增加一个"max"的标记，例如：R_{zmax}。

16%规则是所有表面结构要求标注的默认规则。当参数代号后无"max"字样者均为"16%规则"（默认）。在生产实际中，多数零件表面的功能给出上限值（下限值）即可达到要求。只有当零件表面的功能要求较高时，才标注参数的最大值。

当标注单向极限要求时，一般是指参数的上限值，此时不必加注说明；如果是指参数的下限值，则应在参数代号前加"*L*"，例如：$L\ R_a6.3$（16%规则）、$LR_{amax}1.6$（最大规则）。

表示双向极限时应标注极限代号，上限值在上方用 *U* 表示，下限值在下方用 *L* 表示如图

8-29 所示（上下极限值可以用不同的参数代号表达）。如果同一参数具有双向极限要求（图 8-30），在不会引起歧义的情况下，可以不加 U、L，如图 8-31 所示。

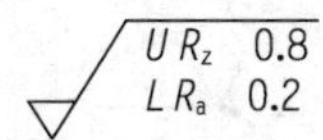

图 8-29　不同参数的注法

U Ra 3.2
L Ra 0.8

图 8-30　同一参数的注法

Ra 3.2
Ra 0.8

图 8-31　省略注法

三、表面结构代号的含义

表面结构代号的含义及其解释见表 8-3。

表面结构代号的含义　　　表 8-3

序号	代　号	含义及解释
1	Rz 0.4	表示不允许去除材料，R_z（粗糙度的最大高度）的上限值为 0.4μm
2	Rz max 0.2	表示去除材料，R_z 的最大值为 0.2μm，“最大规则”
3	U Ra max 3.2 L Ra 0.8	表示不允许去除材料，双向极限值。上限值，R_a 为 3.2μm，“最大规则”；下限值：R_a 为 0.8μm
4	铣 Ra 0.8 Rz1 3.2 ⊥	表示去除材料，R_a 的上限值为 0.8μm，R_z 的上限值为 3.2μm（评定长度为一个取样长度）。“铣”表示加工工艺（铣削）。“⊥”（表面纹理符号）：表示纹理及其方向，即纹理垂直于标注代号的视图所在的投影面
5	Ra max 0.8 Rz3 max 3.2	表示去除材料，两个单项上限值：R_a 的最大值为 0.8μm，R_z 的最大值为 3.2μm（评定长度为 3 个取样长度），“最大规则”
6	Ra max 6.3 Rz 12.5	表示任意加工方法，两个单项上限值：R_a 的最大值为 6.3μm，“最大规则”；R_z 的上限值为 12.5μm
7	Cu/Ep · Ni5bCr0.3r Rz 0.8	表面粗糙度 R_z 的上限值为 0.8μm；表面处理：铜件，镀镍、铬表面要求对封闭轮廓的所有表面有效

四、表面结构代号的标注

表面结构代号的画法和有关规定，以及在图样上的标注方法见表 8-4。

表面结构代号及其标注　　　表 8-4

表面结构代号及符号的比例	Ra 3.2；h；H2；H1；60°；60° h = 数字和字母高度； $H_1 \approx 1.4h$； $H_2 = 3h$； 圆与正三角形相内切 H1；H2；60°；60°
规定及说明	1. 符号、字母、数字的线宽相同，皆为 $1/10h$； 2. 上述应符合《技术制图 字体》（GB/T 14691—1993）（B 型，直体）和《产品几何技术规范（GPS）技术文件中表面结构的表示方法》（GB/T 131—2006）“符号的比例和尺寸”中的规定

续上表

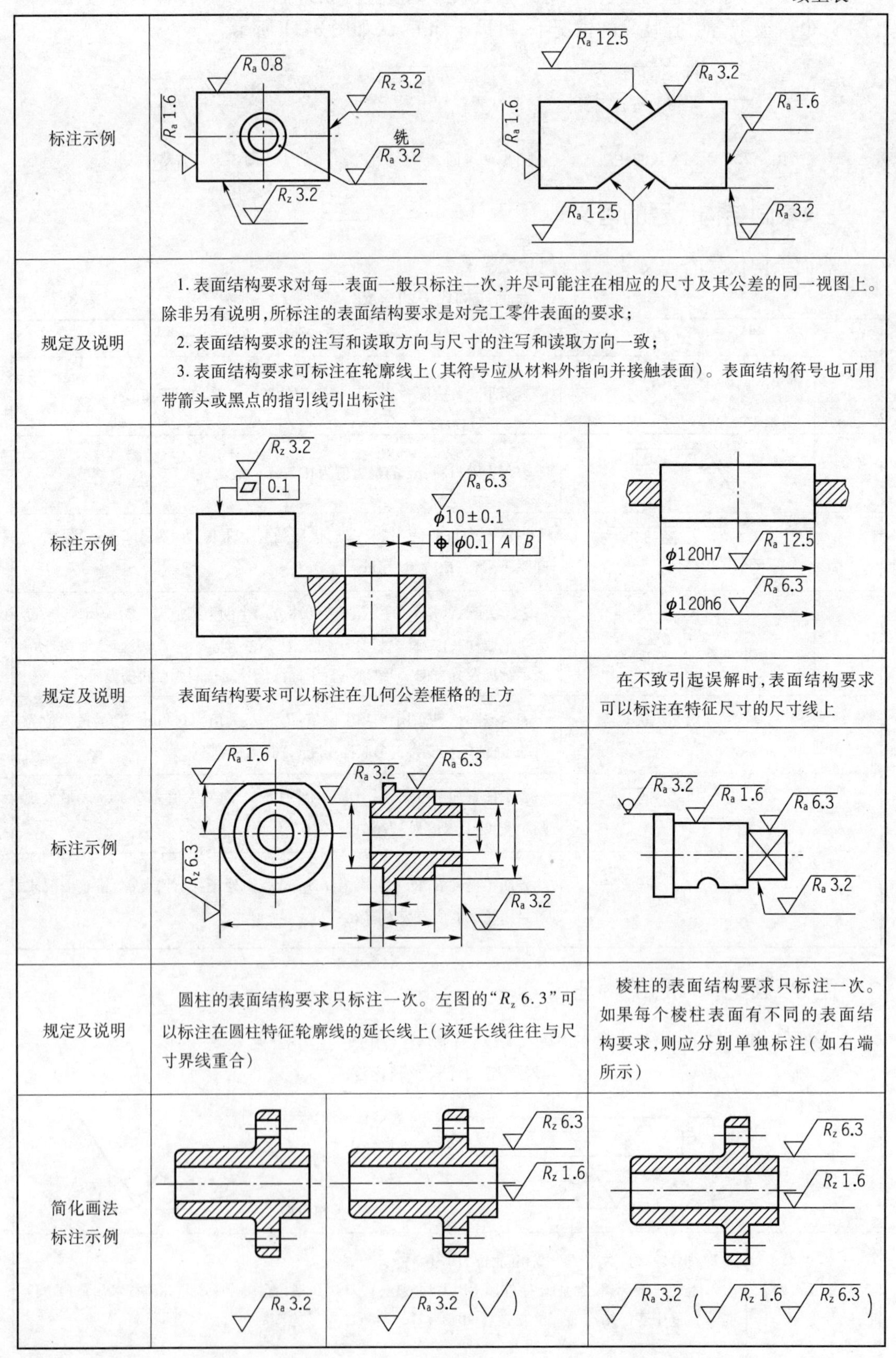

标注示例	$R_a\,0.8$　$R_z\,3.2$　$R_a\,1.6$　铣　$R_a\,3.2$　$R_z\,3.2$	$R_a\,12.5$　$R_a\,3.2$　$R_a\,1.6$　$R_a\,1.6$　$R_a\,12.5$　$R_a\,3.2$
规定及说明	1. 表面结构要求对每一表面一般只标注一次，并尽可能注在相应的尺寸及其公差的同一视图上。除非另有说明，所标注的表面结构要求是对完工零件表面的要求； 2. 表面结构要求的注写和读取方向与尺寸的注写和读取方向一致； 3. 表面结构要求可标注在轮廓线上(其符号应从材料外指向并接触表面)。表面结构符号也可用带箭头或黑点的指引线引出标注	
标注示例	$R_z\,3.2$　0.1　$R_a\,6.3$　$\phi10\pm0.1$　$\phi0.1$　A　B	ϕ120H7　$R_a\,12.5$　ϕ120h6　$R_a\,6.3$
规定及说明	表面结构要求可以标注在几何公差框格的上方	在不致引起误解时，表面结构要求可以标注在特征尺寸的尺寸线上
标注示例	$R_a\,1.6$　$R_a\,3.2$　$R_a\,6.3$　$R_z\,6.3$　$R_a\,3.2$	$R_a\,3.2$　$R_a\,1.6$　$R_a\,6.3$　$R_a\,3.2$
规定及说明	圆柱的表面结构要求只标注一次。左图的"$R_z\,6.3$"可以标注在圆柱特征轮廓线的延长线上(该延长线往往与尺寸界线重合)	棱柱的表面结构要求只标注一次。如果每个棱柱表面有不同的表面结构要求，则应分别单独标注(如右端所示)
简化画法标注示例	$R_a\,3.2$　｜　$R_z\,6.3$　$R_z\,1.6$　$R_a\,3.2$ (√)	$R_z\,6.3$　$R_z\,1.6$　$R_a\,3.2$ ($R_z\,1.6$　$R_z\,6.3$)

续上表

<table>
<tr><td rowspan="2">规定及说明</td><td rowspan="2">如果工件的全部表面结构要求都相同，可将其结构要求统一标注在标题栏附近</td><td colspan="2">如果工件的大多数表面结构要求（如“Ra 3.2”）时，可将其统一标注在标题栏附近，此时，表面结构要求的代号后面应取如下两种表达方式之一</td></tr>
<tr><td>在圆括号内给出无任何其他标注的基本符号（见上图），不同的表面结构要求应直接标注在图形中（如“R_z 6.3”、“R_z 1.6”）</td><td>在圆括号内给出不同的表面结构要求，如“R_z 6.3”和“R_z 1.6”，见上图。不同的表面结构要求应直接标注在图形中</td></tr>
<tr><td>简化画法标注示例</td><td colspan="2"> 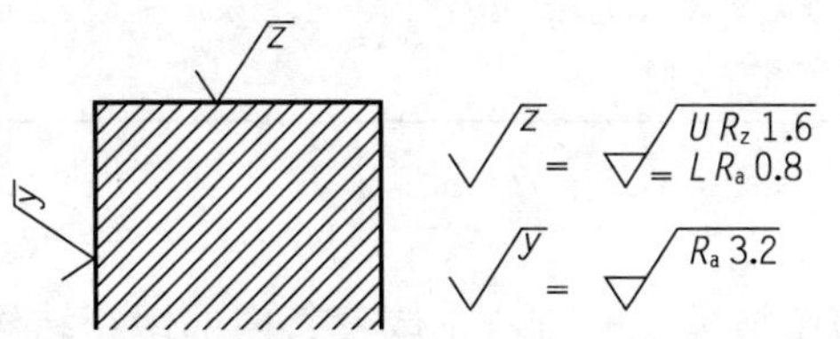</td><td> 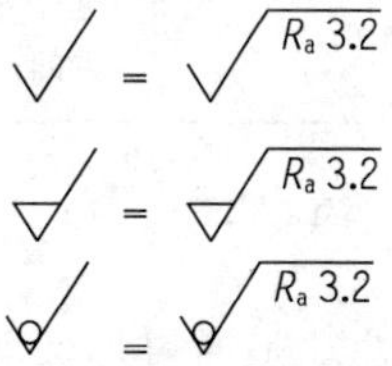</td></tr>
<tr><td rowspan="2">规定及说明</td><td colspan="3">当多个表面具有相同的表面结构要求或图纸空间有限时，可以采用简化注法</td></tr>
<tr><td colspan="2">用带字母的完整符号，以等式的形式，在图形或标题栏附近，对有相同表面结构要求的表面进行简化标注</td><td>只用基本符号、扩展符号，以等式的形式给出对多个表面共同的表面结构要求（视图中相应表面上应注有左边符号）</td></tr>
<tr><td>标注示例</td><td colspan="2"> 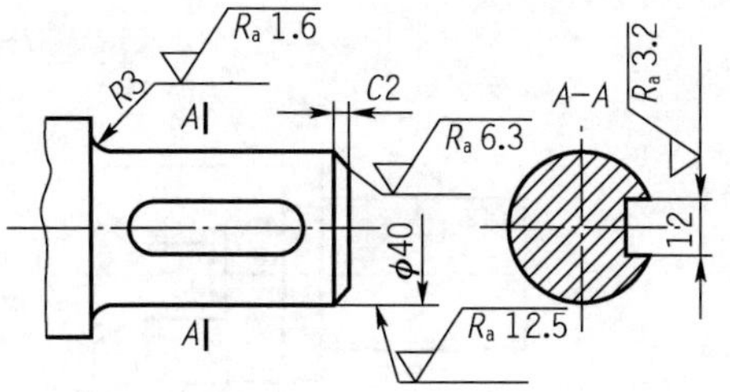</td><td> 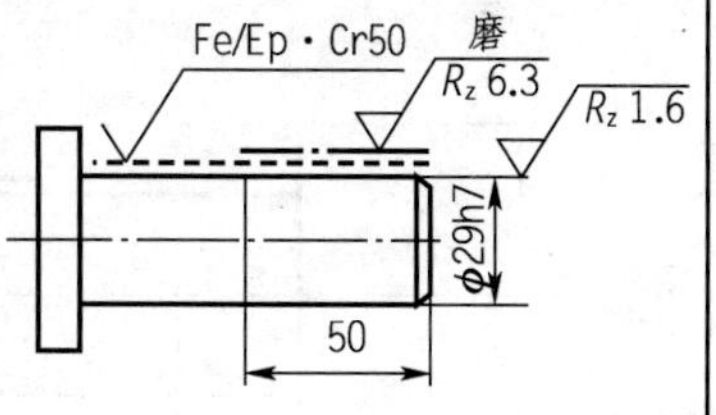</td></tr>
<tr><td>规定及说明</td><td colspan="2">1. 表面结构要求和尺寸可以一起标注在同一尺寸线上（如 $R3$ 和“R_a 1.6”，12 和“R_a 3.2”）；
2. 可以一起标注在延长线上（如 $\phi40$ 和“R_a 12.5”）；
3. 可以分别标注在轮廓线和尺寸界线上（如 $C2$ 和“R_a 6.3”，$\phi40$ 和“R_a 12.5”）</td><td>由几种不同的工艺方法获得的同一表面，当需要明确每种工艺方法的表面结构要求时，可按上图进行标注；
第一道工序：去除材料，上限值，R_z = 1.6；
第二道工序：镀铬；
第三道工序：磨削，上限值，R_z = 6.3 μm，仅对长 50mm 的圆柱面有效</td></tr>
</table>

续上表

标注示例	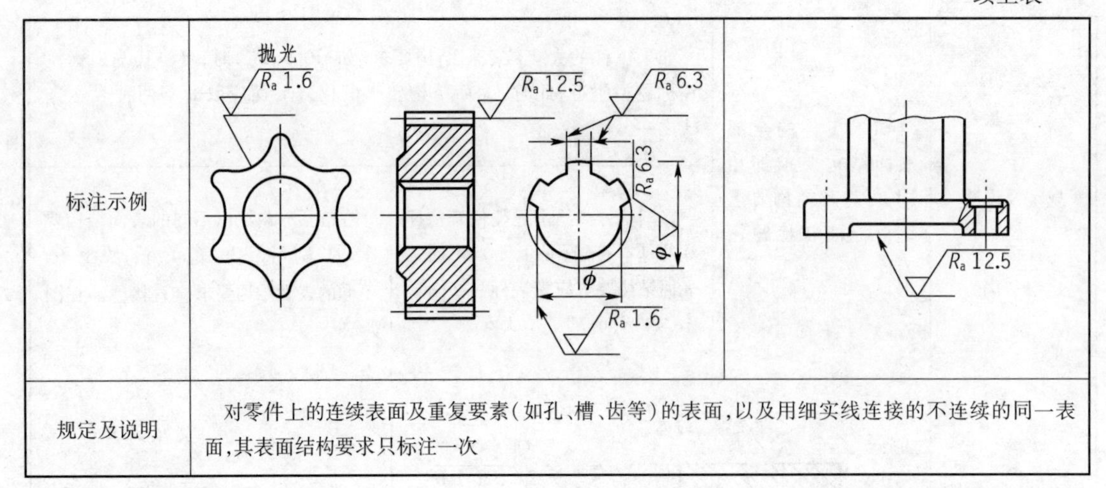
规定及说明	对零件上的连续表面及重复要素（如孔、槽、齿等）的表面，以及用细实线连接的不连续的同一表面，其表面结构要求只标注一次

五、热处理

热处理是通过加热和冷却固态金属的操作方法来改变其内部组织结构，并获得所需性能的一种工艺。

热处理可以改善金属材料的使用性能（如强度、刚度、硬度、塑性和韧性等）和工艺性能（适应各种冷、热加工），因此，多数机械零件都需要通过热处理来提高产品质量和性能。金属材料的热处理可分为正火、退火、淬火、回火及表面热处理五种基本方法。

当零件需要全部进行热处理时，可在技术要求中用文字统一加以说明。当零件表面需要进行局部热处理时，可在技术要求中用文字说明；也可在零件图上标注。当需要将零件进行局部镀（涂）覆时，应用粗点画线画出其范围并标注相应的尺寸，也可将其要求注写在表面结构符号长边的横线上，如图 8-32 所示。

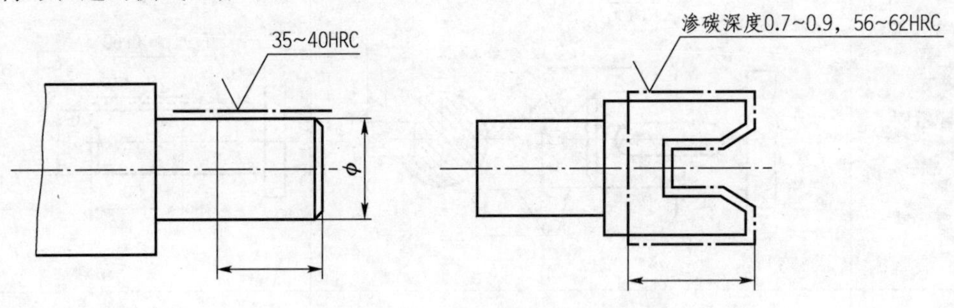

图 8-32　表面局部热处理标注

第六节　零 件 测 绘

在对零件进行技术改造、修配和仿制时，常根据零件实物徒手目测画出零件草图，然后整理画出零件图，这一过程称为零件测绘。

一、画零件草图

1. 对草图的要求

零件草图是画零件图的重要依据，一般是在车间或机器旁等现场徒手（或部分使用绘图仪器)绘制的。零件草图要求达到内容完整、投影关系正确、图线清晰、粗细分明;尺寸标注正确、完整、清晰、基本合理;字体工整,比例匀称,技术要求合理。零件草图也可以直接代替零件工作图。

2. 画零件草图的步骤

以测绘泵盖为例说明画零件草图的步骤。

【**例 8-1**】 画如图 8-33 所示泵盖的零件草图。

【**解**】 (1)分析:分析了解零件的作用及结构形状,查看有无缺陷,鉴定热处理方法等,选取主视图和其他视图的投影方向,确定表达方案。

泵盖是齿轮油泵上的主要零件之一。齿轮油泵是机器上的供油装置,它起着改变及稳定油压并将油输送到机器各部位进行润滑和冷却的作用。其工作原理如图 8-33 所示。当油从泵体侧压入吸油腔时,由齿轮高速旋转而形成高压油膜,同时被带到另一侧油腔,挤压进入压力管路中。当油压过大时,部分油被压进泵盖 A 孔,油的作用力推动钢球压缩弹簧,使 A 孔和 B 孔相通。油进入 B 孔后,回到吸油腔重新循环。泵盖主要起着调节油压的作用。

泵盖的材料是铸铁,属于盘盖类零件。装配时与泵体端面紧密结合,用两颗定位销定位和六颗螺钉紧固。

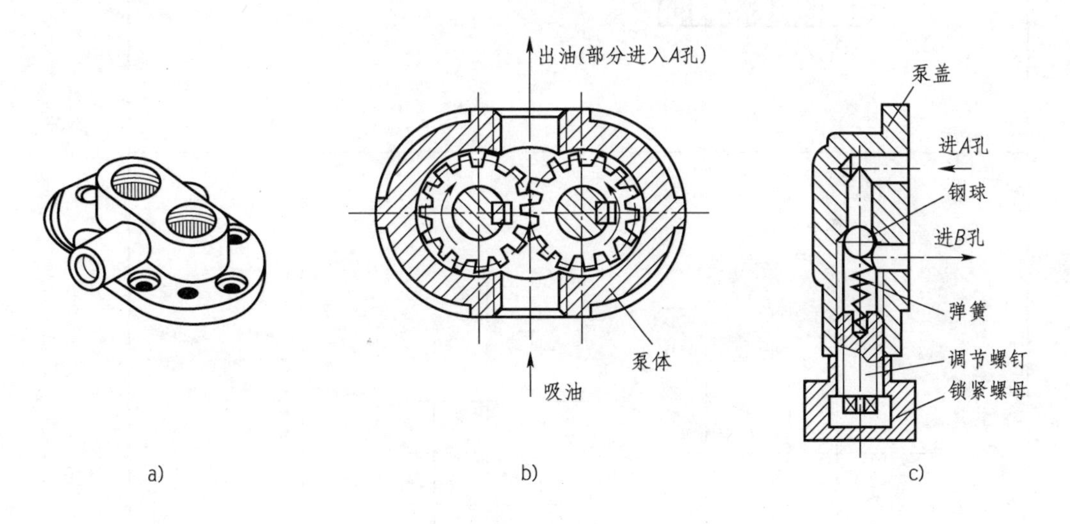

图 8-33 泵盖

(2)确定表达方案:泵盖的外形较简单,呈长圆形,内部结构较复杂,主视图应选择旋转剖以反映螺孔、定位销孔的大小、深度。其他视图中,应选择左视图表示泵盖的端面形状及周边紧固螺钉孔的分布情况。内部结构则采用全剖视图表示。注意零件上的缺陷、误差及损坏部分不应画出,如图 8-34b)所示。

(3)绘制零件草图:绘制零件草图与绘制零件工作图的步骤基本相同,整个过程如图 8-34、图 8-35 所示。

①画基准线。

②画视图。

③测量并填注零件各部分尺寸。

④注写技术要求、填写标题栏。

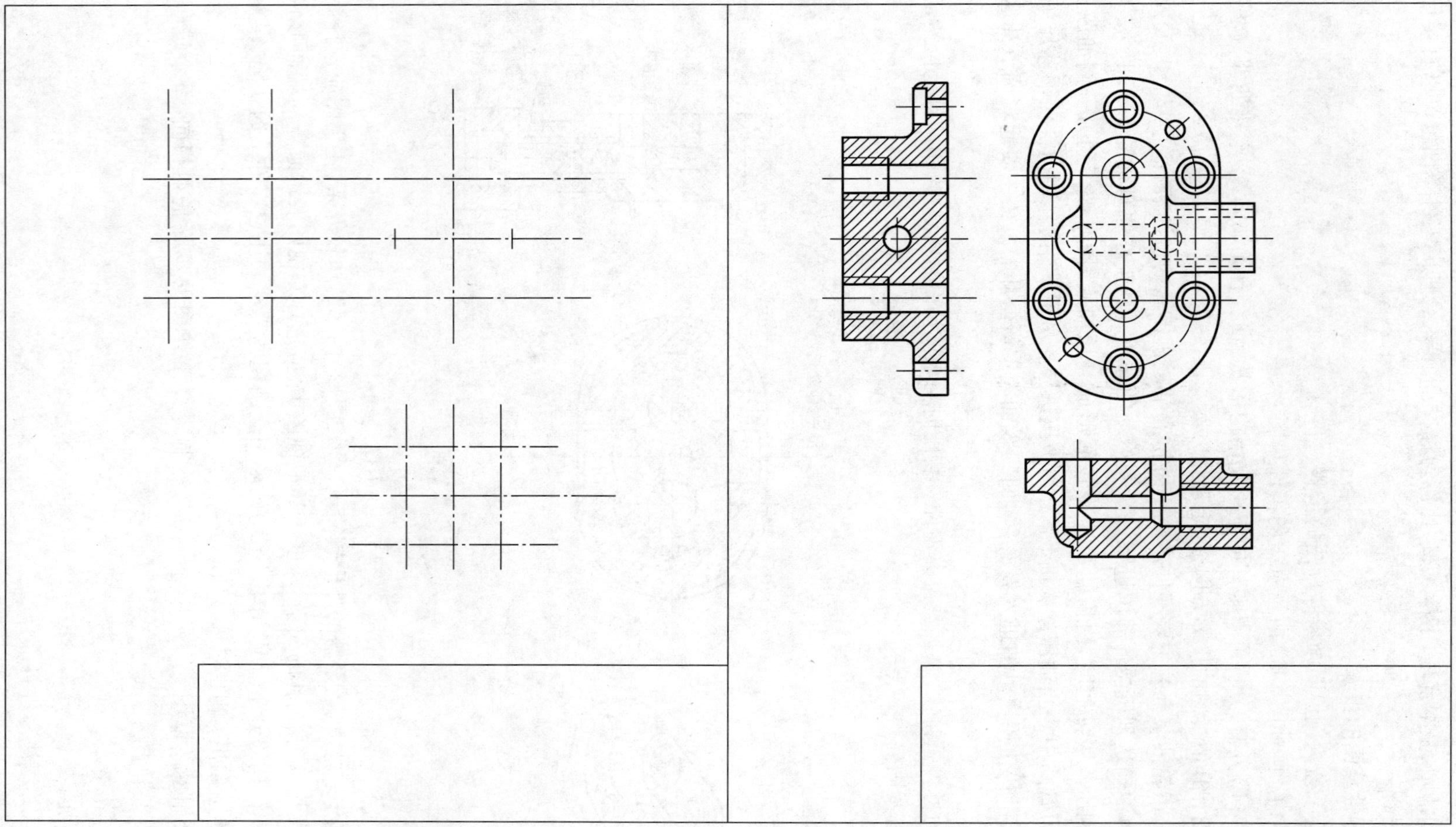

a)步骤1

b)步骤2

图 8-34　零件草图的绘制(一)

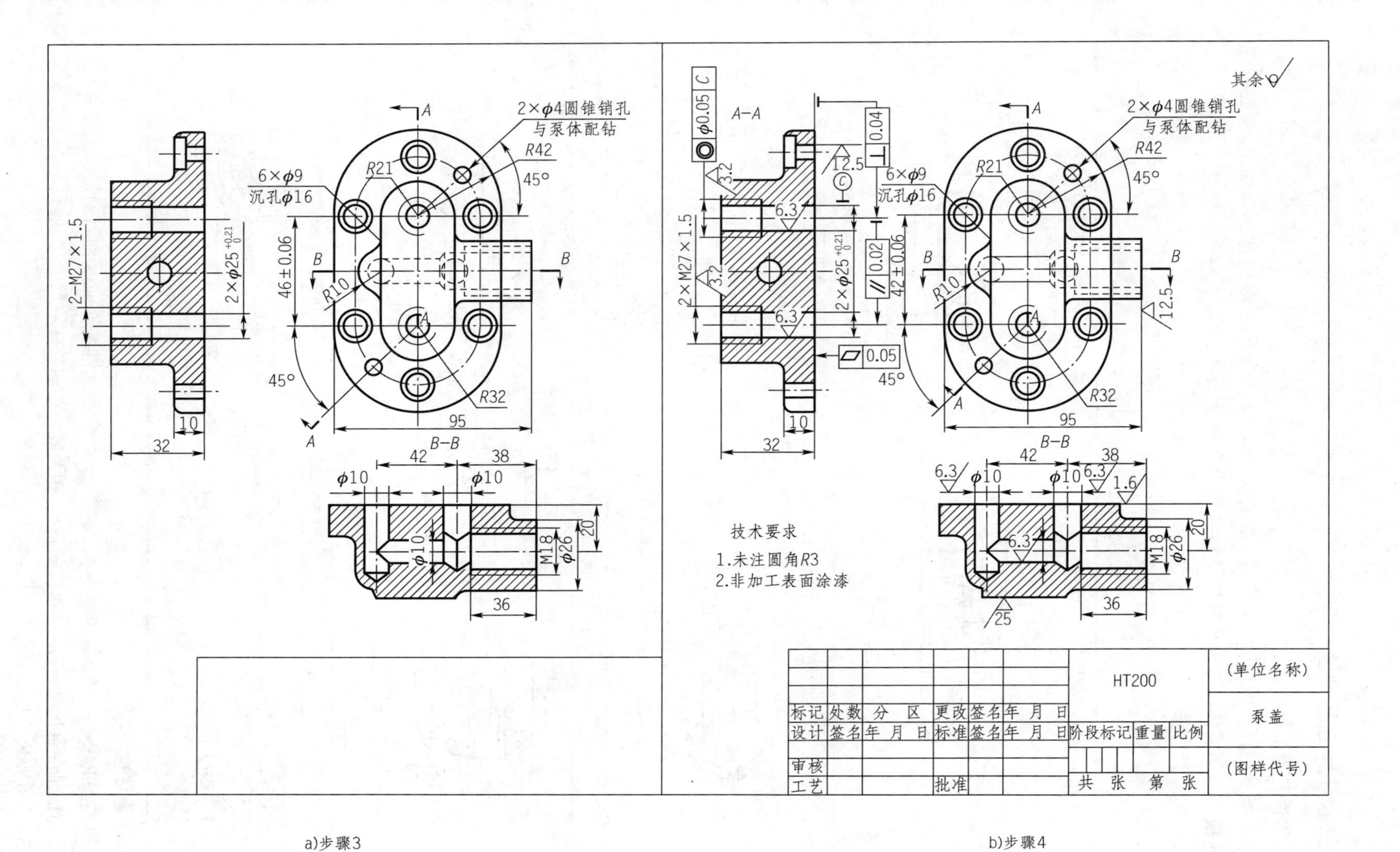

a)步骤3

b)步骤4

图 8-35　零件草图的绘制(二)

二、零件尺寸的测量

1. 常用测量工具

常用测量工具有钢直尺、内外卡钳及游标卡尺、千分尺等。专用量具有螺纹规、圆角规等。应根据被测零件的结构形状以及精度要求来选择测量工具。

2. 常用测量方法

常用测量工具的使用方法参见表8-5。

常用测量工具的使用方法 表8-5

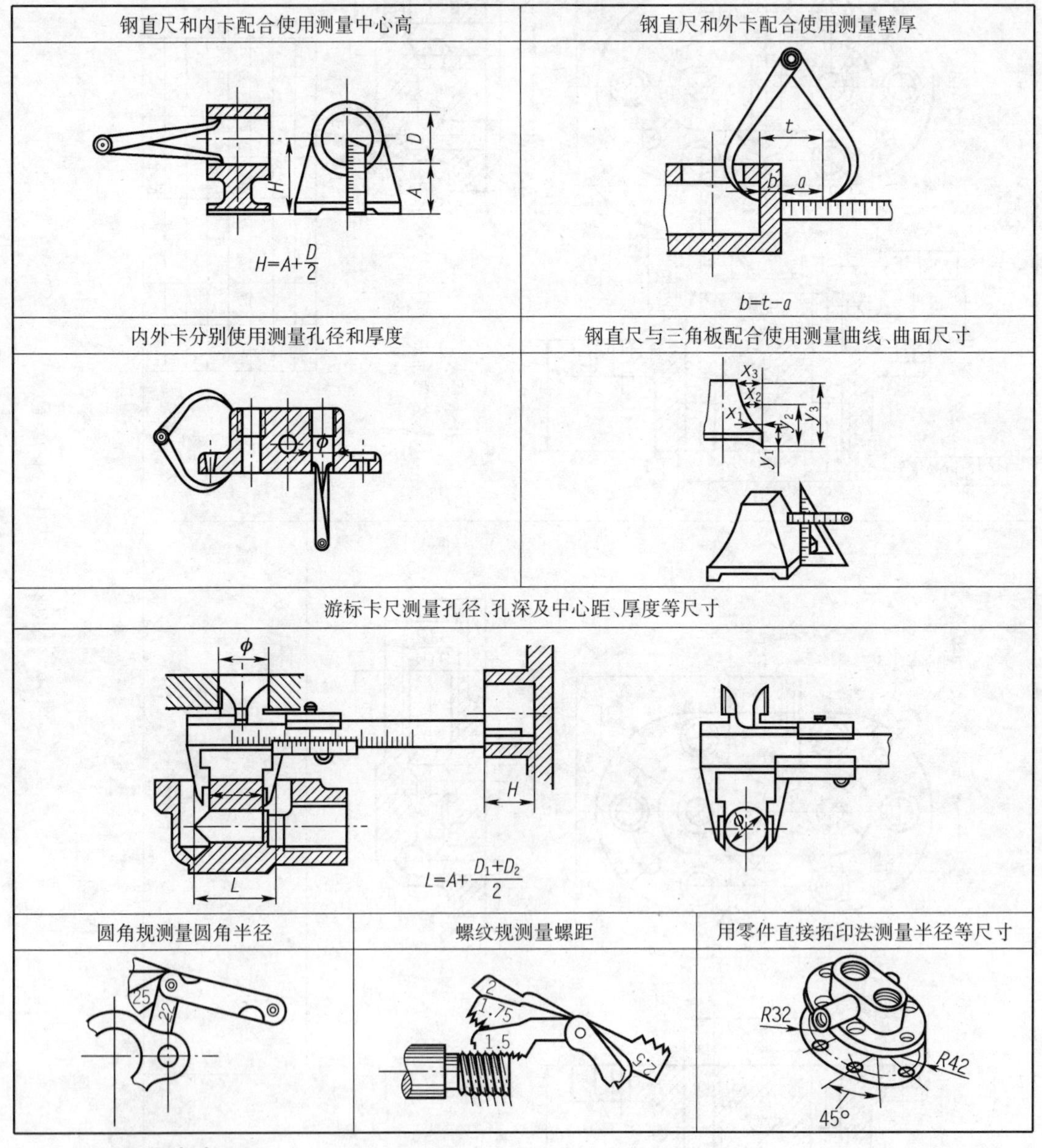

3. 测量注意事项

(1) 重要的尺寸如中心距、齿轮模数、零件表面的斜度和锥度等，必要时可通过计算来确定。

(2) 孔、轴配合尺寸，一般只测轴的直径；相互旋合的内外螺纹尺寸，一般只测外螺纹尺寸。

(3) 非重要尺寸如果测量值为小数时应取整数。

(4)对零件上的缺陷、损坏部位的尺寸,应按设计要求予以更正。

对于标准结构尺寸,例如齿轮模数、倒角、轴类零件上的退刀槽、键槽、中心孔等应查阅有关手册确定。与滚动轴承配合的孔和轴尺寸应查表确定。

三、整理零件草图绘零件工作图

因绘制零件草图时受工作场所、条件等限制,画完草图后应对其进行审核和整理。整理的内容有:

(1)表达方案的完善。

(2)尺寸标注及布置是否合理,如不合理应及时修改。

(3)尺寸公差、形位公差和表面粗糙度是否符合产品要求,应尽量标准化和规范化。

第七节　读零件图

一、读零件图的要求

读零件图是根据已有的零件图,了解零件的名称、材料、用途,分析其图形、尺寸、技术要求,想象出零件各组成部分形体的结构、大小及相对位置,从而理解设计意图,了解加工过程。在制图课学习过程中,必须遵循一定的思路,多看、多想、多积累零件的图像,从实践中提高读图的准确性与速度。

二、读图的方法与步骤

1. 看标题栏

从标题栏了解零件的名称、材料、比例、质量及机器或部件的名称,联系典型零件的分类特点,对零件的类型、用途及加工路线有一个初步的概念。

2. 分析形体,想象零件形状

这是读零件图的基本环节,在搞清楚表达方案的基础上,运用形体分析及线面分析原理、读剖视图的方法,仔细分析图形,进一步搞清各细节的结构、形状、综合想象出零件的完整形象。有些图形如不完全符合投影关系时,应查对是否是规定画法或简化画法,并可查阅图上的尺寸和代号,以帮助了解。图8-36为阀体轴测图,可作读懂零件图后验证和参考。

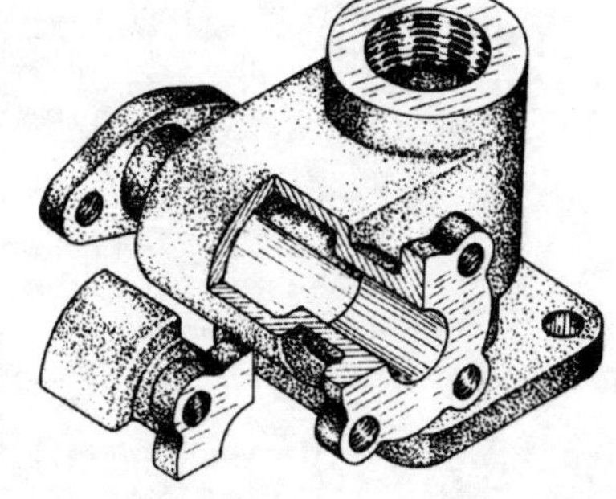

图8-36　阀体轴测图

3. 分析尺寸

根据零件类型,分析尺寸标注的基准及标注形式,找出定形尺寸及定位尺寸。

4. 看技术要求

根据图上标注的表面粗糙度、尺寸公差、形位公差及其他技术要求,进一步了解零件的结构特点和设计意图。阀体中$\phi16^{+0.043}$孔的精度和表面较其他孔和表面的粗糙度要求高,孔的轴线要求与底平面P平行。

5. 全面总结、归纳

综合上面的分析,再作一次归纳,就能对该零件有较全面的完整的了解,达到读图要求,但应注意的是在读图过程中,上述步骤不能把它们机械地分开,而应穿插进行分析。

第九章　装　配　图

表达机器或部件的整体外形、结构特点、零件间装配关系和工作原理的图样称为装配图。在对新型汽车的拆装、维护过程中,在阅读汽车说明书或技术资料时,都需要看装配图。因此,掌握有关装配图的知识,有利于技术素质的提高。

第一节　装配图的作用和内容

装配图是表示产品及其组成部分的连接及装配关系的图样。装配图与零件图一样都是生产中的重要技术文件。如图9-1所示为球阀的轴测图,图9-2为该球阀的装配图。装配图表示了装配体的工作原理、零件间的装配关系、主要零件的结构形状及装配、调试、安装、使用等过程中所必需的尺寸、技术要求等。

一张完整的装配图应包括以下一些内容:

(1)一组视图。表达装配体的工作原理、零件间的装配关系、主要零件的结构形状。

(2)必要的尺寸。注明装配体的装配、检验、调试、安装、使用时所必需的尺寸。

(3)技术要求。说明装配体在装配、检验、调试、安装、使用等方面的要求和指标。

(4)零部件序号及明细栏。对装配体上的每种零件都编写序号,并在明细栏中按零件的序号自下而上填写出每种零件的名称、数量、材料等。

(5)标题栏。一般应填写单位名称、图样名称、图样代号、绘图比例以及责任人签名和日期等。

图9-1　球阀轴测图

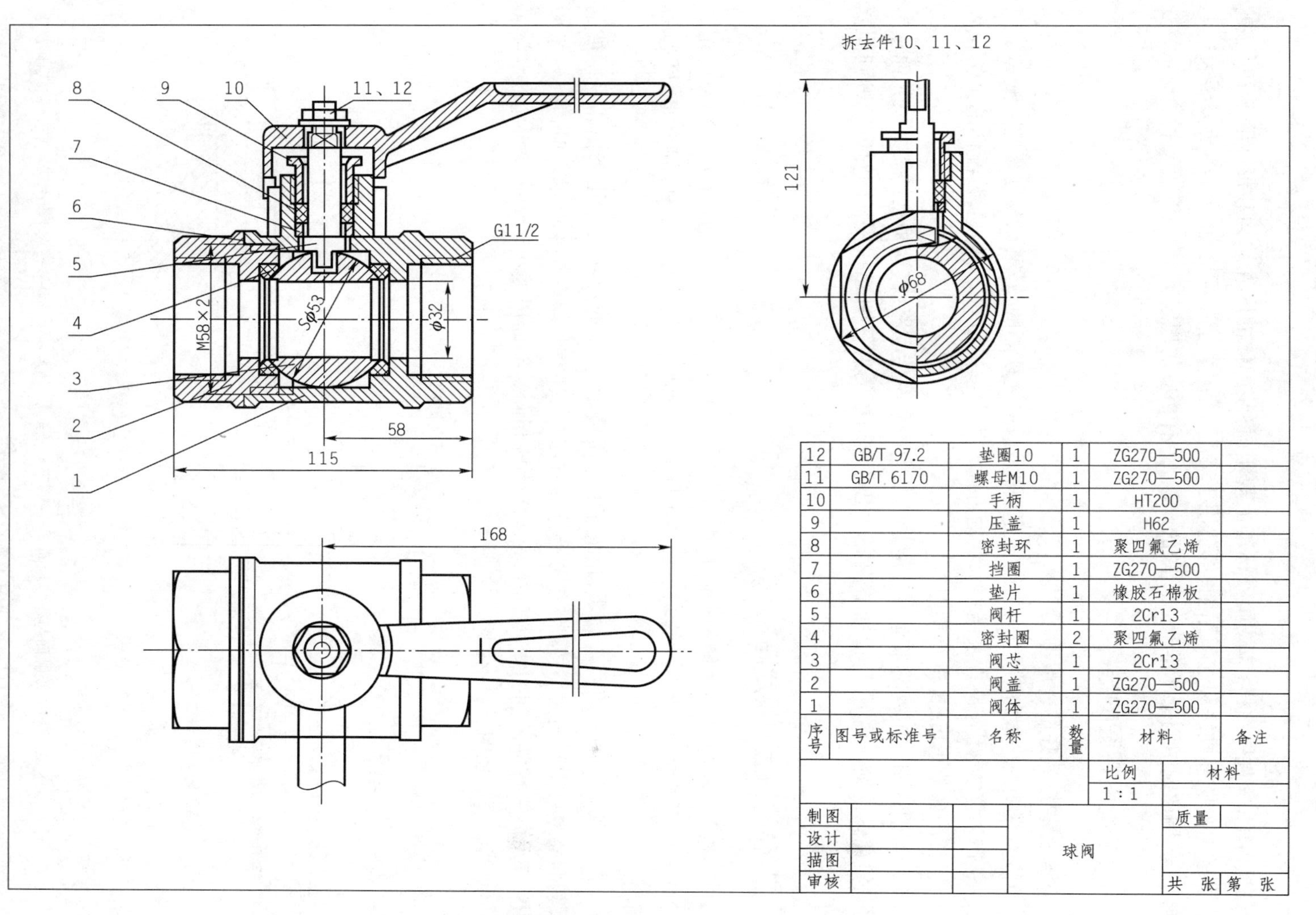

序号	图号或标准号	名称	数量	材料	备注
12	GB/T 97.2	垫圈10	1	ZG270—500	
11	GB/T 6170	螺母M10	1	ZG270—500	
10		手柄	1	HT200	
9		压盖	1	H62	
8		密封环	1	聚四氟乙烯	
7		挡圈	1	ZG270—500	
6		垫片	1	橡胶石棉板	
5		阀杆	1	2Cr13	
4		密封圈	2	聚四氟乙烯	
3		阀芯	1	2Cr13	
2		阀盖	1	ZG270—500	
1		阀体	1	ZG270—500	

			比例	材料
			1∶1	
制图		球阀	质量	
设计				
描图				
审核			共 张 第 张	

图9-2　球阀装配图(尺寸单位:mm)

第二节　装配体的表达方法

装配图和零件图一样，应按国家标准的规定，将装配体的内外结构和形状表示清楚，前面介绍的机件图样画法和选用原则，都适用于装配体，但由于装配图和零件图所需要表达的重点不同，因此制图国家标准对装配图的画法，另有相应的规定。

一、装配图视图的选择

装配图视图选择的一般原则为：

（1）主视图。一般将装配体的工作位置作为选取主视图的位置，以最能反映装配体的装配关系、传动路线、工作原理及结构形状的方向作为画主视图的方向。如装配体的工作位置倾斜，通常应先放正后，再进行绘图。

（2）其他视图。主视图未能表达清楚的装配关系及传动路线，应根据需要配以其他基本视图、斜视图或旋转视图等，根据结构要求也可作适当的剖视图、剖面图，同时应照顾到图幅的布局。

二、装配图上的规定画法

（1）相邻两个零件的接触面和配合面之间，规定只画一条轮廓线如图 9-3a）所示；相邻两个零件的不接触面（两零件的基本尺寸不同），不论间隙多小，均应留有间隙，如图 9-3b）所示。

（2）相邻两个被剖切的金属零件，它们的剖面线倾斜方向应相反。几个相邻零件被剖切，其剖面线可用间隔大小、倾斜方向错开等方法加以区别，如图 9-4 所示。但在同一张图纸上，表示同一零件的剖面线其方向、间隔大小应相同。剖面厚度小于 2mm 时，允许以涂黑来代替剖面线。如图 9-2 中的件 6 垫片。

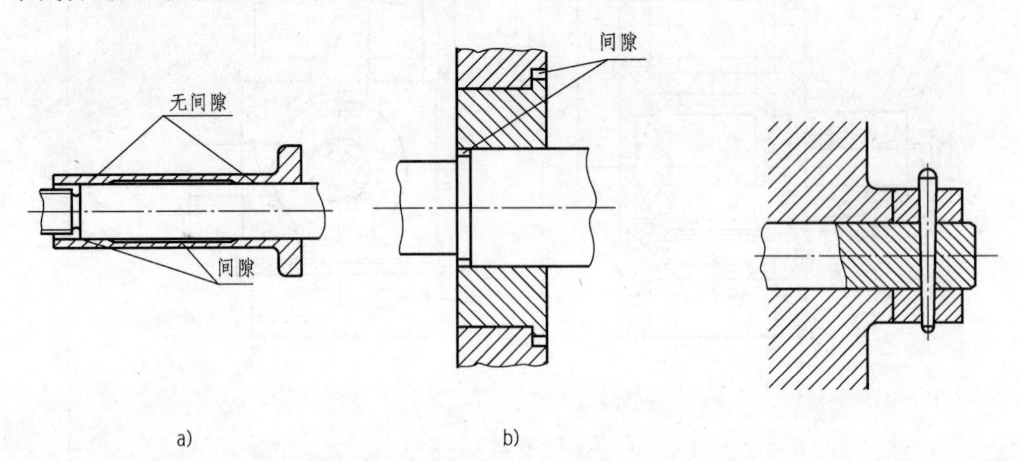

图 9-3　接触面与非接触面　　　　图 9-4　几个相邻零件的剖面线画法

（3）在装配图中，对于紧固件以及轴、连杆、球、钩子、键、销等实心零件，若按纵向剖切，且剖切面通过其对称平面时，则这些零件均按不剖绘制。若需要特别表明零件的构造，如凹槽、键槽、销孔等，则可用局部剖视表示，如图 9-5 中的螺栓及横杠等。

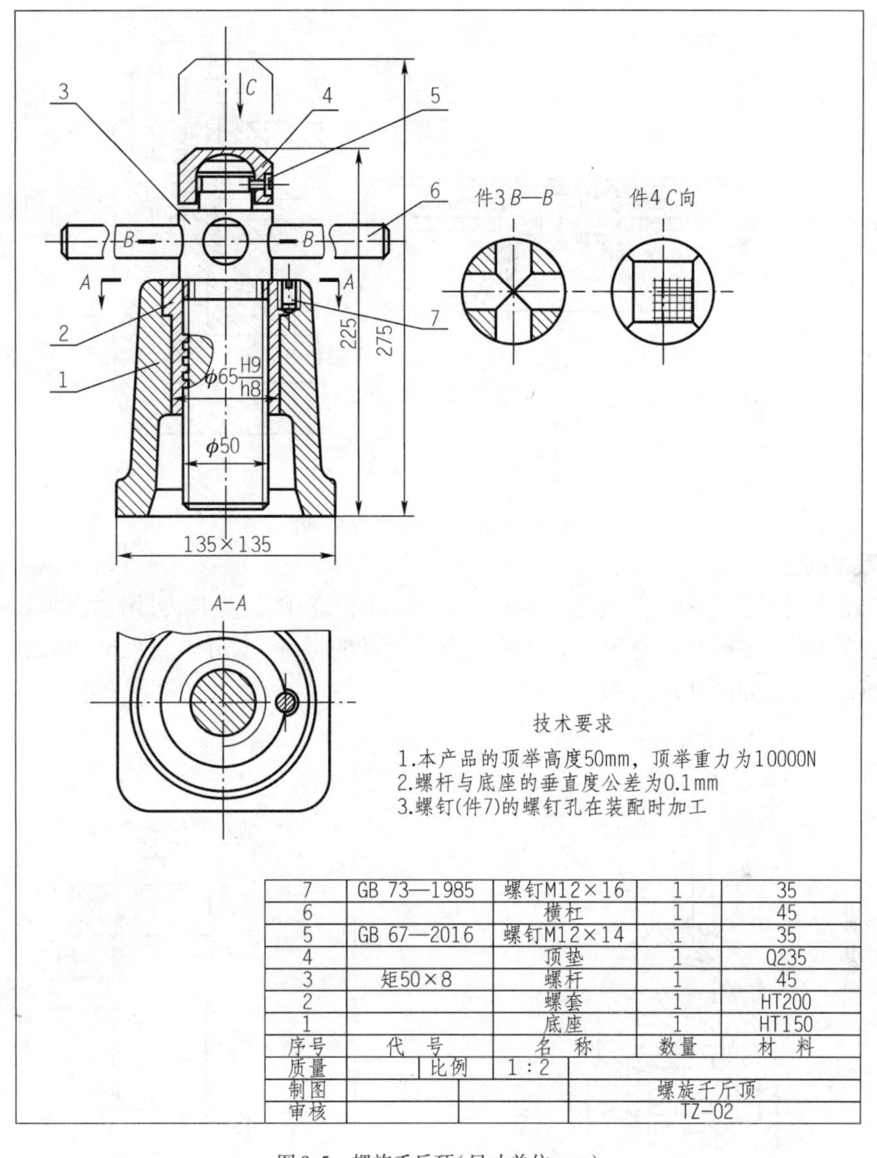

序号	代　号	名　称	数量	材　料
7	GB 73—1985	螺钉M12×16	1	35
6		横杠	1	45
5	GB 67—2016	螺钉M12×14	1	35
4		顶垫	1	Q235
3	矩50×8	螺杆	1	45
2		螺套	1	HT200
1		底座	1	HT150
质量	比例	1∶2		
制图			螺旋千斤顶	
审核			TZ-02	

图 9-5　螺旋千斤顶(尺寸单位:mm)

(4)被弹簧挡住的结构一般不画出,可见部分应从弹簧簧丝剖面中心或弹簧外径轮廓线画出,如图 9-6 所示。弹簧簧丝直径在图形上小于 2mm 的剖面可以涂黑,也可用示意画法,如图 9-7 所示。

图 9-6　装配图中弹簧的画法

三、装配图上的特殊画法

1. 沿结合面剖切画法

为了把装配体中某部分零件表达得更清楚,可以假想沿某些零件的结合面进行剖切,如图 9-5 中的俯视图。

2. 拆卸画法

将某些零件拆卸后绘制,拆卸后需加以说明时,可注上“拆去件: × ×”等字样,表达拆卸零件的形状时,可单独画出零件的某一视图,如图 9-5 中的 *C* 向。

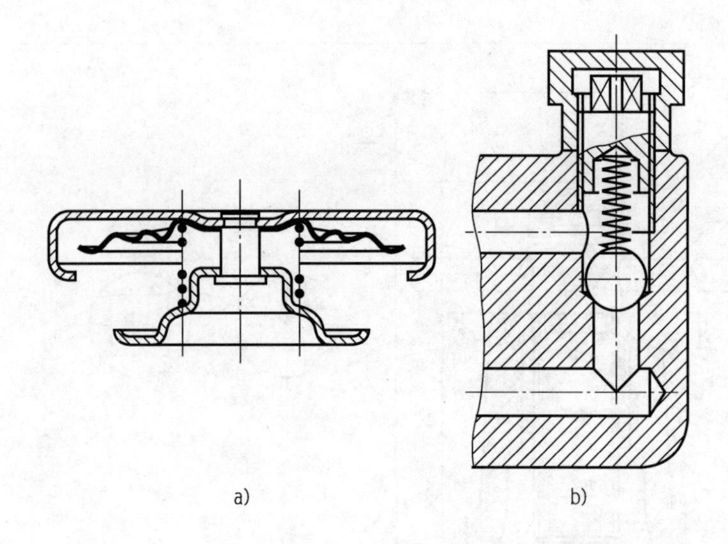

图 9-7　装配图中,弹簧简化画法

3. 假想画法

(1)在装配图上为表示某些运动零件的运动范围及极限位置时,可用双点画线画出极限位置处的外形图,如图 9-8 所示。对某些做直线运动的零件,也可用两个尺寸来表示所允许的两个极限位置,如图 9-9 所示。

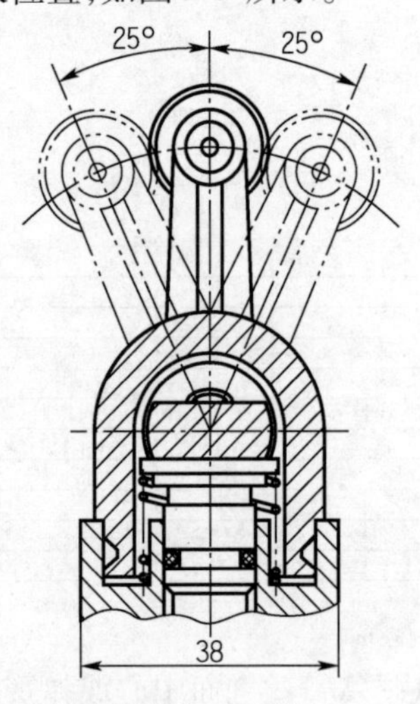

图 9-8　外形图极限位置处画法(尺寸单位:mm)

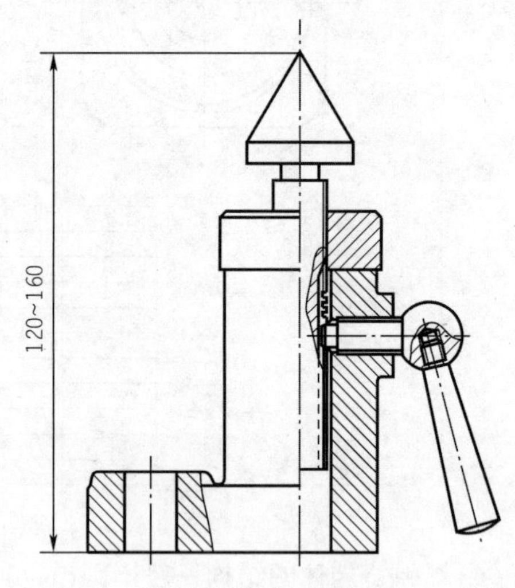

图 9-9　画线顶针盘(尺寸单位:mm)

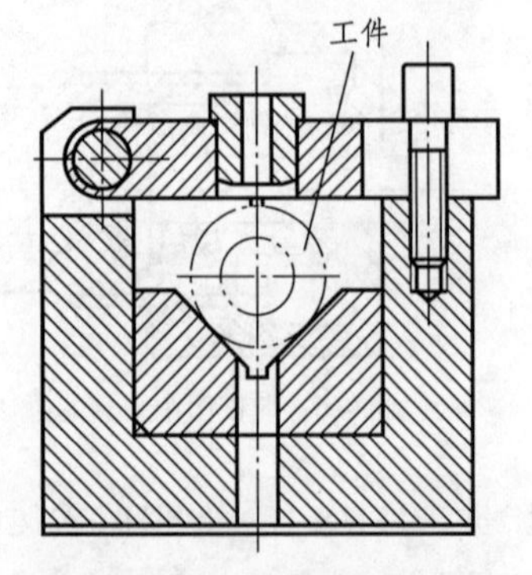

图 9-10　钻夹具中工件的表示法

(2)当需要表示装配体与相邻有关零件的关系或夹具中工件的位置时,可用双点画线画出该零件的轮廓,如图 9-10 中的工件和图 9-11 中的床头箱位置。

4. 展开画法

为了表示传动机构的传动路线和装配关系,可假想在图纸上将互相重叠的空间轴系,按其传动顺序展开在一个平面上,然后沿各轴线剖开,得到剖视图,如图 9-11 所示。

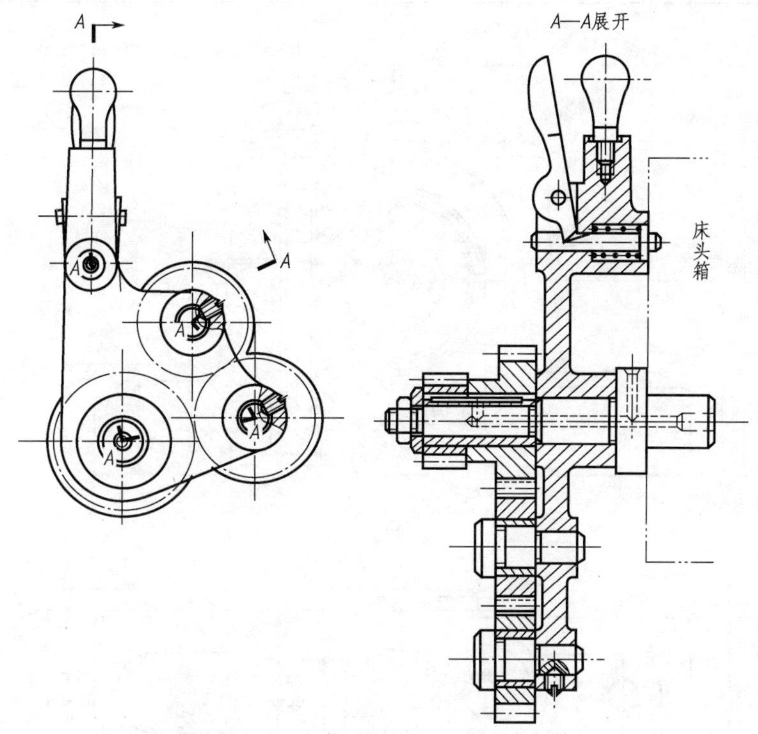

图 9-11　三星轮系的展开画法

四、装配图中的简化画法

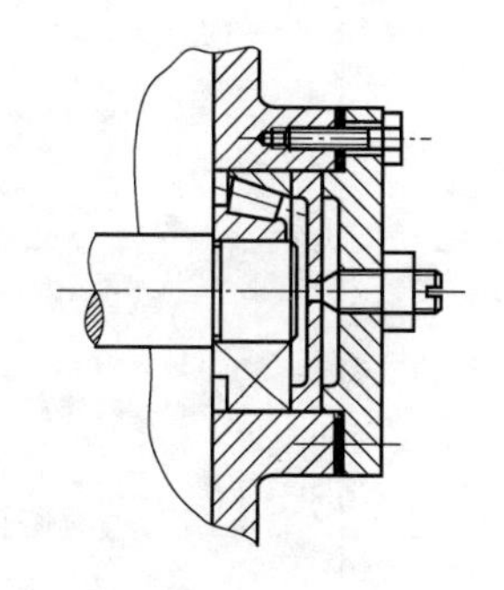

图 9-12　装配图中的简化画法

(1)装配图中若干相同的零件组,如螺栓、螺钉等,允许较详细地画出一处或几处,其余只要画出中心线位置即可,如图 9-12 所示。

(2)装配图上零件的部分工艺结构,如倒角、圆角、退刀槽等,允许不画,螺栓、螺母因倒角而产生的曲线也允许省略,如图 9-12 所示,但装配结构应能正确反映。

(3)滚动轴承允许按图 9-12 所示的方式绘制。

第三节　装配图的尺寸标注和技术要求

一、尺寸标注

装配图的作用与零件图不同,因此,在图上标注尺寸的要求也不同。零件图中必须标注零件的全部尺寸,以确定零件的形状和大小;在装配图上应该按照对装配体的设计、制造的要求来标注某些必要的尺寸,即标注装配体性能(规格)、装配体组成件的装配关系、装配体总体大小等。装配图没有必要标注所有尺寸,只需标出性能尺寸、装配尺寸、安装尺寸和外形尺寸等。

1. 性能(规格)尺寸

性能(规格)尺寸表示装配体的工作性能或规格大小的尺寸,这些尺寸是设计时确定的,它也是了解和选用该装配体的依据。图 9-13 所示滑动承孔的直径尺寸 ϕ50H8,表明该轴承只能使用轴颈基本尺寸为 ϕ50mm 的轴。

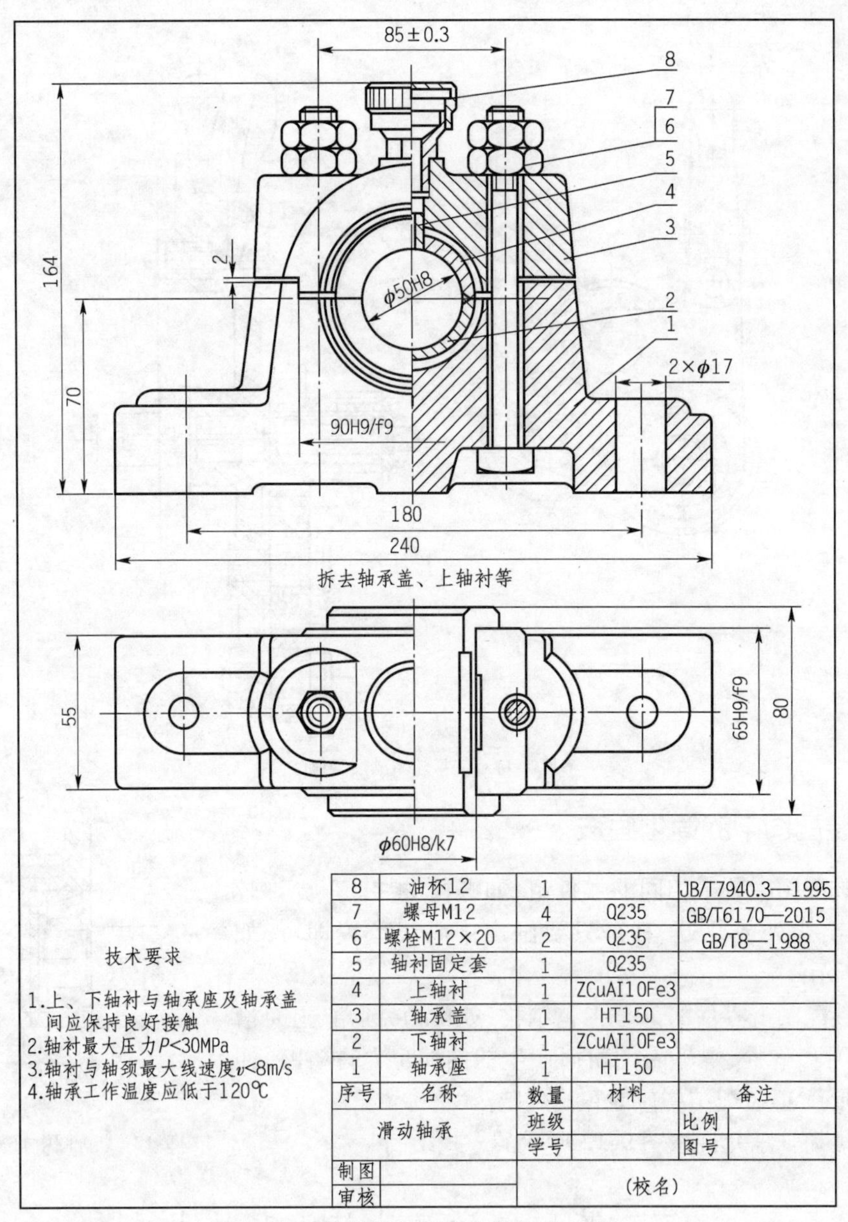

图 9-13　滑动轴承(尺寸单位:mm)

2. 装配尺寸

装配尺寸是表示装配体中各零件之间相互配合关系和相对位置的尺寸,这种尺寸是保证装配体装配性能和质量的尺寸。

(1)配合尺寸。表示零件间配合性质的尺寸。图 9-13 所示配合尺寸有 90H9/f 9,65H9/f9,ϕ60H8/k7 等。

(2)相对位置尺寸。表示装配时需要保证的零件间相互位置的尺寸。图 9-13 所示的轴承中心线到轴承座底面的距离为 70mm,两螺栓连接的位置尺寸(85 ±0.3)mm,轴承盖和轴承座的相对位置尺寸为 2mm 等。

3. 安装尺寸

将装配体安装到其他装配体上或地基上所需的尺寸。图 9-14 所示的安装螺栓通孔所注的尺寸——直径 2 × ϕ7mm 和孔距 70mm 等都是安装尺寸。

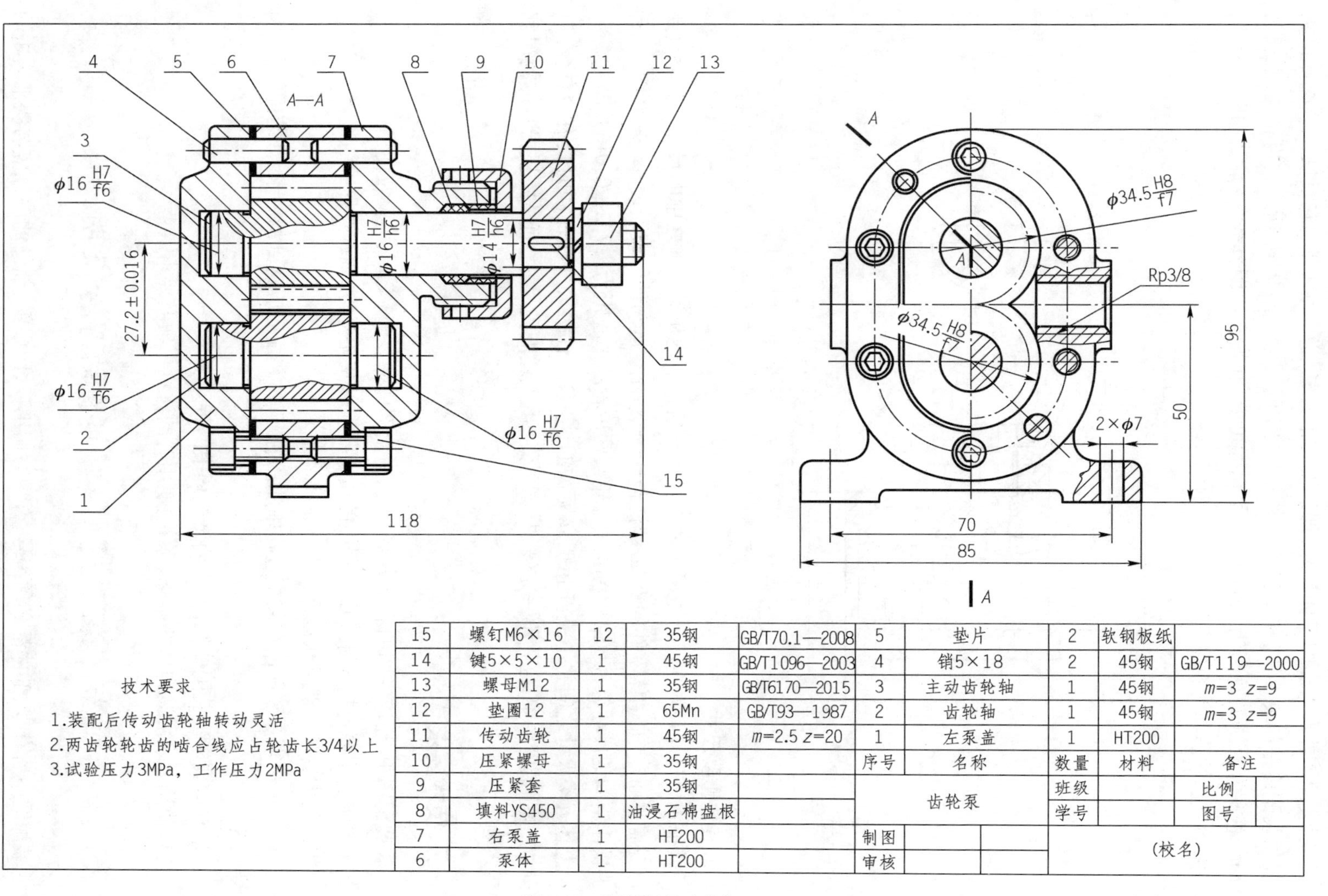

技术要求

1.装配后传动齿轮轴转动灵活
2.两齿轮轮齿的啮合线应占轮齿长3/4以上
3.试验压力3MPa，工作压力2MPa

序号	名称	数量	材料	备注
15	螺钉M6×16	12	35钢	GB/T70.1—2008
14	键5×5×10	1	45钢	GB/T1096—2003
13	螺母M12	1	35钢	GB/T6170—2015
12	垫圈12	1	65Mn	GB/T93—1987
11	传动齿轮	1	45钢	m=2.5 z=20
10	压紧螺母	1	35钢	
9	压紧套	1	35钢	
8	填料YS450	1	油浸石棉盘根	
7	右泵盖	1	HT200	
6	泵体	1	HT200	
5	垫片	2	软钢板纸	
4	销5×18	2	45钢	GB/T119—2000
3	主动齿轮轴	1	45钢	m=3 z=9
2	齿轮轴	1	45钢	m=3 z=9
1	左泵盖	1	HT200	

齿轮泵		班级		比例	
		学号		图号	
制图		(校名)			
审核					

图9-14 齿轮泵(尺寸单位:mm)

4. 外形尺寸

表示装配体外形大小的总体尺寸，即装配体的总长、总宽、总高。它反映了装配体的大小，提供装配体在包装、运输和安装过程中所占的空间尺寸。图 9-14 所示的齿轮泵，总长为 118mm，总宽为 85mm，总高为 95mm。若某尺寸可变化时，应注明其变化范围，如图 9-15 所示的浮动支承的总高为 60 ~ 70mm。

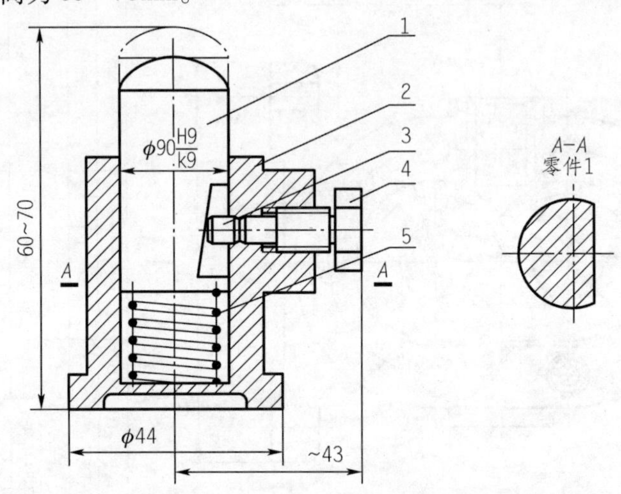

图 9-15　浮动支承装配图（尺寸单位：mm）

5. 其他重要尺寸

其他重要尺寸是指在设计中确定的而又未包括在上述几类尺寸之中的尺寸。其他重要尺寸视需要而定，如主体零件的重要尺寸、齿轮的中心距、运动件的极限尺寸、安装零件要有足够操作空间的尺寸等，例如图 9-14 中齿轮泵两齿轮的中心距为(27.2 ±0.016)mm 等。

上述五类尺寸之间并不是互相孤立无关的，实际上有的尺寸往往同时具有多种作用。此外，在一张装配图中，也并不一定需要全部标注出上述五类尺寸，而是要根据具体情况和要求来确定。

二、技术要求

在装配图中，还应在图的右下方空白处，写出部件在装配、安装、检验及使用过程等方面的技术要求。主要包括零件装配过程中的质量要求以及在检验、调试过程中的特殊要求等。

拟定技术要求一般可从以下几个方面来考虑。

(1)装配要求。装配体在装配过程中注意的事项，装配后应达到的要求，如装配间隙、润滑要求等。

(2)检验要求。装配体在检验、调试过程中的特殊要求等。

(3)使用要求对装配体的维护、保养、使用时的注意事项及要求。

第四节　装配图中零、部件的序号及明细表

装配图中所有零、部件都必须编号，并填写明细表，图中零、部件的序号应与明细表中的序号一致。明细表直接画在装配图标题栏上面，也可另列零、部件明细表，内容应包含零件的名称、材料及数量，这样有利于读图时对照查阅，并根据明细表做好生产准备工作。

一、零、部件序号的编排方法

(1)编写零、部件序号的通用表示方法有三种:

①在指引线的水平线(细实线)上或圆(细实线)内注写序号,序号字高比装配图中所注尺寸数字高度大一号如图9-16a)所示。

②在指引线的水平线上或圆内注写序号,字高比图中尺寸数字高度大两号,如图9-16b)所示。

③在指引线附近注写序号,序号字高比图中尺寸数字高度大两号,如图9-16c)所示。

同一张装配图中编注序号的形式应一致。

(2)相同零、部件用一个序号,一般只标注一次。多处出现的相同的零、部件,必要时可以重复标注。

(3)指引线应自所指部分的可见轮廓内引出,并在末端画一圆点,如图9-16所示。若所指部分内不便画圆点时(很薄的零件或涂黑的剖面),可在指引线的末端画出箭头,并指向该部分的轮廓,如图9-17所示。

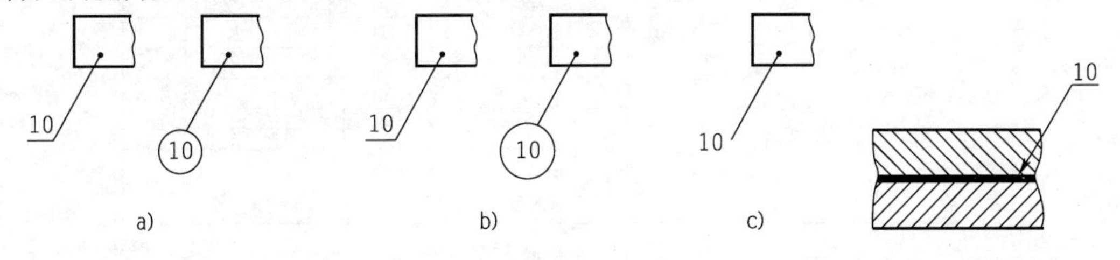

图9-16 序号的编写方式

图9-17 指引线画法

(4)指引线互相不能相交,当通过剖面线的区域时,指引线不应与剖面线平行。必要时可画成折线,但只可曲折一次。一组紧固件以及装配关系清楚的零件组,可采用公共指引线,如图9-18所示。

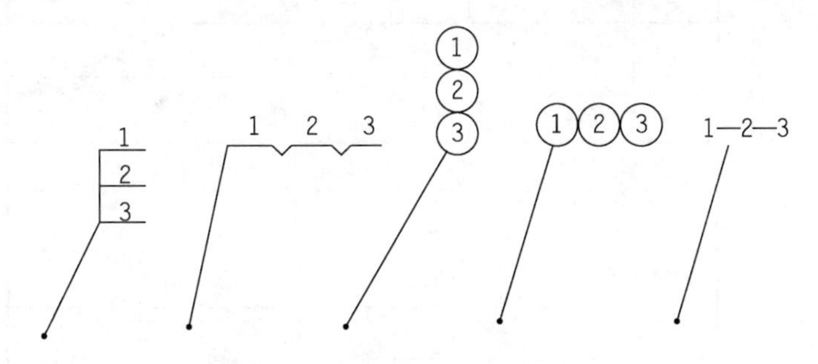

图9-18 公共指引线

(5)装配图中序号应按水平或垂直方向排列整齐,编排时按顺时针或逆时针方向顺序排列,在整个图上无法连续时,可只在每个水平或垂直方向顺次排列,如图9-19所示。

二、明细表

明细表不单独列出时,一般应画在装配图主标题栏的上方,格式及内容由各单位自行决定,图9-20所示格式可供学校画图时参考。明细表序号应按零件序号,顺序自下而上填写,以便发现有漏编零件时,可继续向上补填,为此,明细表最上面的边框线规定用细实线绘制。明细表也可以移一部分至标题栏左边。

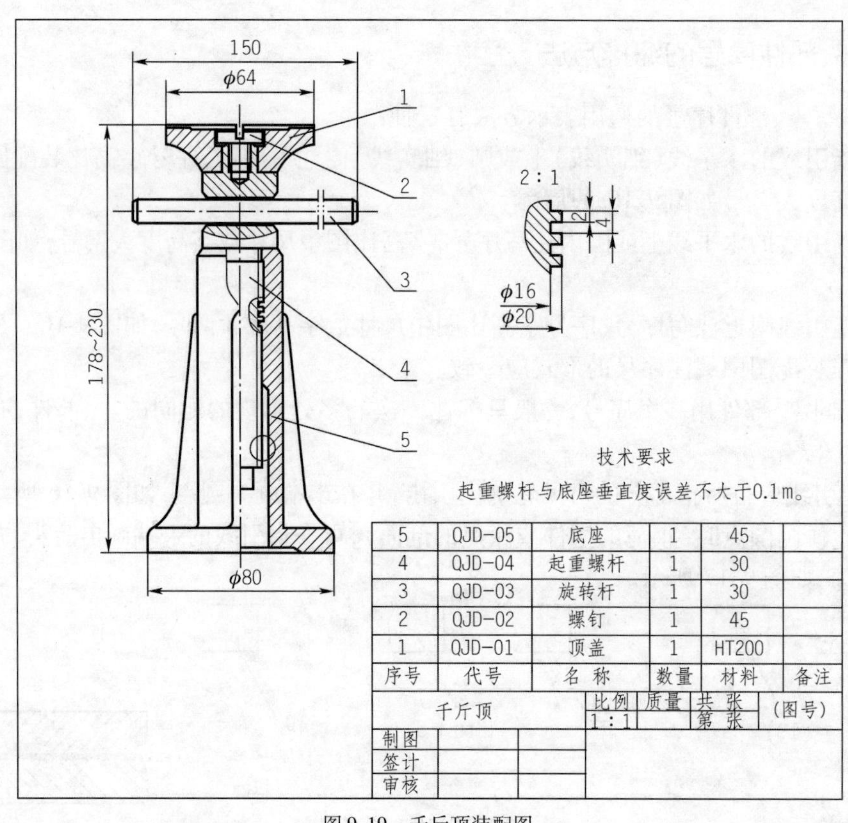

5	QJD-05	底座	1	45	
4	QJD-04	起重螺杆	1	30	
3	QJD-03	旋转杆	1	30	
2	QJD-02	螺钉	1	45	
1	QJD-01	顶盖	1	HT200	
序号	代号	名称	数量	材料	备注
千斤顶		比例 1:1	质量	共 张 第 张	(图号)
制图					
签计					
审核					

图 9-19　千斤顶装配图

15	30	15	30	40
序号	零件名称	件数	材　料	备　注

图名(部件名称)		比例		(图号)
		件数		
班级	(学号)	共　张	第　张	成绩
制图	(日期)	(校　　名)		
审核	(日期)			

图 9-20　主标题栏和明细表(尺寸单位:mm)

第五节　画装配图的方法和步骤

在画装配图之前,必须对该装配体的功用、工作原理、结构特点以及装配体中各零件的装配关系等有一个全面的了解和认识。装配体是由若干零件组成,根据所属装配体的零件图,就可以画出装配体的装配图。现以图 9-21 所示的球阀装配图为例,介绍画装配图的方法和步骤。

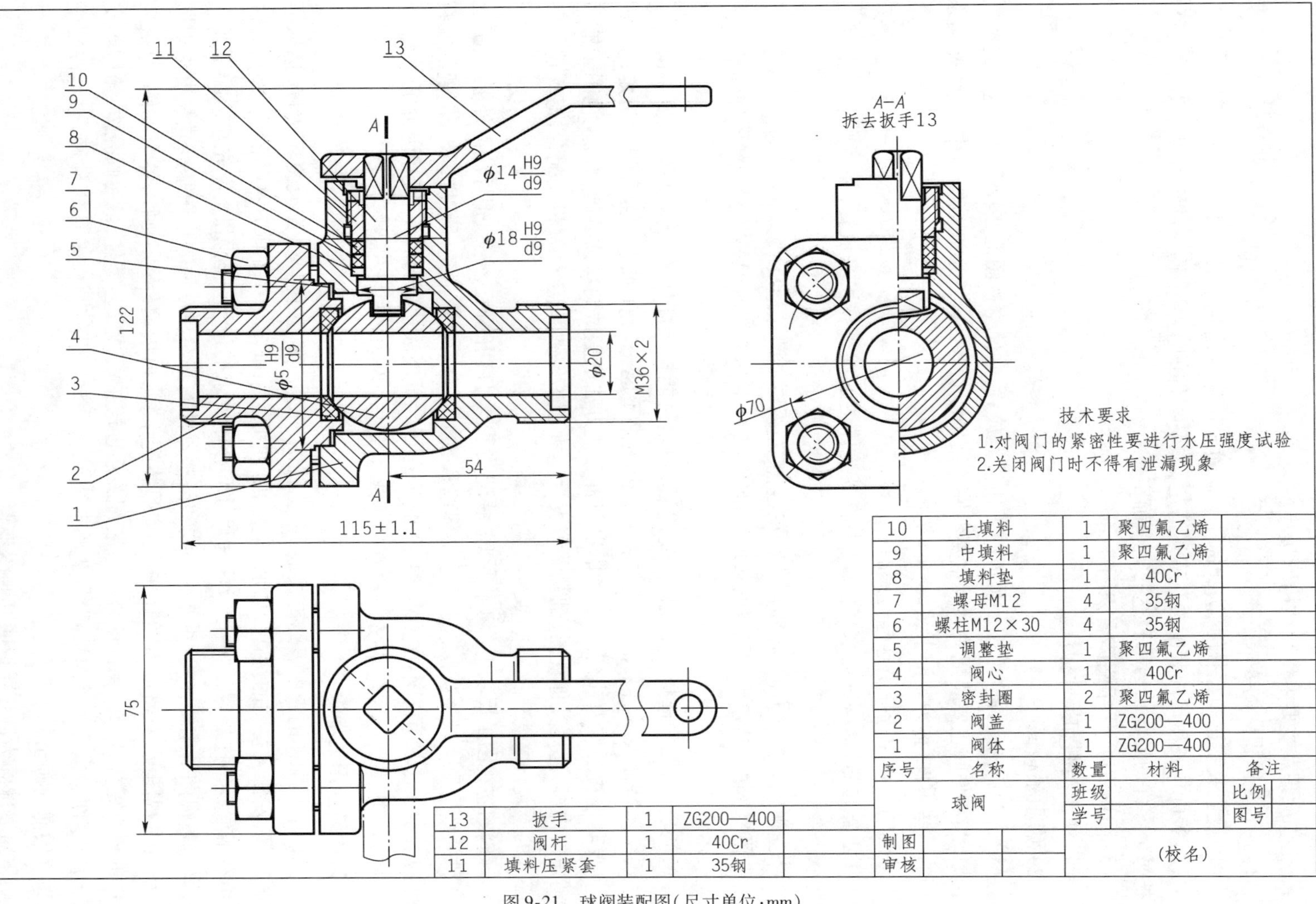

序号	名称	数量	材料	备注
13	扳手	1	ZG200—400	
12	阀杆	1	40Cr	
11	填料压紧套	1	35钢	
10	上填料	1	聚四氟乙烯	
9	中填料	1	聚四氟乙烯	
8	填料垫	1	40Cr	
7	螺母M12	4	35钢	
6	螺柱M12×30	4	35钢	
5	调整垫	1	聚四氟乙烯	
4	阀心	1	40Cr	
3	密封圈	2	聚四氟乙烯	
2	阀盖	1	ZG200—400	
1	阀体	1	ZG200—400	

球阀	班级		比例	
	学号		图号	
制图			(校名)	
审核				

图9-21　球阀装配图(尺寸单位:mm)

1. 拟订表达方案

表达方案包括选择主视图、确定其他视图。拟订表达方案能较好地反映装配体的装配关系、工作原理和主要零件的结构形状等。

1)画装配图视图的要求

(1)投影关系正确,图样画法和标注方法符合国家标准规定。

(2)装配体各零件的装配关系表达清楚,主要零件的主要结构形状要表达清楚,但不要求把每个零件的形状结构都表达的完全确定。

(3)图形清晰,便于阅读者识图。

(4)便于绘制和尺寸标注。

2)视图的选择

(1)主视图的选择一般按装配体的工作位置放置,并使主视图能够较多地表达装配体的工作原理、零件间主要装配关系及主要零件的结构形状特征。一般在装配体中,将装配关系密切的一些零件,称为装配干线。

球阀的主视图选择是这样考虑的:

①工作位置:球阀一般水平放置,即将其流体通道的轴线水平放置,并将阀芯转至完全开启状态。

②主视图的投射方向:将阀盖放在左边,使左视图能清楚地反映其端面形状。

③沿球阀的前后对称面剖切,选取全剖视图,可将其工作原理、装配关系、零件间的相互位置表示清楚。

(2)其他视图的选择。主视图选定之后,一般只能把装配体的工作原理、主要装配关系和主要结构特征表示出来,但是,只靠一个视图是不能把所有的情况全部表达清楚的。因此,需要其他视图作为补充,并应考虑以何种表达方法最能做到易读易画。对主视图未能表示清楚的内容,选用其他视图、剖视图等表示。所选视图要重点突出,相互配合,避免遗漏和不必要的重复。

球阀的主视图虽反映出了工作原理、装配关系、零件间的相互位置,但球阀的外形结构、主要零件的结构形状以及双头螺柱的连接部位和数量等尚未表示清楚,所以选取全剖视的左视图予以表示。选取俯视图,主要表达扳手的开关位置,同时表达球阀的外形和扳手的形状。

(3)检查、修改、调整、补充。检查是否表示完全,必要时,进行调整、补充。

2. 画装配图的步骤

确定了装配体的视图表达方案后,根据视图表达方案、装配体大小及复杂程度,选取适当的比例,安排各视图的位置,从而选定图幅,便可着手画图。在安排各视图的位置时,要注意留有编写零件序号、明细栏以及注写尺寸和技术要求的位置。画图时,应先从装配干线入手,画出各视图的主要轴线、对称中心线和某些零件的基面和端面等作图基准线。由主视图开始,几个视图配合进行。画剖视图时按照装配干线,由内向外逐个画出各个零件,即从装配体的核心零件开始,“由内向外”,按装配关系逐层扩展画出各零件,最后画壳体、箱体等支承、包容零件。也可由外向里画,即先将起支承、包容作用的壳体、箱体零件画出,再按装配关系逐层向内画出各个零件。

下面以球阀为例简要说明其画图步骤。

(1)根据所确定的视图数目、图形的大小和采用的比例选定图幅,并在图纸上进行布局。在布局时,应留出标注尺寸、编注零件序号、书写技术要求、画标题栏和明细栏的位置。

(2)画出图框、标题栏和明细栏。

(3)画出各视图的主要中心线、轴线、对称线及基准线。

(4)画出各视图主要部分的底稿。通常可以先从主视图开始。根据各视图所表达的主要内容不同,可采取不同的方法着手。如果是画剖视图,则应从内向外画,这样被遮住的零件的轮廓线就可以不画。如果画的是外形视图,一般则是从大的或主要的零件着手。

(5)画次要零件、小零件及各部分的细节。

(6)加深并画剖面线。在画剖面线时,主要的剖视图可以先画。最好画完一个零件所有的剖面线,然后再开始画另外一个,以免剖面线方向错误。

(7)注出必要的尺寸。

(8)编注零件序号,并填写明细栏和标题栏。

(9)填写技术要求等。

(10)仔细检查全图并签名,完成全图。

第六节　读装配图

画装配图是用图形、尺寸、符号或文字来表达设计意图和设计要求的过程。而读装配图是通过对现有图形、尺寸、符号、文字的分析,了解设计者的意图和要求的过程。在设计、制造、检验、维修工作乃至专业课程的学习过程中都会遇到读装配图。

一、读装配图的基本要求

(1)了解装配体的名称、用途、结构及工作原理。

(2)了解各零件之间的连接形式及装配关系。

(3)搞清各零件的结构形状和作用,想象出装配体中各零件的动作过程。

二、读装配图的方法和步骤

1. 概括了解

(1)根据标题栏和明细表,可知装配体及各组成零件的名称,由名称可略知它们的用途;由比例及件数可知道装配体的大小及复杂程度。

(2)根据装配图的视图、剖视图、剖面图,找出它们的剖切位置、投影方向及相互间的联系,初步了解装配体的结构和零件之间的装配关系。

2. 分析零件

利用零件号、不同方向或不同疏密的剖面线,把各个零件的视图范围划分出来,找对投影关系,想象出各零件的形状,了解它们的作用及动作过程,对于某些投影关系不易直接确定的部分,应借助分规和三角板来判断,并应考虑是否采用了简化画法或习惯画法。

分析图9-22可以看出,阀体1与盖板2之间用4个M8×40的螺钉连接,整个分配阀可用两个螺钉固定在机器上。当手柄8转动时,通过圆锥销10带动旋杆4转动,旋杆4与阀体的配合为ϕ16H7/f7。旋杆头部削扁部分,同控制板3上的长形槽配合,因而当旋杆转动时,带动控制板转动,使控制板上的圆弧形分配槽处于不同的位置,起到分配做功介质的作用,如图9-23所示。当控制板处于图9-23a)位置时,介质经由1孔(G1/2)通过分配槽进入2孔(G3/8),使机器上某部件朝一个方向运动,回气经由3孔至4孔排入大气;当控制板处

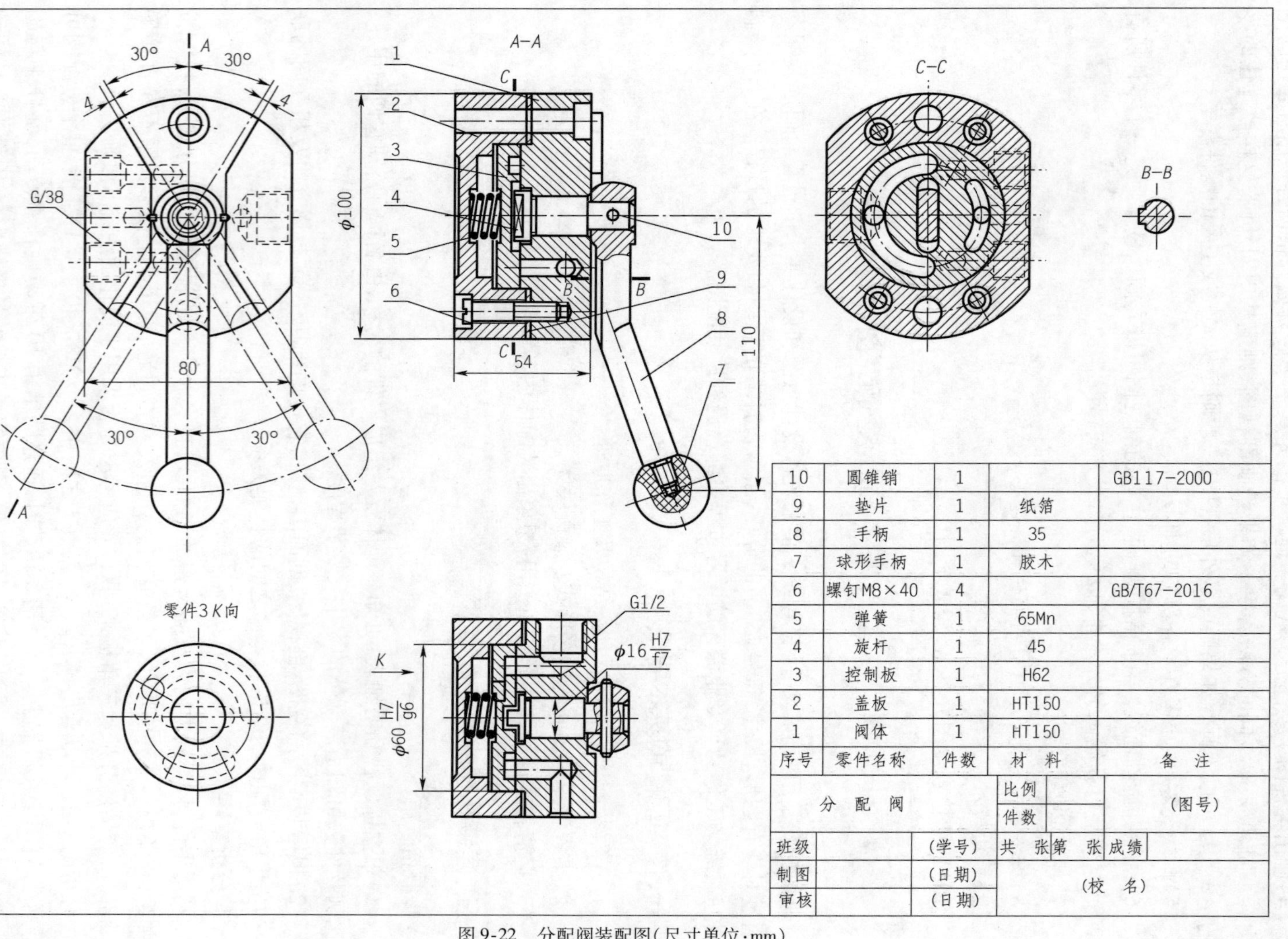

序号	零件名称	件数	材料	备注
10	圆锥销	1		GB117-2000
9	垫片	1	纸箔	
8	手柄	1	35	
7	球形手柄	1	胶木	
6	螺钉M8×40	4		GB/T67-2016
5	弹簧	1	65Mn	
4	旋杆	1	45	
3	控制板	1	H62	
2	盖板	1	HT150	
1	阀体	1	HT150	

分配阀			比例		（图号）
			件数		
班级		（学号）	共 张第 张	成绩	
制图		（日期）	（校名）		
审核		（日期）			

图9-22 分配阀装配图（尺寸单位：mm）

于图9-23b)所示位置时,介质同样由1孔进入,经由分配槽进入3孔,使机器上某部件向另一方向运动,回气经由2孔至4孔排入大气;当控制板处于图9-23c)所示位置时,即手柄处于中间位置,分配阀停止工作,不起分配作用。

分配阀手柄左右运动的极限位置各为30°。由手柄及阀体端面凸出部分形状所保证,如图9-24所示。图9-22中的弹簧5使控制板端面与阀体平面紧密贴合,由于控制板上开有通孔,使板的两面压力平衡,保证接触更均匀,密封性更好。

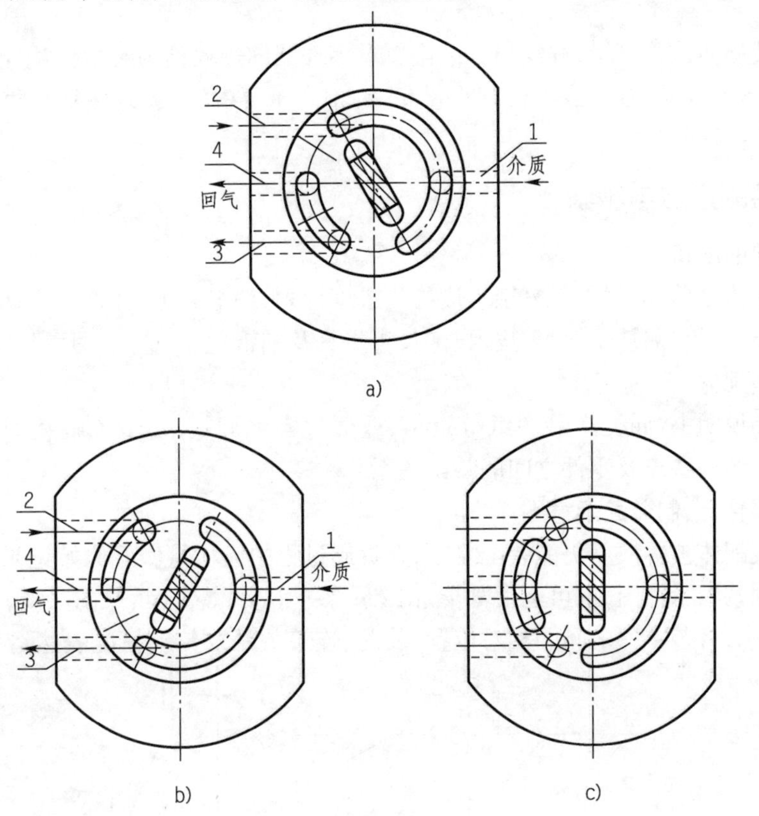

图9-23 控制板的位置

1~4-孔号

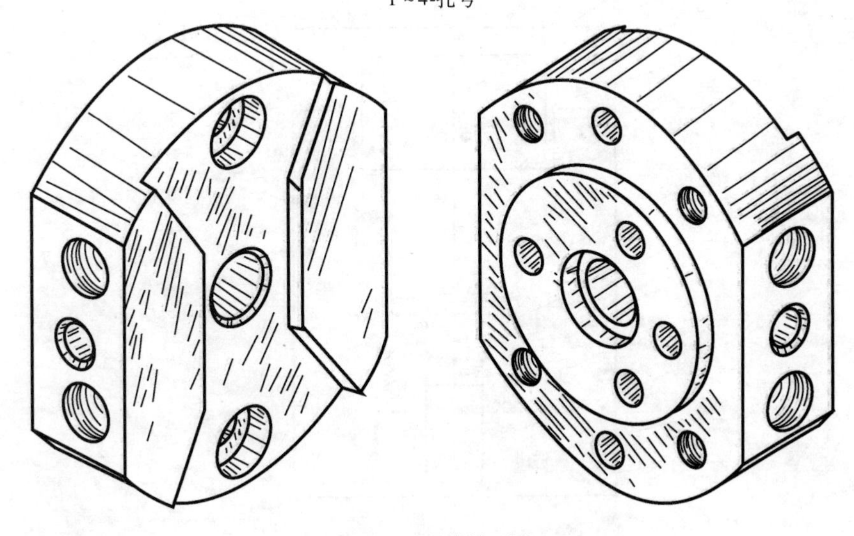

图9-24 阀体轴测图

3. 综合归纳

在概括了解及分析的基础上，对尺寸、技术条件等进行全面的综合，使对装配体的结构原理、零件形状、动作过程有一个完整、明确的认识。实际读图时，上述三步是不能截然分开的，常常是边了解、边分析、边综合，同时进行，随着各个零件分析完毕，装配体也就可综合、阅读清楚。

第七节　装配体测绘

对现有装配体进行测量，并绘出其装配图及零件图的过程称为装配体测绘，它对推广先进技术、交流生产经验、改革或维修现有设备等，都有重要的意义，现以行程气阀为例，介绍装配体测绘的方法与步骤。

一、测绘的方法与步骤

1. 测绘前的准备

测绘装配体之前，应根据其复杂程度编订进度计划，编组分工，并准备拆卸用工具，如扳手、榔头、铜棒、木棒，测量用钢尺、皮尺、卡尺等量具及细铅丝、标签、绘图用品等。

2. 了解装配体

根据产品说明书、同类产品图纸等资料，或通过实地调查，初步了解装配体的用途、性能、工作原理、结构特点及零件之间的装配关系。

3. 拆卸零件，绘制装配示意图

为便于装配体被拆散后仍能装配复原，在拆卸过程中应尽量做好原始记录，最简便常用的方法是绘制装配示意图，也可运用如照相或录像等手段。装配示意图只要求用简单的线条，大致的轮廓，将各零件之间的相对位置、装配、连接关系及传动情况表达清楚，如图 9-25

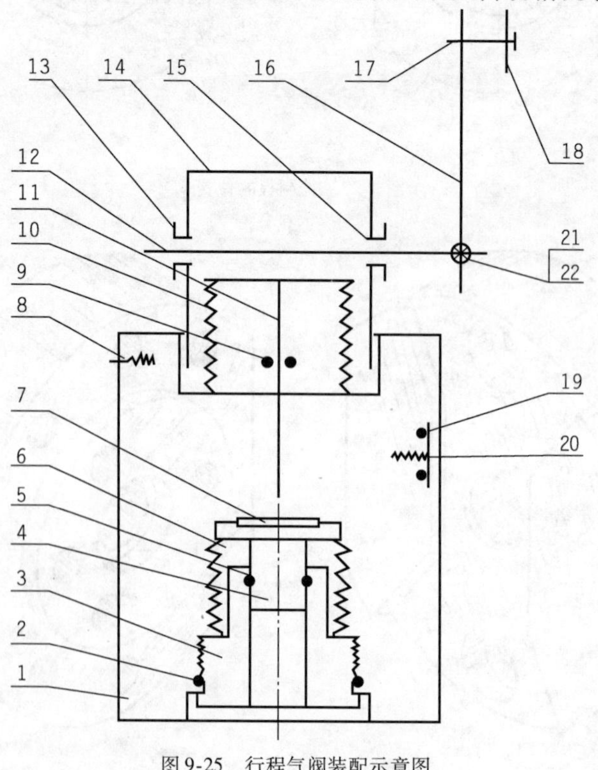

图 9-25　行程气阀装配示意图

所示。在示意图上应编上零件序号，并注写零件的名称及数量。在拆下的每个(组)零件上，扎上标签，标签上注明与示意图相对应的序号及名称。

在拆卸零件时，要顺序进行，对不可拆连接和过盈配合的零件尽量不拆，以免影响装配体的性能及精度。拆卸时使用工具要得当，拆下的零件应妥善放置，以免碰坏或丢失。

4. 画零件草图

组成装配体的每一个零件，除标准件外，都应画出草图，画装配体的零件草图时，应尽可能注意到零件间尺寸的协调。

5. 画装配图

根据装配示意图、零件草图，画出装配图，画装配图的过程，是一次检验、校对零件形状、尺寸的过程，草图中的形状和尺寸如有错误或不妥之处，应及时改正，保证使零件之间的装配关系能在装配图上正确地反映出来，以便顺利地拆画零件图。

6. 拆画零件图

根据装配图，拆画出每个零件的零件图，此时的图形和尺寸比较正确、可靠。

二、装配图的画法

1. 准备阶段

对现有资料进行整理、分析，进一步了解装配体的性能及结构特点，对装配体的完整形状做到心中有数。

2. 确定表达方案

(1)决定主视图的方向。因装配体由许多零件装配而成，所以通常以最能反映装配体结构特点和较多地反映装配关系的一面作为画主视图的方向。

(2)决定装配体位置。通常将装配体按工作位置放置，使装配体的主要轴线或主要安装面呈水平或垂直位置。

(3)选择其他视图。选用较少数量的视图、剖视、剖面图形，准确、完整、简便地表达出各个零件的形状及装配关系。

由于装配图所表达的是各组成零件的结构形状及相互之间的装配关系，因此确定它的表达方案，就比确定单个零件的表达方案复杂得多，有时一种方案，不一定对其中每个零件都合适，只有灵活地运用各种表达方法，认真研究，周密比较，才能把装配体表达得更完善。

3. 画装配图的步骤

(1)定位布局。表达方案确定以后，画出各视图的主要基准线，如气阀中互相垂直、平行的三条装配干线的轴心线，孔的中心轴线，装配体较大的平面或端面等，如图 9-26 所示。

(2)逐层画出图形。围绕着装配干线由里向外逐个画出零件的图形，这样可避免被遮盖部分的轮廓线徒劳地画出。剖开的零件，应直接画成剖开后的形状，不要先画好外形再改画成剖视图。作图时，应几个视图配合着画，以提高绘图速度，同时应解决好零件装配时的工艺结构问题，如轴向定位、零件的接触表面及相互遮挡等，如图 9-27 所示。

(3)注出必要的尺寸及技术要求。

(4)校对、描深。

(5)编序号、填写明细表、标题栏。

(6)检查全图、清洁、修饰图面，如图 9-28 所示。

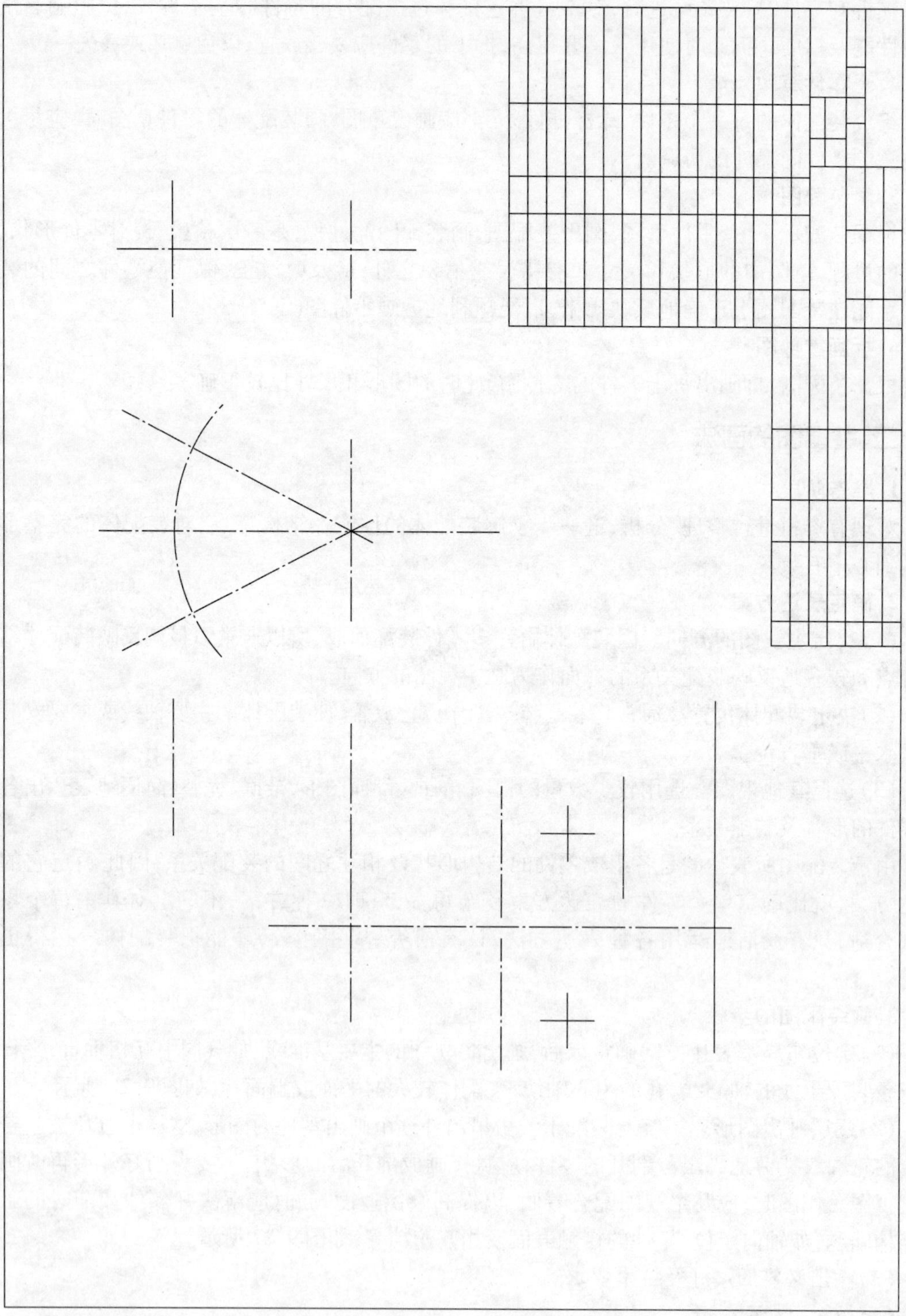

图 9-26 定位布局

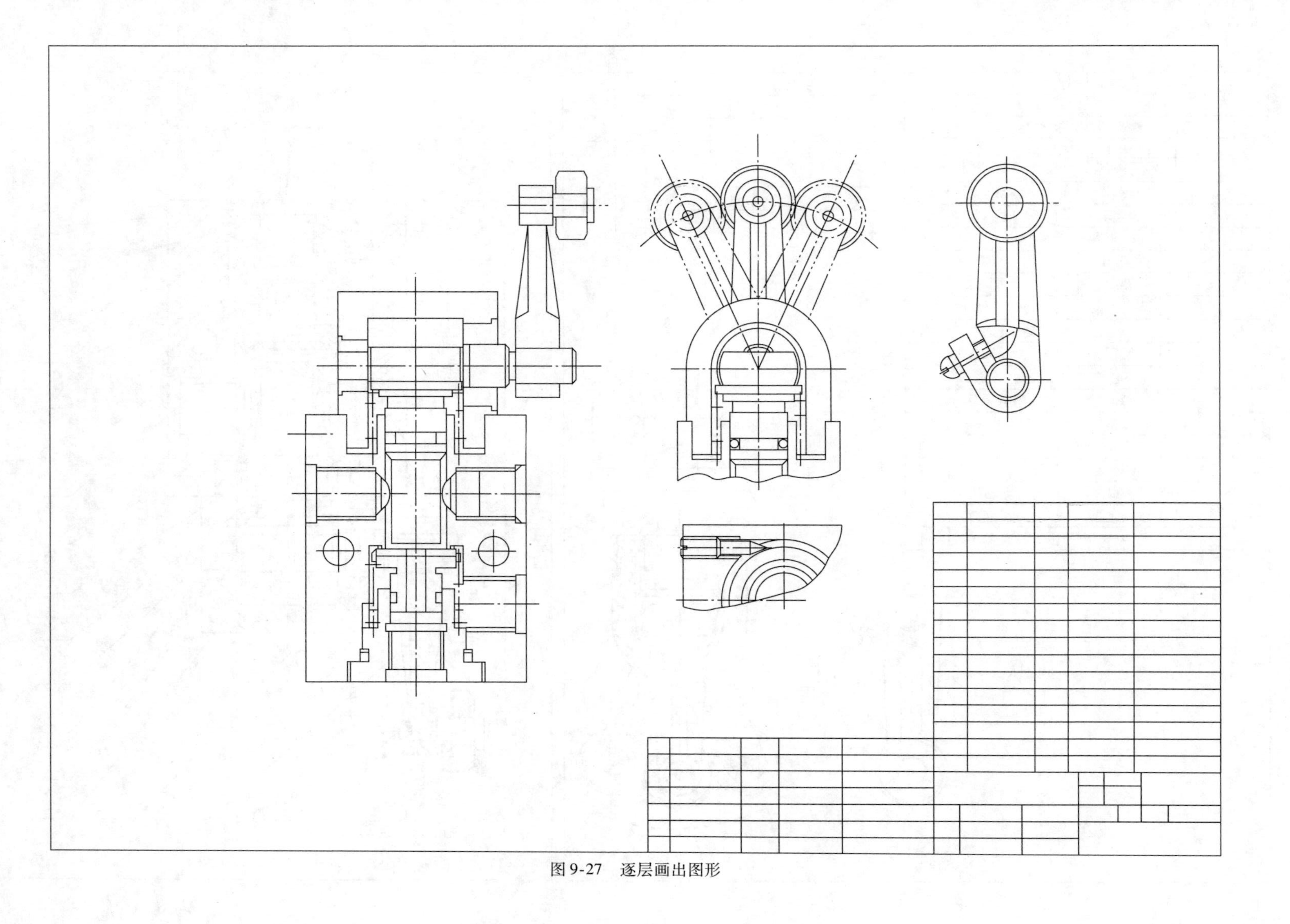

图 9-27　逐层画出图形

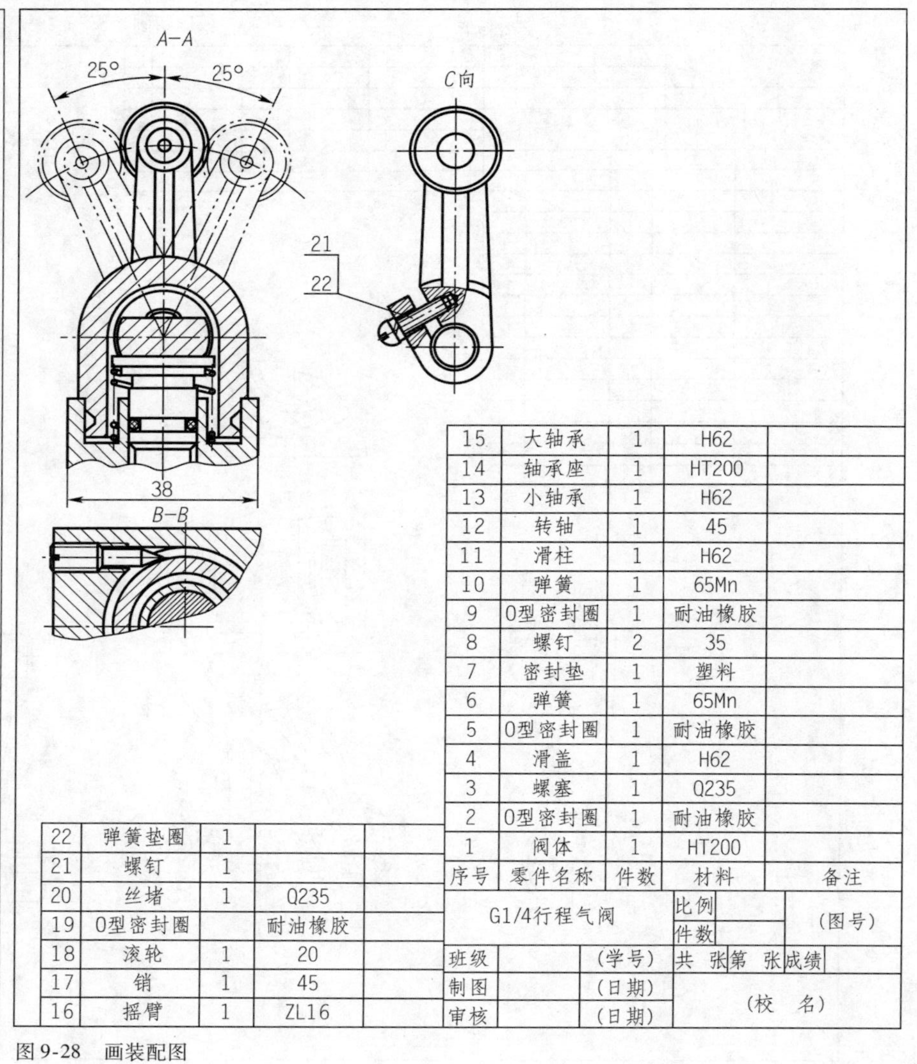

22	弹簧垫圈	1		
21	螺钉	1		
20	丝堵	1	Q235	
19	O型密封圈		耐油橡胶	
18	滚轮	1	20	
17	销	1	45	
16	摇臂	1	ZL16	

15	大轴承	1	H62	
14	轴承座	1	HT200	
13	小轴承	1	H62	
12	转轴	1	45	
11	滑柱	1	H62	
10	弹簧	1	65Mn	
9	O型密封圈	1	耐油橡胶	
8	螺钉	2	35	
7	密封垫	1	塑料	
6	弹簧	1	65Mn	
5	O型密封圈	1	耐油橡胶	
4	滑盖	1	H62	
3	螺塞	1	Q235	
2	O型密封圈	1	耐油橡胶	
1	阀体	1	HT200	
序号	零件名称	件数	材料	备注

G1/4行程气阀			比例		(图号)
			件数		
班级		(学号)	共 张第 张	成绩	
制图		(日期)	(校 名)		
审核		(日期)			

图 9-28　画装配图

附　表

附表1　普通螺纹基本尺寸（GB/T 196—2003）

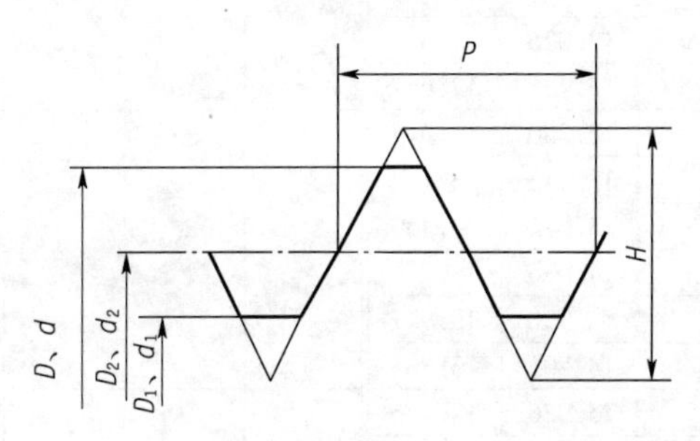

基本尺寸（单位:mm）

公称直径 D/d 第一系列	第二系列	第三系列	螺距 P	中径 D_2/d_2	小径 D_1/d_1	公称直径 D/d 第一系列	第二系列	第三系列	螺距 P	中径 D_2/d_2	小径 D_1/d_1
1			0.25	0.838	0.729	5			0.8	4.480	4.134
			0.2	0.870	0.783				0.5	4.675	4.459
	1.1		0.25	0.938	0.829			5.5	0.5	5.175	4.959
			0.2	0.970	0.883	6			1	5.350	4.917
1.2			0.25	1.038	0.929				0.75	5.513	5.188
			0.2	1.070	0.983				0.5	5.675	5.459
	1.4		0.3	1.205	1.075			7	1	6.350	5.917
			0.2	1.270	1.183				0.75	6.513	6.188
1.6			0.35	1.373	1.221				0.5	6.675	6.459
			0.2	1.470	1.383	8			1.25	7.188	6.647
	1.8		0.35	1.573	1.421				1	7.350	6.917
			0.2	1.670	1.583				0.75	7.513	7.188
2			0.4	1.740	1.567				0.5	7.675	7.459
			0.25	1.838	1.729			9	1.25	8.188	7.647
	2.2		0.45	1.908	1.713				1	8.350	7.917
			0.25	2.038	1.929				0.75	8.513	8.188
2.5			0.45	2.208	2.013				0.5	8.675	8.459
			0.35	2.273	2.121	10			1.5	9.026	8.376
3			0.5	2.675	2.459				1.25	9.188	8.647
			0.35	2.773	2.621				1	9.350	8.917
	3.5		0.6	3.110	2.850				0.75	9.513	9.188
			0.35	3.273	3.121				0.5	9.675	9.459
4			0.7	3.545	3.242			11	1.5	10.026	9.376
			0.5	3.675	3.459				1	10.350	9.917
	4.5		0.75	4.013	3.688				0.75	10.513	10.188
			0.35	4.273	4.121				0.5	10.675	10.459

续上表

公称直径 D/d 第一系列	第二系列	第三系列	螺距 P	中径 D_2/d_2	小径 D_1/d_1
12			1.75	10.863	10.106
			1.5	11.026	10.376
			1.25	11.188	10.647
			1	11.350	10.917
			0.75	11.513	11.188
			0.5	11.675	11.459
	14		2	12.701	11.835
			1.5	13.026	12.376
			1.25	13.188	12.647
			1	13.350	12.917
			0.75	13.513	13.188
			0.5	13.675	13.459
		15	1.5	14.026	13.376
			1	14.350	13.917
16			2	14.701	13.835
			1.5	15.026	14.376
			1	15.350	14.917
			0.75	15.513	15.188
			0.5	15.675	15.459
		17	1.5	16.026	15.376
			1	16.350	15.917
	18		2.5	16.376	15.294
			2	16.701	15.835
			1.5	17.026	16.376
			1	17.350	16.917
			0.75	17.513	17.188
			0.5	17.675	17.459
20			2.5	18.376	17.294
			2	18.701	17.835
			1.5	19.026	18.376
			1	19.350	18.917
			0.75	19.513	19.188
			0.5	19.675	19.459
	22		2.5	20.376	19.294
			2	20.701	19.835
			1.5	21.026	20.376
			1	21.350	20.917
			0.75	21.675	21.188
			0.5	21.675	21.459
24			3	22.051	20.752
			2	22.701	21.835
			1.5	20.026	22.376
			1	23.350	22.917
			0.75	23.513	23.188
	25		2	23.701	22.835
			1.5	24.026	23.376
			1	24.350	23.917

公称直径 D/d 第一系列	第二系列	第三系列	螺距 P	中径 D_2/d_2	小径 D_1/d_1
		26	1.5	25.026	24.376
	27		3	25.051	23.752
			2	25.701	24.835
			1.5	26.026	25.376
			1	26.350	25.917
			0.75	26.513	26.188
		28	2	26.701	25.835
			1.5	27.026	26.376
			1	27.350	26.917
30			3.5	27.727	26.211
			3	28.051	26.752
			2	28.701	27.835
			1.5	29.026	28.376
			1	29.350	28.917
			0.75	29.513	29.188
		32	2	30.701	29.835
			1.5	31.026	30.376
	33		3.5	30.727	29.211
			3	31.051	29.752
			2	31.701	30.835
			1.5	32.026	31.376
			1	32.350	31.917
			0.75	32.513	32.188
		35	1.5	34.026	33.376
36			4	33.402	31.670
			3	34.051	32.752
			2	34.701	33.835
			1.5	35.026	34.376
			1	35.350	34.917
		38	1.5	35.026	34.376
	39		4	36.402	34.670
			3	37.051	35.752
			2	37.701	35.752
			1.5	38.026	37.376
			1	38.350	37.917
		40	3	38.051	36.752
			2	38.701	37.835
			1.5	39.026	38.376
42			4.5	39.077	37.129
			4	39.402	37.670
			3	40.051	38.752
			2	40.701	39.835
			1.5	41.026	40.376
			1	41.350	40.917
	45		4.5	42.077	40.129
			4	42.402	40.670
			3	43.051	41.752

续上表

公称直径 D/d			螺距 P	中径 D_2/d_2	小径 D_1/d_1
第一系列	第二系列	第三系列			
	45		2	43.701	42.835
			1.5	44.026	43.376
			1	44.350	43.917
48			5	44.752	42.587
			4	45.402	43.670
			3	46.051	44.752
			2	46.701	45.835
			1.5	47.026	46.376
			1	47.350	46.917
		50	3	48.051	46.752
			2	48.701	47.835
			1.5	49.026	48.376

附表 2　普通螺纹直径与螺距系列（GB/T 193—2003）

内螺纹大径(公称直径)			D					外螺纹大径(公称直径)				$d=D$			
内螺纹中径			$D_2=D-0.649519P$					外螺纹中径				$d_2=d-0.649519P$			
内螺纹小径			$D_1=D-1.082532P$					外螺纹小径				$d_1=d-1.082532P$			
公称直径 D、d(mm)			螺距 P(mm)					公称直径 D、d(mm)			螺距 P(mm)				
第1系列	第2系列	第3系列	粗牙	细牙				第1系列	第2系列	第3系列	粗牙	细牙			
1	1.1		0.25	0.2				20			2.5	2	1.5	1	
1.2			0.25	0.2					22		2.5	2	1.5	1	
	1.4		0.3	0.2				24			3	2	1.5	1	
1.6	1.8		0.35	0.2						25		2	1.5	(1)	
2			0.4	0.25						26			1.5		
	2.2		0.45	0.25					27		3	2	1.5	1	
2.5			0.45	0.35						28		2	1.5	1	
3			0.5	0.35				30			3.5	(3)	2	1.5	1
	3.5		(0.6)	0.35						32			2	1.5	
4			0.7	0.5					33		3.5	(3)	2	1.5	
	4.5		(0.75)	0.5						35*				1.5	
5			0.8	0.5				36			4	3	2	1.5	
		5.5		0.5						38				1.5	
6			1	0.75					39		4	3	2	1.5	
		7	(1)	0.75						40		(3)	(2)	1.5	
8			1.25	1	0.75			42	45		4.5	(4)	3	2	1.5
		9	1.25	1	0.75			48			5	(4)	3	2	1.5
10			1.5	(1.25)	1	0.75				50			(3)	(2)	1.5
		11	1.5		1	0.75			52		5	(4)	3	2	1.5
12			1.75	1.5	(1.25)	1				55		(4)	(3)	2	1.5
	14		2	1.5	1.25*	1		56			5.5	4	3	2	1.5
		15		1.5		(1)				58		(4)	(3)	2	1.5
16			2	1.5		1			60		(5.5)	4	3	2	1.5
		17		1.5		(1)				62		(4)	(3)	2	1.5
	18		2.5	2	1.5	1		64			6	4	3	2	1.5

注：1. 选择螺纹公称直径时，优先选用第 1 系列，其次选用第 2 系列，最后选择第 3 系列。

2. 带括号的螺距尽可能避免使用。

3. * M14×1.25 仅用于发动机火花塞，M35×1.5 仅用于滚动轴承的锁紧螺母。

附表3 六角螺母

Ⅰ型六角螺母(摘自 GB/T 6170—2015)

Ⅰ型六角螺母细牙(摘自 GB/T 6171—2016)

Ⅰ型六角螺母 C 级(摘自 GB/T 41—2016)

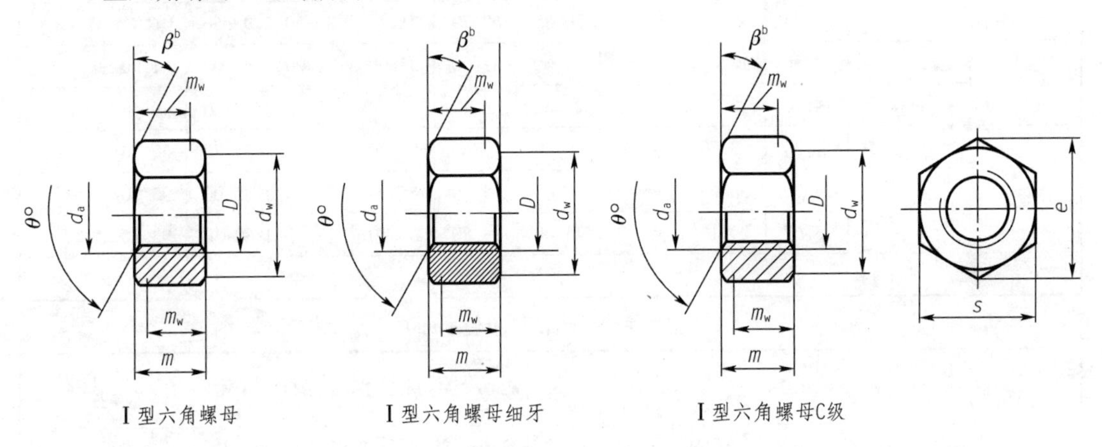

Ⅰ型六角螺母　　Ⅰ型六角螺母细牙　　Ⅰ型六角螺母C级

要求垫圈面形式时,应在订单中注明

$\beta = 15° \sim 30°$;

$\theta = 90° \sim 120°$。

标记示例:

螺母　GB/T 6170　M12(螺纹规格为 M12、性能等级为 8 级、表面不经处理、产品等级为 A 级的Ⅰ型六角螺母)

螺母　GB/T 41　M12(螺纹规格为 M12、性能等级为 5 级、表面不经处理、产品等级为 C 级的Ⅰ型六角螺母)

Ⅰ型六角螺母(单位:mm)

螺纹规格 D		M1.6	M2	M2.5	M3	M4	M5	M6	M8	M10	M12
P		0.35	0.4	0.45	0.5	0.7	0.8	1	1.25	1.5	1.75
c	max	0.20	0.20	0.30	0.40	0.40	0.50	0.50	0.60	0.60	0.60
	min	0.10	0.10	0.10	0.15	0.15	0.15	0.15	0.15	0.15	0.15
d_a	max	1.84	2.30	2.90	3.45	4.60	5.75	6.75	8.75	10.90	13.00
	min	1.60	2.00	2.50	3.00	4.00	5.00	6.00	8.00	10.00	12.00
d_w	min	2.40	3.10	4.10	4.60	5.90	6.90	8.90	11.60	14.60	16.60
e	min	3.41	4.32	5.45	6.01	7.66	8.79	11.05	14.38	17.77	20.03
m	max	1.30	1.60	2.00	2.40	3.20	4.70	5.20	6.80	8.40	10.80
	min	1.05	1.35	1.75	2.15	2.90	4.40	4.90	6.44	8.04	10.37
m_w	min	0.80	1.10	1.40	1.70	2.30	3.50	3.90	5.20	6.40	8.30
s	公称 = max	3.20	4.00	5.00	5.50	7.00	8.00	10.0	13.00	16.00	18.00
	min	3.02	3.82	4.82	5.32	6.78	7.78	9.78	12.73	15.73	17.73

续上表

螺纹规格 D		M16	M20	M24	M30	M36	M42	M48	M56	M64	
P		2	2.5	3	3.5	4	4.5	5	5.5	6	
c	max	0.80	0.80	0.80	0.80	0.80	1.00	1.00	1.00	1.00	
	min	0.20	0.20	0.20	0.20	0.20	0.30	0.30	0.30	0.30	
d_a	max	17.30	21.60	25.90	32.40	38.90	45.40	51.80	60.50	69.10	
	min	16.00	20.00	24.00	30.00	36.00	42.00	48.00	56.00	64.00	
d_w	min	22.50	27.70	33.30	42.80	51.10	60.00	69.50	78.70	88.20	
e	min	26.75	32.95	39.55	50.85	60.79	71.30	82.60	93.56	104.86	
m	max	14.80	18.00	21.50	25.60	31.00	34.00	38.00	45.00	51.00	
	min	14.10	16.90	20.20	24.30	29.40	32.40	36.40	43.40	49.10	
m_w	min	11.30	13.50	16.20	19.40	23.50	25.90	29.10	34.70	39.30	
s	公称 = max	24.00	30.00	36.00	46.00	55.00	65.00	75.00	85.00	95.00	
	min	23.67	29.16	35.00	45.00	53.80	63.10	73.10	82.80	92.80	
P——螺距。											

1 型六角螺母细牙(单位:mm)

螺纹规格 ($D \times P$)		M8×1	M10×1	M12×1.5	M16×1.5	M20×1.5	M24×2	M30×2	M36×3	M42×3	M48×3	M56×4	M64×4
c	max	0.60	0.60	0.60	0.80	0.80	0.80	0.80	0.80	1.00	1.00	1.00	1.00
	min	0.15	0.15	0.15	0.20	0.20	0.20	0.20	0.20	0.30	0.30	0.30	0.30
d	max	8.75	10.80	13.00	17.30	21.60	25.90	32.40	38.90	45.40	51.80	60.50	69.10
	min	8.00	10.00	12.00	16.00	20.00	24.00	30.00	36.00	42.00	48.00	56.00	64.00
d_w	min	11.63	14.63	16.63	22.49	27.70	33.25	42.75	51.11	59.95	69.45	78.66	88.16
e	min	14.38	17.77	20.03	26.75	32.95	39.55	50.85	60.79	71.30	82.60	93.56	104.86
m	max	6.80	8.40	10.80	14.80	18.00	21.50	25.60	31.00	34.00	38.00	45.00	51.00
	min	6.44	8.04	10.37	14.10	16.90	20.20	24.30	29.40	32.40	36.40	43.40	49.10
m_w	min	5.15	6.43	8.30	11.28	13.52	16.16	19.44	23.52	25.92	29.12	34.72	39.28
s	公称 = max	13.00	16.00	18.00	24.00	30.00	36.00	46.00	55.00	65.00	75.00	85.00	95.00
	min	12.73	15.73	17.73	23.67	29.16	35.00	45.00	53.80	63.10	73.10	82.80	92.80

1 型六角螺母 C 级(单位:mm)

螺纹规格 D		M5	M6	M8	M10	M12	M16	M20
P		0.8	1	1.25	1.5	1.75	2	2.5
d_w	min	6.70	8.70	11.50	14.50	16.50	22.00	27.70
e	min	8.63	10.89	14.20	17.59	19.85	26.17	32.95
m	max	5.60	6.40	7.90	9.50	12.20	15.90	19.00
	min	4.40	4.90	6.40	8.00	10.40	14.10	16.90
m_w	min	3.50	3.70	5.10	6.40	8.30	11.30	13.50
s	公称 = max	8.00	10.00	13.00	16.00	18.00	24.00	30.00
	min	7.64	9.64	12.57	15.57	17.57	23.16	19.16

续上表

螺纹规格 D		M24	M30	M36	M42	M48	M56	M64
P		3	3.5	4	4.5	5	5.5	6
d_w min		33.30	42.80	51.10	60.00	69.50	78.70	88.20
e min		39.55	50.85	60.79	71.30	82.60	93.56	104.86
m	max	22.30	26.40	31.90	34.90	38.90	45.90	52.40
	min	20.20	24.30	29.40	32.40	35.40	43.40	49.40
m_w min		16.20	19.40	23.20	25.90	29.10	34.70	39.50
s	公称 = max	36.00	46.00	55.00	65.00	75.00	85.00	95.00
	min	35.00	45.00	53.80	63.10	73.10	82.80	92.80
P——螺距。								

附表4 标准型弹簧垫圈
（摘自 GB/T 93—1987）

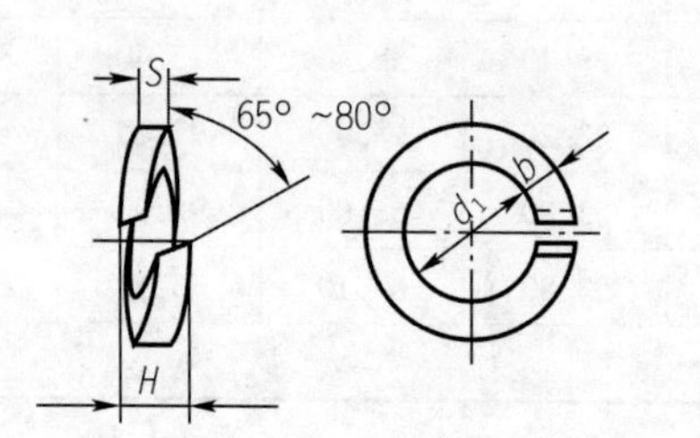

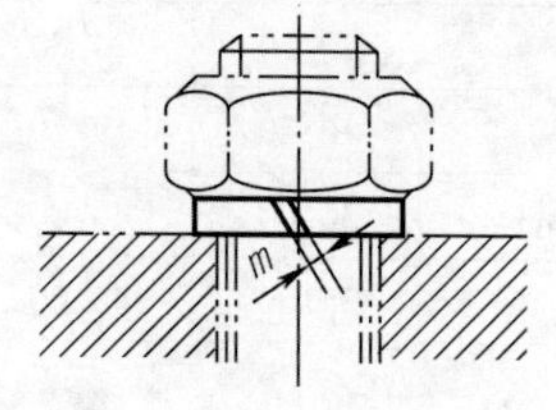

标记示例：

垫圈 GB/T 93 10

（规格10、材料为65Mn、表面氧化的标准型弹簧垫圈）

（单位：mm）

规格（螺纹大径）	4	5	6	7	10	12	16	20	24	30	36	42	48
$d_{1\ min}$	4.1	5.1	6.1	8.1	10.2	12.2	16.2	20.2	24.5	30.5	36.5	42.5	48.5
$S=b_{公称}$	1.1	1.3	1.6	2.1	2.6	3.1	4.1	5	6	7.5	9	10.5	12
$m \leqslant$	0.55	0.65	0.8	1.05	1.3	1.55	2.05	3.5	3	3.75	4.5	5.25	6
H_{max}	2.75	3.25	4	5.25	6.5	7.75	10.25	12.5	15	18.75	22.5	26.25	30

注：m 应大于零。

附表5 垫　　圈

小垫圈——A级(摘自 GB/T 848—2002)
平垫圈——A级(摘自 GB/T 97.1—2002)
平垫圈　倒角型——A级(摘自 GB/T 97.2—2002)
平垫圈——C级(摘自 GB/T 95—2002)
大垫圈——A级(摘自 GB/T 96.1—2002)
特大垫圈——C级(摘自 GB/T 5287—2002)

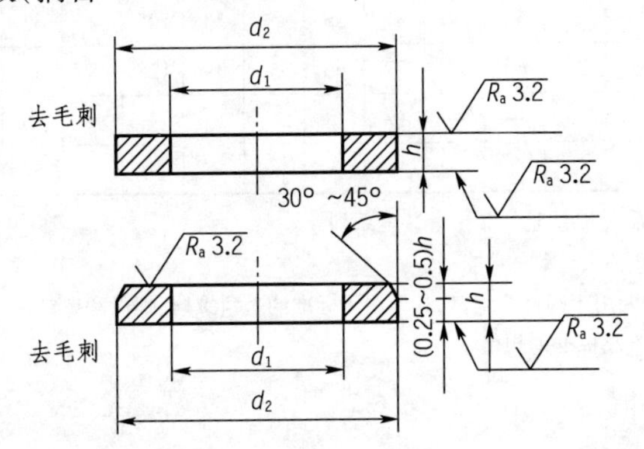

标记示例:
垫圈　GB/T 95　8
(标准系列、公称尺寸 $d=8$、性能等级为100HV级、不经表面处理的平垫圈)
垫圈　GB/T 97.2　8
(标准系统、公称规格8、硬度等级为200HV级、倒角型、不经表面处理的平垫圈)

(单位:mm)

<table>
<tr><th rowspan="3">公称尺寸
(螺纹规格)
d</th><th colspan="9">标准系列</th><th colspan="3">特大系列</th><th colspan="3">大系列</th><th colspan="3">小系列</th></tr>
<tr><th colspan="3">GB/T 95
(C级)</th><th colspan="3">GB/T 97.1
(A级)</th><th colspan="3">GB/T 97.2
(A级)</th><th colspan="3">GB/T 5287
(C级)</th><th colspan="3">GB/T 96.1
(A级)</th><th colspan="3">GB/T 848
(A级)</th></tr>
<tr><th>d_{1min}</th><th>d_{2max}</th><th>h</th><th>d_{1min}</th><th>d_{2max}</th><th>h</th><th>d_{1min}</th><th>d_{2max}</th><th>h</th><th>d_{1min}</th><th>d_{2max}</th><th>h</th><th>d_{1min}</th><th>d_{3max}</th><th>h</th><th>d_{1min}</th><th>d_{2max}</th><th>h</th></tr>
<tr><td>4</td><td>—</td><td>—</td><td>—</td><td>4.3</td><td>9</td><td>0.8</td><td>—</td><td>—</td><td>—</td><td>—</td><td>—</td><td>—</td><td>4.3</td><td>12</td><td>1</td><td>4.3</td><td>8</td><td>0.5</td></tr>
<tr><td>5</td><td>5.5</td><td>10</td><td>1</td><td>5.3</td><td>10</td><td>1</td><td>5.3</td><td>10</td><td>1</td><td>5.5</td><td>18</td><td rowspan="2">2</td><td>5.3</td><td>15</td><td>1.2</td><td>5.3</td><td>9</td><td>1</td></tr>
<tr><td>6</td><td>6.6</td><td>12</td><td rowspan="2">1.6</td><td>6.4</td><td>12</td><td rowspan="2">1.6</td><td>6.4</td><td>12</td><td rowspan="2">1.6</td><td>6.6</td><td>22</td><td>6.4</td><td>18</td><td>1.6</td><td>6.4</td><td>11</td><td rowspan="3">1.6</td></tr>
<tr><td>8</td><td>9</td><td>16</td><td>8.4</td><td>16</td><td>8.4</td><td>16</td><td>9</td><td>28</td><td rowspan="2">3</td><td>8.4</td><td>24</td><td>2</td><td>8.4</td><td>15</td></tr>
<tr><td>10</td><td>11</td><td>20</td><td>2</td><td>10.5</td><td>20</td><td>2</td><td>10.5</td><td>20</td><td>2</td><td>11</td><td>34</td><td>10.5</td><td>30</td><td>2.5</td><td>10.5</td><td>18</td></tr>
</table>

续上表

公称尺寸（螺纹规格）d	标准系列									特大系列			大系列			小系列		
	GB/T 95（C级）			GB/T 97.1（A级）			GB/T 97.2（A级）			GB/T 5287（C级）			GB/T 96.1（A级）			GB/T 848（A级）		
	d_{1min}	d_{2max}	h	d_{1min}	d_{2max}	h	d_{1min}	d_{2max}	h	d_{1min}	d_{2max}	h	d_{1min}	d_{3max}	h	d_{1min}	d_{2max}	h
12	13.5	24	2.5	13	24	2.5	13	24	2.5	13.5	44	4	13	37	3	13	20	2
14	15.5	28		15	28		15	28		15.5	50		15	44		15	24	2.5
16	17.5	30	3	17	30	3	17	30	3	17.5	56	5	17	50		17	28	
20	22	37		21	37		21	37		22	72	6	22	60	4	21	34	3
24	26	44	4	25	44	4	25	44	4	26	85		26	72	5	25	39	4
30	33	56		31	56		31	56		33	105		33	92	6	31	50	
36	39	66	5	37	66	5	37	66	5	39	128	8	39	110	8	37	60	5
42[①]	45	78	8	—	—	—	—	—	—	—	—	—	45	125	10	—	—	—
48[①]	52	92		—	—	—	—	—	—	—	—	—	52	145		—	—	—

注：1. A 级适用于精装配系列，C 级适用于中等装配系列。

2. C 级垫圈没有 $R_a3.2$ 和去毛刺的要求。

3. GB/T 848—2002 主要用于圆柱头螺钉，其他用于标准的六角螺栓、螺母和螺钉。

①表示尚未列入相应产品标准的规格。

附表6 螺 钉 (一)

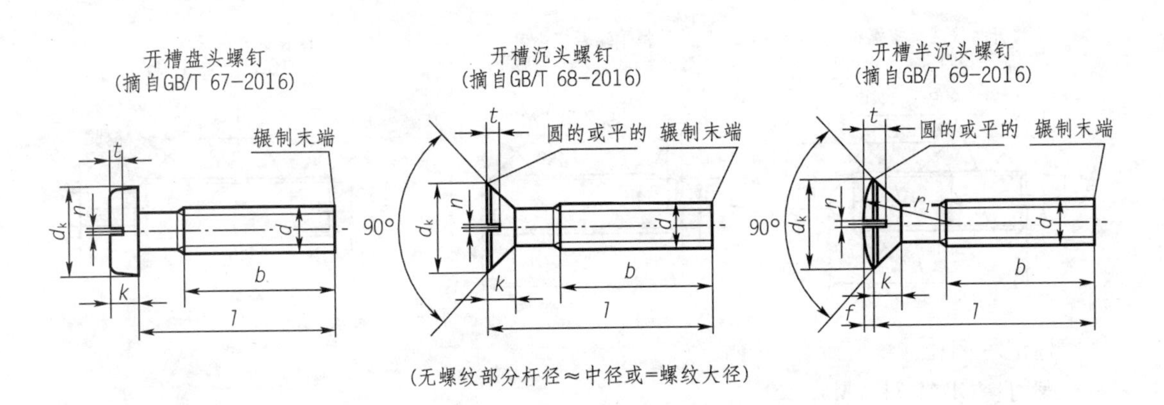

(无螺纹部分杆径≈中径或=螺纹大径)

标记示例:

螺钉 GB/T 67 M5 ×60

(螺纹规格 d = M5、l = 60、性能等级为 4.8 级、不经表面处理的开槽盘头螺钉)

(单位:mm)

螺纹规格 d	P	b_{min}	n 公称	f	r_f	k_{max}		$d_{k\ max}$		t_{min}			$l_{范围}$		全螺纹时最大长度	
				GB/T 69	GB/T 69	GB/T 67	GB/T 68 GB/T 69	GB/T 67	GB/T 68 GB/T 69	GB/T 67	GB/T 68	GB/T 69	GB/T 67	GB/T 68 GB/T 69	GB/T 67	GB/T 68 GB/T 69
M2	0.4	25	0.5	4	0.5	1.3	1.2	4	3.8	0.5	0.4	0.8	2.5 ~ 20	3 ~ 20	30	
M3	0.5		0.8	6	0.7	1.8	1.65	5.6	5.5	0.7	0.6	1.2	4 ~ 30	5 ~ 30		
M4	0.7	38	1.2	9.5	1	2.4	2.7	8	8.4	1	1	1.6	5 ~ 40	6 ~ 40	40	45
M5	0.8				1.2	3		9.5	9.3	1.2	1.1	2	6 ~ 50	8 ~ 50		
M5	1		1.6	12	1.4	3.6	3.3	12	12	1.4	1.2	2.4	8 ~ 60	8 ~ 60		
M8	1.25		2	16.5	2	4.8	4.65	16	16	1.9	1.8	3.2	10 ~ 80			
M10	1.5		2.5	19.5	2.3	6	5	20	20	2.4	2	3.8				
$l_{系列}$	2、2.5、3、4、5、6、8、10、12、(14)、16、20 ~ 50(5 进位)、(55)、60、(65)、70、(75)、80															

注:螺纹公差:6g;机械性能等级:4.8、5.8;产品等级:A。

附表 7　螺　钉　（二）

开槽锥端紧定螺钉
（摘自GB/T 71—1985）

开槽平端紧定螺钉
（摘自GB/T 73—1985）

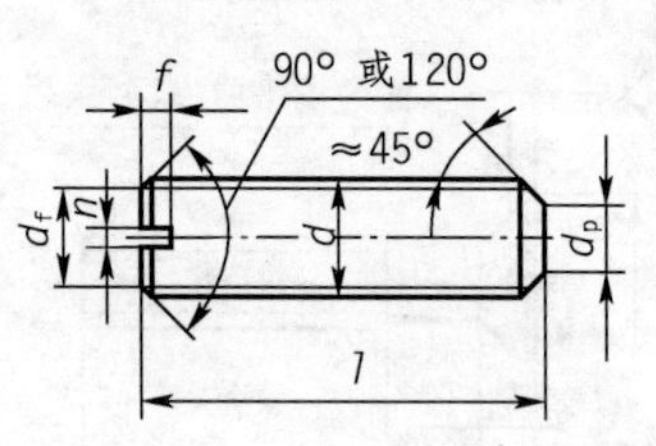

开槽长圆柱端紧定螺钉
（摘自GB/T 75—1985）

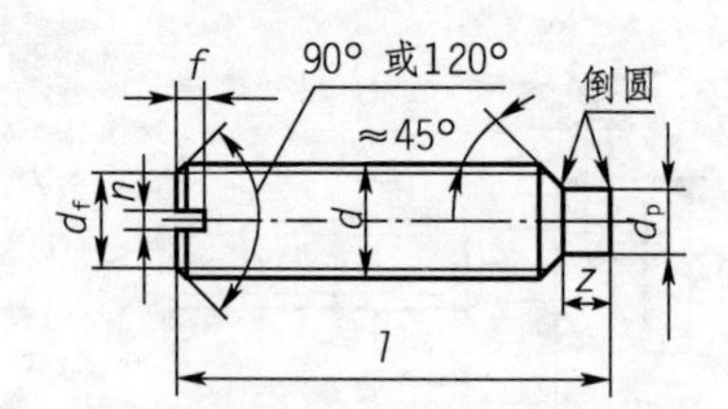

标记示例：

螺钉　GB/T 71　M5 × 20

（螺纹规格 d = M5、公称长度 l = 50、性能等级为 14H 级、表面氧化的开槽锥端紧定螺钉）

（单位：mm）

螺纹规格 d	P	d_f	$d_{t\,max}$	$d_{p\,max}$	$n_{公称}$	t_{max}	Z_{max}	$l_{范围}$		
								GB/T 71	GB/T 73	GB/T 75
M2	0.4	螺纹小径	0.2	1	0.25	0.84	1.25	3 ~ 10	2 ~ 10	3 ~ 10
M3	0.5		0.3	2	0.4	1.05	1.75	4 ~ 16	3 ~ 16	5 ~ 16
M4	0.7		0.4	2.5	0.6	1.42	2.25	6 ~ 20	4 ~ 20	6 ~ 20
M5	0.8		0.5	3.5	0.8	1.63	2.75	8 ~ 25	5 ~ 25	8 ~ 25
M6	1		1.5	4	1	2	3.25	8 ~ 30	6 ~ 30	8 ~ 30
M8	1.25		2	5.5	1.2	2.5	4.3	10 ~ 40	8 ~ 40	10 ~ 40
M10	1.5		2.5	7	1.6	3	5.3	12 ~ 50	10 ~ 50	12 ~ 50
M12	1.75		3	8.5	2	3.6	6.3	14 ~ 60	12 ~ 60	14 ~ 60
$l_{系列}$	2、2.5、3、4、5、6、8、10、12、(14)、16、20、25、30、35、40、45、50、(55)、60									

注：螺纹公差：6g；机械性能等级：14H、22H；产品等级：A。

附表8　内六角圆柱头螺钉

(摘自 GB/T 70.1—2008)

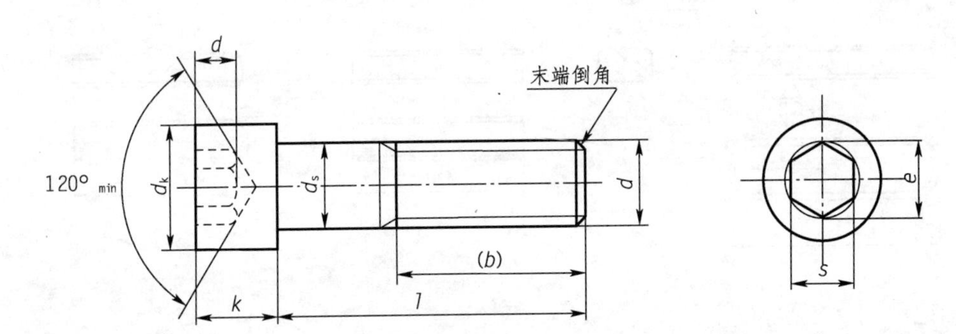

标记示例:

螺钉　GB/T 70.1　M5×20

(螺纹规格 d = M5、公称长度 l = 20、性能等级为 8.8 级、表面氧化的内六角圆柱头螺钉)

(单位:mm)

螺纹规格 d		M4	M5	M6	M8	M10	M12	M14	M16	M20	M24	M30	M36
螺距 P		0.7	0.8	1	1.25	1.5	1.75	2	2	2.5	3	3.5	4
$b_{参考}$		20	22	24	28	32	36	40	44	52	60	72	84
$d_{k\ max}$	光滑头部	7	8.5	10	13	16	18	21	24	30	36	45	54
	滚花头部	7.22	8.72	10.22	13.27	16.27	18.27	21.33	24.33	30.33	36.39	45.39	54.46
k_{max}		4	5	6	8	10	12	14	16	20	24	30	36
t_{min}		2	2.5	3	4	5	6	7	8	10	12	15.5	19
$S_{公称}$		3	4	5	6	8	10	12	14	17	19	22	27
e_{min}		3.44	4.58	5.72	6.86	9.15	11.43	13.72	16	19.44	21.73	25.15	30.35
$d_{s\ min}$		4	5	6	8	10	12	14	16	20	24	30	36
$l_{范围}$		6~40	8~50	10~60	12~80	16~100	20~120	25~140	25~160	30~200	40~200	45~200	55~200
全螺纹时最大长度		25	25	30	35	40	45	55	55	65	80	90	100
$l_{系列}$		6、8、10、12、(14)、(16)、20~50(5进位)、(55)、60、(65)、70~160(10进位)、180、200											

注:1. 括号内的规格尽可能不用。末端按 GB/T 2—2001 规定。

2. 机械性能等级:8.8、12.9。

3. 螺纹公差:机械性能等级 8.8 级时为 6g,12.9 级时为 5g、6g。

4. 产品等级:A。

附表9 普通平键

标准规定了宽度 $b=2\sim100\text{mm}$ 的普通 A 型、B 型、C 型的平键尺寸

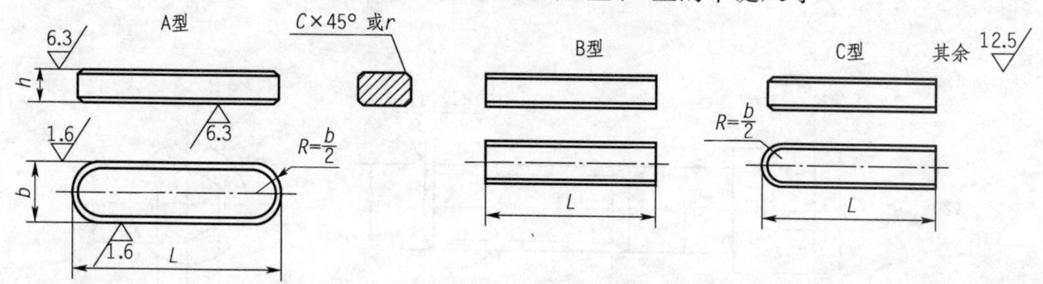

标记示例

宽度 $b=16\text{mm}$，$h=10\text{mm}$，$L=100\text{mm}$，普通 A 型平键，标记为：GB/T 1096 键 16×10×100

宽度 $b=16\text{mm}$，$h=10\text{mm}$，$L=100\text{mm}$，普通 B 型平键，标记为：GB/T 1096 键 B16×10×100

宽度 $b=16\text{mm}$，$h=10\text{mm}$，$L=100\text{mm}$，普通 C 型平键，标记为：GB/T 1096 键 C16×10×100

（单位：mm）

<table>
<tr><td rowspan="2">宽度 b</td><td colspan="2">基本尺寸</td><td>2</td><td>3</td><td>4</td><td>5</td><td>6</td><td>8</td><td>10</td><td>12</td><td>14</td><td>16</td><td>18</td><td>20</td><td>22</td></tr>
<tr><td colspan="2">极限偏差（h8）</td><td colspan="2">0
-0.014</td><td colspan="3">0
-0.018</td><td colspan="2">0
-0.022</td><td colspan="4">0
-0.027</td><td colspan="2">0
-0.033</td></tr>
<tr><td rowspan="3">高度 h</td><td colspan="2">基本尺寸</td><td>2</td><td>3</td><td>4</td><td>5</td><td>6</td><td>7</td><td>8</td><td>8</td><td>9</td><td>10</td><td>11</td><td>12</td><td>14</td></tr>
<tr><td rowspan="2">极限偏差</td><td>矩形（h11）</td><td colspan="2">—</td><td colspan="3">—</td><td colspan="5">0
-0.090</td><td colspan="3">0
-0.110</td></tr>
<tr><td>方形（h8）</td><td colspan="2">0
-0.14</td><td colspan="3">0
-0.018</td><td colspan="5">—</td><td colspan="3">—</td></tr>
<tr><td colspan="3">C 或 r</td><td colspan="3">0.16~0.25</td><td colspan="3">0.25~0.40</td><td colspan="5">0.40~0.60</td><td colspan="2">0.60~0.80</td></tr>
<tr><td rowspan="2">宽度 b</td><td colspan="2">基本尺寸</td><td>25</td><td>26</td><td>32</td><td>36</td><td>40</td><td>45</td><td>50</td><td>56</td><td>63</td><td>70</td><td>80</td><td>90</td><td>100</td></tr>
<tr><td colspan="2">极限偏差（h8）</td><td colspan="2">0
-0.033</td><td colspan="5">0
-0.039</td><td colspan="4">0
-0.046</td><td colspan="2">0
-0.054</td></tr>
<tr><td rowspan="3">高度 h</td><td colspan="2">基本尺寸</td><td>14</td><td>16</td><td>18</td><td>20</td><td>22</td><td>25</td><td>28</td><td>32</td><td>32</td><td>36</td><td>40</td><td>45</td><td>50</td></tr>
<tr><td rowspan="2">极限偏差</td><td>矩形（h11）</td><td colspan="3">0
-0.110</td><td colspan="4">0
-0.130</td><td colspan="6">0
-0.160</td></tr>
<tr><td>方形（h8）</td><td colspan="3">—</td><td colspan="4">—</td><td colspan="6">—</td></tr>
<tr><td colspan="3">C 或 r</td><td colspan="3">0.60~0.80</td><td colspan="3">1.00~1.20</td><td colspan="5">1.60~2.00</td><td colspan="2">2.50~3.00</td></tr>
<tr><td colspan="2">长度 L
（极限偏差 h14）</td><td colspan="14">10,12,14,16,18,20,22,25,28,32,36,40,45,50,56,63,70,80,90,100,110,125,140,160,180,200,220,250,280,320,360,400</td></tr>
</table>

注：当键长大于 500mm 时，为减小由于直线度而引起的问题，键长应小于 10 倍的键宽。

参考文献

[1] 吕守祥.机械制图[M].北京:机械工业出版社,2011.
[2] 刘力.机械制图[M].北京:高等教育出版社,2009.
[3] 金大鹰.机械制图[M].北京:机械工业出版社,2012.
[4] 卢正民,衣玉兰.机械制图[M].成都:电子科技大学出版社,2012.